"十三五"国家重点出版物出版规划项目

海 洋 生 态 文 明 建 设 丛 书

基于多维决策分析法的海岸带区域规划环境风险评价研究

吴侃侃　张珞平 ◎著

海洋出版社

2022年·北京

图书在版编目（CIP）数据

基于多维决策分析法的海岸带区域规划环境风险评价研究/吴侃侃，张珞平著．—北京：海洋出版社，2021.9

ISBN 978-7-5210-0819-7

Ⅰ．①基…　Ⅱ．①吴…　②张…　Ⅲ．①海岸带-区域规划-环境质量评价-风险评价-研究　Ⅳ．①P748

中国版本图书馆 CIP 数据核字（2021）第 189846 号

责任编辑：程净净
责任印制：安　森

海洋出版社　**出版发行**

http://www.oceanpress.com.cn
北京市海淀区大慧寺路 8 号　邮编：100081
中煤（北京）印务有限公司印刷　新华书店北京发行所经销
2021 年 9 月第 1 版　2022 年 1 月第 1 次印刷
开本：889mm×1194mm　1/16　印张：13
字数：310 千字　定价：98.00 元
发行部：010-62100090　邮购部：010-62100072　总编室：010-62100034

自 序

区域规划失误所产生的环境影响比一般规划（如部门的单项规划）失误或项目管理失误所产生的环境影响要大得多，区域规划失误的环境影响往往是严重的、长期的、复杂的，且具有高度的不确定性。由于区域规划失误造成的环境污染事故的影响往往是十分重大的，比一般规划或项目层次造成的风险事故的影响要严重得多。从1930年比利时的马斯河谷烟雾事件，1943年美国的洛杉矶光化学烟雾事件，1986年苏联的切尔诺贝利核事故，直至2005年的松花江水污染事件，2010年大连港溢油事件，2011年3月的日本福岛核电站事故和6月的渤海湾19-3漏油事故，2015年天津港爆炸事件等重大的突发性环境污染事件，无一不是源于区域规划的失误，未能充分考虑区域规划中的环境风险问题。因此，如何避免区域规划在环境风险上的失误，规划环境风险评价成为当今环境决策与管理一种必不可少的工具。它可以避免由于区域规划失误带来环境风险所造成的重大的或不可逆的环境损失和影响，从而确保海岸带区域社会-经济-生态环境的可持续发展。

如何避免区域规划所产生的环境影响而达到永续发展，规划环境影响评价（Planning Environment Impact Assessment，PEIA）已被认为是最为有效的方法和工具之一。但经过我们二十多年的研究和实践，我国的规划环境影响评价（PEIA）仍然属于后评估（即规划方案确定后的环境影响评价）的范畴，难以真正在早期介入规划（尤其是区域规划）过程，难以在规划中直接影响决策结果，更不用说考虑规划中的环境风险问题。

本研究组于1993年得到世界银行专家的指点，开始在建设项目环境影响评价中应用环境风险评价技术；1997年在联合国粮农组织（FAO）专家的帮助下开展了区域综合环境风险评价（流域农药使用的环境风险评价）；2000年开始在PEIA中引入环境风险评价，初步尝试了为规划服务的环境风险评价；2004年尝试在PEIA中引入自然灾害环境风险评价。但通过十多年的实践，总觉得尚无法将环境风险评价真正融入范围更大、复杂性和不确定性更高的区域规划当中，难以有效避免区域规划失误所产生的环境风险。在2009年启动的原国家海洋局海洋公益性科研专项项目——“海岸带主体功能区划分技术研究与示范”项目（项目编号：200905005）中，我们感觉到这是一个很好的机会，能够尝试将环境风险评价真正融入区域规划中，以避免区域规划失误、降低由于区域规划失误所造成的环境风险、减缓可能带来的重大的环境事故所产生的严重后果，确保海岸带区域的永续发展。2011年日本福岛核事故之后，我们又开展了海岸带区域核事故的生态风险评价。二十多年的研究和实践，本课题组已经建立了较为完整的环境（生态）风险评价体系，特别是近年来首创了海岸带区域规划的环境和生态风险评价技术以及核事故的海洋生态风险评价技术，为维护海岸带区域生态系统的健康与安全，为海岸带区域的环境管理和永续发展提供了坚实的基础。

张珞平

2020年6月

于厦门大学

前言

海岸带是人类赖以生存的最重要的居住地，是经济资源开发利用强度最大的区域。随着海岸带地区社会经济的快速发展和人类开发活动的日益加剧，海岸带的资源和生态环境面临着人类开发活动所带来的巨大压力，同时也存在着潜在的环境和生态风险。

环境风险评价作为环境管理的一个重要组成部分和技术工具，按照一定的评价标准和评价方法对人类活动和各种自然灾害所引起的风险进行评估，并提出合理可行的防范、应急与减缓措施，以使事故率、事故损失和环境影响达到可接受的水平。规划失误所造成的环境事故的影响和后果远远大于项目层次的风险事故，这已在国内外有众多的教训。因此，确保最大限度地减缓规划失误的环境风险是当务之急。目前，国际上尚未见较为明确的为区域规划服务的环境风险评价的技术路线和方法，也未见在海岸带区域规划中应用环境风险评价技术。针对区域规划的环境风险评价的技术路线和方法体系缺少系统性的研究，其评价结果也较难为区域规划提供明确的依据。因此，开展海岸带区域规划的环境风险评价，构建海岸带区域规划环境风险评价的技术路线和方法体系，对于避免规划失误、减缓可能带来的环境事故所产生的严重后果，确保海岸带区域的永续发展有重要意义。

主体功能区划是我国提出的一项新的区域空间规划，同海洋主体功能区划一样，海岸带主体功能区划是其中一项重要内容，属于海岸带区域基础性规划类型之一，以规范海洋和陆地交界带人类的开发活动，确保海岸带区域迈向永续发展。

2009 年 10 月，国家海洋局海洋公益性行业科研专项项目“海岸带主体功能区划分技术研究与示范”项目（项目编号：200905005）正式启动，并于 2012 年 9 月完成。该项目由国家海洋环境监测中心（现为生态环境部国家海洋环境监测中心）负责，国家海洋局第一海洋研究所（现为自然资源部第一海洋研究所）、国家海洋局第三海洋研究所（现为自然资源部第三海洋研究所）、国家海洋局海洋发展战略研究所（现为自然资源部海洋发展战略研究所）、厦门大学、广东海洋大学六家单位共同完成。其中，厦门大学负责该项目的子任务“海岸带主体功能区划分技术体系框架研究与应用示范”，研究内容主要包括海岸带主体功能区划的定义和内涵等理论问题，建立海岸带主体功能区划的技术框架和方法，并通过示范区的应用确定有效的技术方法。厦门大学选取福建省厦门湾和罗源湾两个典型的海湾区域作为海湾型海岸带主体功能区划的应用示范。

作者吴侃侃（现就职于自然资源部第三海洋研究所）2009—2012年于厦门大学攻读博士学位，导师为张珞平教授。在就读期间参加了上述“海岸带主体功能区划分技术体系框架研究与应用示范”课题的研究，负责规划与管理等方面的环境风险评价技术方法研究及其应用。本书是根据博士论文的相关研究成果整理而成。全书共分为5章：第1章，阐述开展海岸带区域规划环境风险评价的目的和意义；第2章，通过文献资料的搜集和整理，总结国内外环境风险评价的研究进展和存在的问题，阐述现有环境风险评价的相关概念、类型、技术路线与方法；第3章，阐述海岸带区域规划的内涵和特点，以及海岸带区域规划环境风险评价的类型和特点，构建基于多维决策分析法的海岸带区域规划环境风险评价的技术路线和方法体系；第4章，将构建的基于多维决策分析法的海岸带区域规划环境风险评价技术方法分别应用于厦门湾和罗源湾海岸带主体功能区划案例研究中，检验和验证基于多维决策分析法的环境风险评价技术的科学性、实用性和有效性，并与传统的基于多准则决策分析法的环境风险评价技术进行比较；第5章，总结主要结论、成果和创新点，并指出未来海岸带区域规划环境风险评价可能的演进方向和发展趋势。

区域规划环境风险评价的关键在于如何在早期真正介入区域规划过程，使其成为规划过程的一部分，直接影响规划过程，综合考虑规划过程中的环境风险问题，以避免规划失误。本书在解剖区域规划基本过程的基础上，将环境风险评价融入整个区域规划过程，起到了显著效果。该书首次创立了基于多维决策分析法的海岸带区域规划环境风险评价的技术路线和方法体系，可有效融入区域规划过程，避免区域规划可能产生的环境风险，确保海岸带区域生态系统的健康与安全。

就该书的主要内容，作者已于2014—2016年在国际学术期刊发表了3篇论文，受到同行的肯定，并被大量下载和引用。

作　者

2020年6月

目　录

第1章　绪　论 …………………………………………………………………… (1)
1.1　环境风险评价在规划中的重要性 ……………………………………… (1)
1.2　海岸带区域规划环境风险评价的目的和意义 ………………………… (1)
第2章　国内外环境风险评价的研究进展 ………………………………… (3)
2.1　环境风险评价的相关概念 ……………………………………………… (3)
2.1.1　风险 ……………………………………………………………… (3)
2.1.2　环境风险 ………………………………………………………… (3)
2.1.3　环境风险评价 …………………………………………………… (3)
2.1.4　相关概念及区别 ………………………………………………… (4)
2.2　国内外环境风险评价的研究进展 ……………………………………… (5)
2.2.1　国外环境风险评价的发展历程 ………………………………… (5)
2.2.2　国内环境风险评价的发展历程 ………………………………… (9)
2.2.3　小结 ……………………………………………………………… (10)
2.3　环境风险评价的类型 …………………………………………………… (10)
2.4　环境风险评价的技术路线 ……………………………………………… (11)
2.4.1　环境风险评价的一般程序 ……………………………………… (11)
2.4.2　健康风险评价的技术路线 ……………………………………… (15)
2.4.3　事故风险评价的技术路线 ……………………………………… (17)
2.4.4　自然灾害风险评价的技术路线 ………………………………… (19)
2.4.5　区域综合环境风险评价的技术路线 …………………………… (22)
2.4.6　服务于管理或规划的环境风险评价的技术路线 ……………… (23)
2.4.7　环境风险评价技术路线小结 …………………………………… (29)
2.5　环境风险评价的方法 …………………………………………………… (31)
2.5.1　健康风险评价的方法 …………………………………………… (31)
2.5.2　事故风险评价的方法 …………………………………………… (33)
2.5.3　自然灾害风险评价的方法 ……………………………………… (36)
2.5.4　区域综合环境风险评价的方法 ………………………………… (39)
2.5.5　服务于管理或规划的环境风险评价的方法 …………………… (40)

2.5.6 小结 …… (42)
2.6 总结 …… (43)
2.6.1 研究进展总结 …… (43)
2.6.2 当前存在的问题 …… (44)
第3章 基于多维决策分析法的海岸带区域规划环境风险评价的技术路线和方法体系 …… (45)
3.1 海岸带区域规划的内涵与特点 …… (45)
3.1.1 规划与管理的定义、区别和联系 …… (45)
3.1.2 海岸带区域的特点 …… (45)
3.1.3 海岸带区域规划的内涵和特点 …… (46)
3.1.4 海岸带区域规划的一般流程 …… (47)
3.2 海岸带区域规划环境风险的特点和评价目的 …… (47)
3.2.1 海岸带区域规划环境风险的特点 …… (47)
3.2.2 海岸带区域规划环境风险的类型 …… (49)
3.2.3 海岸带区域规划环境风险评价的目的 …… (49)
3.3 海岸带区域规划环境风险评价技术路线的构建 …… (53)
3.3.1 现有环境风险评价相关技术路线的比较 …… (53)
3.3.2 基于多维决策分析法的环境风险评价技术路线的构建 …… (57)
3.3.3 基于MDDA的海岸带区域规划环境风险评价技术路线的特点 …… (61)
3.4 海岸带区域规划环境风险评价方法体系的构建 …… (62)
3.4.1 现有的环境风险评价方法的比较 …… (62)
3.4.2 评价方法的遴选和方法体系的构建 …… (78)
3.5 小结 …… (87)
第4章 案例研究:海岸带主体功能区划的环境风险评价 …… (89)
4.1 海岸带主体功能区划研究课题概况 …… (89)
4.1.1 项目背景 …… (89)
4.1.2 项目的技术路线和方法 …… (90)
4.1.3 案例研究的内容和技术路线 …… (92)
4.2 厦门湾海岸带主体功能区划的环境风险评价 …… (94)
4.2.1 厦门湾概况 …… (94)
4.2.2 数据资料及来源 …… (95)
4.2.3 厦门湾海岸带主体功能区划制定前的环境风险评价 …… (95)
4.2.4 厦门湾海岸带主体功能区划制定中的环境风险评价 …… (103)
4.2.5 厦门湾海岸带主体功能区划制定后(为管理服务)的环境风险评价(风险管理) …… (131)

4.2.6 研究结果及其讨论 …………………………………………………… (150)
4.3 罗源湾海岸带主体功能区划的环境风险评价 ………………………… (152)
4.3.1 罗源湾概况 ………………………………………………………… (152)
4.3.2 数据资料及来源 …………………………………………………… (152)
4.3.3 罗源湾海岸带主体功能区划制定前的环境风险评价 …………… (153)
4.3.4 罗源湾海岸带主体功能区划制定中的环境风险评价 …………… (159)
4.3.5 罗源湾海岸带主体功能区划制定后(为管理服务)的环境风险评价(风险管理) …………………………………………………………………… (168)
4.3.6 研究的结果和讨论 ………………………………………………… (170)
4.4 案例的比较研究 ………………………………………………………… (170)
4.4.1 案例研究区域的比较 ……………………………………………… (170)
4.4.2 应用过程的比较 …………………………………………………… (171)
4.4.3 评价结果的比较 …………………………………………………… (173)
4.4.4 评价技术路线和方法的反馈评估 ………………………………… (175)
第5章 总结与展望 ……………………………………………………… (177)
5.1 主要研究成果 …………………………………………………………… (177)
5.2 研究特色 ………………………………………………………………… (178)
5.3 存在的不足与讨论 ……………………………………………………… (179)
5.4 研究展望 ………………………………………………………………… (179)
参考文献 ………………………………………………………………… (180)
附　录 …………………………………………………………………… (189)
附录1 厦门湾与罗源湾海湾海岸带主体功能区划多维决策分析专家组成员 ……… (189)
附录2 厦门湾与罗源湾海湾海岸带主体功能区划多准则决策分析专家组成员………… (190)
附录3 厦门湾海岸带主体功能区划环境风险权重判断矩阵评分表 ……………… (191)
附录4 罗源湾海岸带主体功能区划环境风险权重判断矩阵评分表 ……………… (194)

第1章　绪　论

1.1　环境风险评价在规划中的重要性

就环境规划与管理而言，任何一项管理措施或规划方案必然会通过各种途径对环境产生作用。但是项目层次的管理效果是短期的，绝大多数是可及时修复的；而规划层次产生的影响与项目层次的管理失误是不同的，规划失误产生的环境影响具有长期性、复杂性、不确定性和不可弥补的严重性（孟萌，2008；Wu and Zhang，2014）。例如，20 世纪 60 年代实施的塔里木河流域水资源开发利用计划，导致了水资源的严重浪费，植被全面衰败，地下水位大幅度下降，河水盐化，河道断流，湖泊干涸，严重破坏了当地的生态系统（孟萌，2008）；2011 年发生的渤海湾的溢油事故，导致了周围海域 840 km^2 的一类海水水质下降到了劣四类，严重破坏了周边海域的生态环境。其主要原因，就在于油田作业方没有认真执行总体开发方案，在总体开发方案中没有充分地考虑隐患和采取任何应急的管理措施。然而，这些环境损害一经发生，要恢复和逆转必须付出高昂的代价。

上述的历史教训告诉我们，如果在制定相关规划时不考虑环境问题，往往会造成严重的环境后果。由于规划失误造成的环境风险事故往往是十分重大的，比项目层次造成的风险事故大得多，因此，要避免规划在环境风险上的失误，规划环境风险评价便成为当今一种必不可少的工具。

1.2　海岸带区域规划环境风险评价的目的和意义

海岸带是海岸线两侧陆地与海洋交汇的区域，拥有重要的空间资源和丰富的实物资源，是经济最发达最集中的地带。但是海岸带地区社会经济的发展和日益加剧的人类开发活动对海岸带资源和海洋生态环境造成了很大的压力和破坏，并存在潜在的环境和生态风险（Fang et al.，2011）。

环境风险评价是环境影响评价制度的重要组成部分，是预防和解决不确定性环境风险问题的重要方法之一，是环境管理的科学基础和重要依据（程胜高和鱼红霞，2001）。然而，我国当前大部分的环境风险评价和管理一般仅限于某一具体的工程建设项目，不涉及总体发展规划或某一领域的发展计划等，这样常常导致规划（或计划）在制定时，很少甚至没有考虑过其环境风险的影响（刘桂友等，2007；吴侃侃和张珞平，2011；Wu and Zhang，2014）。在项目的环境影响评价和管理中，往往只能针对项目有可能造成的环境风险提出一些预防和控制风险的措施，而难以考虑与该项目相关的其他项目环境风险的累积效应（钟政林等，1996）。另外，项目中的环境风险评价是一种被动反应过程，即在发展规划实施后，才开始针对具体的建设项目存在的环境风险进行评价，很少将环境、社会和经济作为一个系统综合地加以考虑，即忽略“环境价值和环境成本”（杨晓松和谢波，2000）。总之，项目环境风险评价的对象及时间、空间的范围过窄，难以影响规划。然而规划的过程是复杂的，由于其不确定性的存在，规划所造成的环境风险往往是严重的，或者是不可逆的（Wu and Zhang，2014）。

海岸带是一个自然资源和社会经济的复合区，科学的海岸带区域规划对于海岸带区域的可持续发展具有重要的作用。然而，目前世界上利用相关风险管理理论，如比较风险评价（Comparative Risk Assessment，CRA）、多准则决策分析法（Multi-Criteria Decision Analysis，MCDA）等在规划层面进行环境风险评价，并以此作为参考依据的相关研究仍然有限（Linkov and Ramadan，2002；Linkov and Kiker，2009；Wu et al.，2014；Wu and Zhang，2016）。同时，当前世界上相关的环境风险评价研究及其应用仍停留在项目管理的层面，而项目管理只是为了实现规划的目标而做出的具体措施（Wu and Zhang，2016）。因此，对于风险管理而言，其效果只有弥补性，只能造成短期的影响，却不具有预防性的特征（Wu and Zhang，2014；Wu et al.，2014）。

因此，开展海岸带区域规划环境风险评价显得尤为紧迫和必要。这将有利于在区域规划层面从源头降低环境风险发生的可能性，并避免由于区域规划失误带来环境风险所造成的重大的或不可逆的环境损失和影响，从而确保海岸带区域社会-经济-生态环境的可持续发展。

第2章　国内外环境风险评价的研究进展

2.1　环境风险评价的相关概念

2.1.1　风险

目前，风险比较广义的定义是：风险指在一定时期产生有害事件的概率与有害事件后果或严重性的乘积（USNRC，1994）。总体而言，风险具有两方面的含义：一是不利事件发生的可能性；二是不利事件发生结果的严重性。

风险具有不确定性，其主要体现在危害事件是否会发生、发生时间、承受风险的对象、影响范围和影响程度等方面的不确定（Kaplan and Garrik，1993）。一般而言，风险具有发生或出现人们不希望的后果的可能性，这些后果被称为危害事件，如污染事故等（白志鹏等，2008）。

2.1.2　环境风险

芬兰的Wessberg等（2008）认为，环境风险是指由自然原因和人类活动引起的极端事件对人类健康、生活条件、各种环境介质（水、土壤、大气及气候）、植被、生物多样性、群落结构、建筑、城市景观、文化遗产等产生不利影响的概率及其后果。

国内对环境风险的定义是指由自发的自然原因和人类活动引起的、通过环境介质传播的、能对人类社会及自然环境产生破坏、损害甚至毁灭性作用等不幸事件发生的概率及其后果，它具有复杂性、不确定性、危害性、动态性等特点（白志鹏等，2008）。

2.1.3　环境风险评价

美国国家环境保护署（United States Environmental Protection Agency，USEPA）以及美国国家科学研究委员会（United States National Research Council，USNRC）认为：环境和生态风险评价的过程包含了在一定条件下，自然灾害和人类活动对人类健康和生态系统所造成的潜在的不良影响的概率分析以及判断与度量其对人类健康和生态系统的危害程度和重要性，并描述了其概率的不确定性（uncertainty）以及不同受影响群体中的风险的可变性（variability）（USEPA，1984；USNRC，2009）。环境风险评价通过收集、组织、分析和提供科学信息以帮助环境管理者进行决策的制定，是衔接自然科学与决策者之间的重要桥梁。

《建设项目环境风险评价技术导则》（HJ 169—2018）指出：环境风险评价狭义上是对有毒化学物质危害人体健康的可能程度的概率估计，提出减少环境风险的决策；广义上是对人类活动和各种自然灾害引起的风险进行评估，并提出合理可行的防范、应急与减缓措施，以使事故率、损失和环境影响达到可接受的水平（中华人民共和国生态环境部，2018）。

2.1.4 相关概念及区别

2.1.4.1 风险与危险

危险（hazard）通常被定义为：造成危害的潜在状态，即特定条件下，引起危害的内在特性或情况，理论上，任何压力都会有潜在的灾害性；风险（risk）指不期望事件的偶然性，包括明确的危险发生的概率或频率，及其后果的严重程度（Hope，2006）。

2.1.4.2 风险评价与影响评价

影响评价是针对已知的、可能发生的或内在的负面效应（Hope，2006），而风险评价则是针对存在不确定性的负面生态效应（USEPA，1992；1996；1998；2003）。具体地讲，影响评价是指采用各种模型和专家经验对确定性影响的程度和范围做出预测和判断，其研究重点是正常过程；风险评价是推测不确定性事件发生概率及其发生后可能造成后果的严重程度和波及范围，其研究重点是突发的非正常过程（程胜高和鱼红霞，2001）。两者的主要区别在于针对正常过程或非正常过程、具有确定性影响或不确定性事件的发生概率。

2.1.4.3 环境风险评价与生态风险评价

毛小苓和刘阳生（2003）认为：广义上环境风险评价是指对人类的各种社会经济活动所引发或面临的危害（包括自然灾害）对人体健康、社会经济、生态系统等所造成的可能损失进行评估，并据此进行环境管理的过程；狭义上环境风险评价常指对有毒有害物质（包括化学品和放射性物质）危害人体健康和生态系统的程度进行概率估计，并提出减小环境风险的方案和对策。

生态风险评价是在健康风险评价的基础上发展起来的，评价对象分别是人体健康和生态系统。由于健康风险评价是环境风险评价的组成部分，因此，人们普遍认为，生态风险评价也是环境风险评价的重要组成部分之一。

2.1.4.4　风险评价与风险管理

USNRC（1994）认为：风险评价与风险管理在概念上存在着区别，两者应该区别开来，前者属于技术层面，而后者则属于管理的决策层面，它是支持决策的一种工具。

USNRC（2009）在其报告《科学与决策：推进风险评价》（*Science and Decision*：*Advancing Risk Assessment*）中描述了两者的区别，认为风险管理是应用风险评价和经济分析的信息结合利益相关者的偏好，社会、政治、法律的要求对一系列减少风险的措施做出选择、评估、决策和实施的过程。可以看出，风险评价是风险管理的前提和基础。

2.1.4.5　比较风险评价（CRA）和多准则决策分析法（MCDA）

与传统单一的环境风险评价不同的是，CRA 是应用于风险管理的一种方法论，更贴切地说，它的概念偏向于风险管理。它以项目管理中对备选方案中存在的风险进行评价、排序和比较的方式为管理提供依据，它不仅可以用于风险评价结果之间单纯的排序和比较，也可以用于风险管理备选方案中所存在的风险的排序和比较（Linkov and Ramadan，2002）。所以，它是一种广泛适用于项目管理层面风险评价的重要工具。

风险管理的过程不仅包括风险评价信息的应用，还必须要结合相关的经济分析、利益相关者的偏好等方面的信息才能达到管理措施的优选。CRA 缺乏一个结构性的方法进行准则权重的分配并综合这些评价所需的信息，MCDA 的出现，从理论上解决了这个难题。它以设定多种准则的方式并基于多种决策分析的方法，如多属性效用理论（Multi-Attribute Utility Theory，MAUT）、层次分析法（Analytical Hierarchy Process，AHP）、分级法（Outranking）等，综合上述的有效信息帮助决策者评价和选择风险管理中的备选方案（Linkov et al.，2006；Linkov and Kiker，2009）。

2.2　国内外环境风险评价的研究进展

2.2.1　国外环境风险评价的发展历程

国外的环境风险评价兴起于 20 世纪 70 年代，主要是在发达工业国家，特别是在美国的研究尤为突出（林玉锁，1993）。但早在 20 世纪 30 年代就开始有了对职业暴露的流行病学资料和动物实验的剂量-效应关系的报道，也就是健康风险评价的初级形式（胡二邦，2000）。

2.2.1.1　传统环境风险评价的研究进展

迄今为止，环境风险评价大体可以分为以下 3 个阶段。

1）20世纪30年代至60年代末

环境风险评价处于萌芽阶段。主要采用毒物鉴定方法进行职业的健康影响分析，以定性研究为主。例如，关于致癌物的假定只能定性说明暴露于一定的致癌物会造成一定的健康风险。直到20世纪60年代，毒理学家才开发了一些定量的方法进行低浓度暴露条件下的健康风险评价（Paustenbach，1989）。

2）20世纪70年代初至80年代末

环境风险评价研究处于高峰期。评价的框架体系基本形成，主要研究集中在环境事故和人体健康风险评价方面。其中具有代表性的包括：

（1）1975年，美国核管理委员会（Nuclear Regulatory Commission，NRC）完成的《核电厂概率风险评价的性能指南》（*A Guide to the Performance of Probabilistic Risk Assessment for Nuclear Power Plant*），即著名的WASH21400报告（NRC，1975），系统地建立了概率风险评价方法。

（2）1979年，加拿大的Munn在*Environmental Impact Assessment*：*Principles and Procedures*一书中，阐述了用概率方法探求最佳事故风险评价技术路线的准则（林宙峰，2007）。

（3）1983年，USNRC出版的红皮书《联邦政府的风险评价：管理方法》（*Risk Assessment in the Federal Government*：*The Approach of Management*），提出风险评价四步法，即危害识别、剂量-效应关系评价、暴露评价和风险表征。这成为环境健康风险评价的指导性文件（USNRC，1983）。

（4）USEPA根据红皮书制定并颁布了一系列技术性文件、准则和指南。如1986年发布的《致癌风险评价指南》《致畸风险评价指南》《化学混合物的健康风险评价指南》《发育毒物的健康风险评价指南》《暴露风险评价指南》和《超级基金场地健康评价手册》；1988年颁布的《内吸毒物的健康评价指南》与《男女生殖性能风险评价指南》等（田裘学，2005）。与此同时，由健康风险评价衍生的生态风险评价也得到很大的发展，环境风险评价研究的重点逐渐由健康风险评价向更为复杂的生态风险评价转变。

（5）1981年，美国橡树岭国家实验室（Oak Ridge National Laboratory，ORNL）受USEPA的委托，开展了综合燃料的风险评价（Suter et al.，2003）。随后，美国橡树岭国家实验室认为生态风险评价应估算那些用以表述影响的可能性，提出了一系列的概率法以评价组织、种群、生态系统水平的生态风险，并阐述了化学毒理对生态过程和动态的影响，为从环境风险评价到生态风险评价的转变奠定了基础（O'Neill et al.，1982；Barnthouse et al.，1987；Suter et al.，1984；陈辉等，2006）。

（6）1986年，ORNL出版了《生态风险评价用户手册》（*User's Manual for Ecological Risk Assessment*），完善了综合燃料风险评价的生态评价部分，这是国际上首次根据人类健康风险评价而提出生态风险评价的框架（Suter et al.，2003）。

3）20世纪90年代初至21世纪

环境风险评价研究处于继续发展和完善的时期。20世纪80年代末及90年代以后，随着事故与健康风险评价技术的不断发展和完善，由健康风险评价衍生的生态风险评价也得到很大的发展，环境风险评价研究的重点逐渐由单一风险源的健康风险评价向更为复杂的多风险源的健康风险评价、生态风险评价和区域性综合环境风险评价转变（Eduljee，2000）。

1992年，USEPA出版的《暴露评价指南》（*Guidelines for Exposure Assessment*），取代了1984年的版本（USEPA，1992）。

1995年，英国环境部（United Kingdom Department of the Environment，UKDOE）提出了环境与生态风险评价和管理的过程框架（UKDOE，1995）。

1996年，USEPA在之前所提出的生态风险评价框架的基础上，正式出台了《暴露评价指南》（*Guidelines for Exposure Assessment*）（USEPA，1996）。

1998年，USEPA新出台了《致癌物质风险评价指南》（*Guidelines for Carcinogen Risk Assessment*）（USEPA，1998）。

在此后数十年，人们对环境问题的关注已从单一污染物的研究转向复合污染的形成机理与防治研究，从点源污染控制转向区域环境控制与治理。如何开展多种胁迫因子同时存在条件下的区域综合环境风险评价，已成为当前环境风险评价技术研究的热点，且大部分研究主要集中在区域环境的变化对自然生态环境造成的风险评价方面（黄圣彪等，2007）。

1995—1998年，在其他国家和地区，如加拿大、欧盟、英国、澳大利亚等也提出并开展了区域综合环境风险评价的研究工作，并在此过程中提出了相应的风险评价的技术框架体系（Power and McCarty，2002）。

Calamari和Zhang（2002）对厦门农药中杀虫剂使用的环境风险进行了评价，主要的目标是评价杀虫剂对厦门区域水资源的影响，尤其是渔业和养殖业。

Finizio和Villa（2002）在USEPA 1996年所提出的风险评价框架体系的基础上，结合GIS技术提出了一个适用于欧盟国家农药对人体健康风险评价的技术路线。

2003年，USEPA成立专门研究小组，组织专家建立区域复合污染（蓄积）风险评价框架（Anderson，2003）。

Pereira（2004）对葡萄牙DOMING废矿区域存在的环境风险进行综合评价，找出了该国风险评价过程中存在的障碍。

Cyranoski（2008）对中国各个省、市、自治区主要存在的区域自然环境风险进行了阐述和评价。

USNRC（2008）在其报告《在阿留申群岛发生船只事故及溢油的风险》对阿留申群岛的船舶溢油事故进行了风险评价，并提出了相应的技术框架体系。

Sinka 和 Skanata（2009）利用 GIS、故障树分析法以及一些事故风险的概率模型对克罗地亚国家范围内存在的各个核电、石油和高危险物质的项目进行了环境风险评价。

2.2.1.2 与规划或管理相关的环境风险评价研究进展

随着风险评价技术的不断发展，利用环境风险评价的结果支持规划和管理方面的技术及其框架体系研究也不断完善，环境风险评价在区域规划和管理中发挥着越来越重要的作用。

从 20 世纪 70 年代开始至今，美国实施许多联邦法律以保护环境免受有毒化合物的侵害。风险评价在制定这些法律条文时起到很大的作用，如《空气清洁法案》《自然资源保育和恢复法》《有毒物质控制法》等（O' Laughilin，2005）。

1996 年，欧洲科学家设计了几个基于 GIS 的健康风险评价（GIS-based HRA）方法支持欧盟减少 NO_X和 SO_2排放规划的发展。这些模型采用了污染源分配方案，公共健康、环境和经济影响决定排放量的减少（Lowels，1998）。

从 2000 年开始，USEPA 的空气质量规划和标准办公室正在进行国家有毒空气污染物评价（NATA），这是一个国家规模的由点、线、面排放的有毒空气污染物对人类健康风险评价，依此以支持《空气清洁法案》中相关标准的设定和修改（王志霞，2007）。

与此同时，从 20 世纪 80 年代末至 90 年代初开始，在 CRA 和 MCDA 方法论的基础上，通过环境风险评价，结合经济分析以及利益相关者的偏好，并以此支持环境管理方面的研究也受到广大环境研究者的重视，相关方面的研究主要集中于通过环境风险评价的结果确定首要的环境问题，或是应用环境风险评价的结果以支持环境风险管理措施的比较和选择（Keane and Cho，2000）。1987 年，USEPA 在《余留事务》（*Unfinished business*）一书中公布了上述评价中的研究成果。1987 年，第一批比较风险评价研究开始在华盛顿特区、佛蒙特等州进行，其目的是确定当时处理环境威胁的优先决策（Linkov and Ramadan，2002）。1988—1998 年，24 个州结合《余留事务》一书中的成果和本州的实际情况开展了大量的 CRA 研究（Jonks，1997）。

Konisky（1999）应用 CRA 理论对美国佛蒙特和亚利桑那两个州存在的不同的环境问题造成的风险进行综合的比较分析，确定区域范围内首要的环境风险。

Linkov 等（2006）指出，CRA 是如今一种应用于环境风险评价和决策的新兴工具，虽然它缺乏具体的结构化的方法，但将其与 MCDA 相结合，将成为今后解决复杂环境管理问题的合适的系统工具。

Linkov 和 Kiker（2009）总结了欧洲应用 CRA 与 MCDA 相结合的方法进行流域沉积物风险管理的基本框架。

USACE（2010）在 USEPA 1992 年生态风险评价框架的基础上发布了《风险评价手册》，结合 CRA 理论和 MCDA 法提出了适用于有毒有害废物污染区域的健康与生态风险评价的技术框架，并应用于环境修复和风险管理最佳措施的选择的决策过程中。

Retier 等（2013）提出了一个海洋与海岸带生态系统管理的综合框架，应用情景预测法分析各管控目标可能产生的影响，其目的就是选择一个最佳的管理方案以满足可适应性管理的需求。

2.2.2 国内环境风险评价的发展历程

我国的环境风险评价研究起步于 20 世纪 90 年代，且主要以介绍和应用国外的研究成果为主，还没有一套适合中国的有关风险评价程序和方法的技术性文件（林玉锁，1993）。尽管如此，90 年代以后，在一些部门的法规和管理制度中已经明确提出环境风险评价的内容。

张维新等（1994）应用模糊评价法开展了工厂区域污染事故风险评价。

1997 年，国家环境保护局、农业部、化工部联合发布的《关于进一步加强对农药生产单位废水排放监督管理的通知》中规定：新建、扩建、改建生产农药的建设项目必须针对生产过程中可能产生的水污染物，特别是特征污染物进行风险评价（王志霞，2007）。

张珞平等（1998）开展了农药使用对厦门海域的初步环境风险评价的相关研究，应用 EQC 和 Soil-Fug 模型并根据农药的生物毒理学特性及其产生的地球化学行为对沿岸海域环境进行初步的环境风险评价。

2001 年，国家经贸委发布的《职业安全健康管理体系指导意见》和《职业安全健康管理体系审核规范》中也提出，用人单位应建立和保持危害辨识、风险评价和实施必要控制措施的程序，风险评价的结果应形成文件，作为建立和保持职业安全健康管理体系中各项决策的基础（孟宪林等，2001）。

2004 年，国家环境保护局颁布《建设项目环境风险评价技术导则》（HJ/T 169—2004）（中华人民共和国环境保护总局，2004），提出了建设项目环境风险评价的技术路线。

张应华等（2007）以水源地石油污染等现场调查数据为基础，开展了基于不确定性分析的健康环境风险评价。

孙永明（2007）对船舶溢油风险评价中的几种预测方法进行了实用性和局限性的讨论，总结了各种方法适用的条件。

在区域环境风险评价研究方面，任鲁川（1999）总结了区域灾害风险分析的内容及区域灾害风险估算的数学模型，指出风险分析可归结为风险辨识、风险估算和风险评价 3 个环节；风险估算数学模型的演进可概括为极值风险模型、概率风险模型和可能性风险模型 3 个阶段。其中，他还着重介绍了区域自然灾害风险分析的可能性风险模型。

贾晓霞等（2004）从区域产业风险、社会政治风险、政策法规风险、经济波动风险、金融与资本市场风险和人力资源风险 6 个方面，设计了高新技术项目区域风险的综合评价指标体系。

吴立志和董法军（2005）根据城市区域火灾风险评价模型特点和要求，提出了城市区域火灾风险评价辅助软件的设计思想，并在应用中取得良好的效果。

薛峰和柯孟岳（2007）探讨了区域环境风险评价的特点，并通过实际工作中的具体做法，总结了适用于区域环境风险评价的方法，为开展和编制区域环境风险评价报告提供了思路。

张俊香等（2007）在基于信息扩散理论的基础上，结合模糊风险评价的方法，对中国沿海特大台风风暴潮灾害进行了风险评估，给出了中国沿海特大台风风暴潮灾害的超越概率曲线并进行计算。

曲常胜等（2010）评估了我国各省份的区域环境风险状况，构建了由危险性指标和脆弱性指标两大类指标组成的区域环境风险综合评价指标体系。

在国内，到目前未见有关应用CRA和MCDA相结合的理论与方法开展环境风险评价的研究成果。

2.2.3 小结

从上述国内外的发展史中可以看出，环境风险评价研究起源于20世纪30年代末，其中做过研究最多的是美国。最初的环境风险评价侧重于生物生态毒理的健康风险评价；随后，环境风险评价的内容开始逐渐从毒理风险、人体健康风险向工程项目风险、生态风险和区域综合风险评价转变；从20世纪80年代开始，风险评价已经逐渐成为风险管理重要的技术工具，两者的关系逐渐密切。

在国内，环境风险评价研究起步较晚，从20世纪90年代才开始，主要以介绍和应用国外的研究成果为主，并开始涉及工程项目环境风险评价；2000年以后逐步开展健康风险评价、事故风险评价和区域环境风险评价，但将风险评价的结果来支持风险管理方面的研究相对国外较少。

值得一提的是，1986年USEPA开展的对当前各地区存在的各种环境威胁进行相互比较评价的工程项目是比较风险评价发展的雏形，代表着环境风险评价在技术层面上的发展已经逐渐开始应用到支持风险管理以及其他决策的层面。但目前国内外利用比较风险评价与多准则决策分析的方法相结合，开展关于规划或管理等决策方面的环境风险评价的研究仍然较少，尤其是国内，仍未见开展针对规划或管理等决策方面的环境风险评价研究。

2.3 环境风险评价的类型

根据2.2节中对环境风险评价的研究状况的综述，环境风险评价的类型主要可根据时间尺度、空间尺度、风险的性质、环境风险评价方法和决策层次等方面进行分类。

（1）根据时间尺度，环境风险评价可划分为回顾性风险评价、现状风险评价和预测性风险评价（陆雍森，1999）。回顾性风险评价和现状风险评价指在风险源已知或猜测已进入环境后，评估已知的环境风险产生特定的负面影响的概率和结果；预测性风险评价是指在风险源进入环境前，评估其将会引起特定负面影响的概率和结果（Hope，2006）。

（2）根据空间尺度，环境风险评价可划分为项目环境风险评价、区域综合环境风险评价。项目环境风险评价针对某建设项目的环境污染或生态破坏对人类健康和生态环境产生的不利作用的可能性和危害程度进行评价；区域综合环境风险评价是指在区域尺度上描述和评价环境污染、人为活动或自然灾害（可能包括多种风险源）对人类健康和生态环境不利作用的可能性和危害程度（许学工等，2001）。

（3）根据风险的性质，环境风险评价可划分为：①健康风险评价，主要针对化学污染或有毒有害物质对人类健康产生的危害和影响进行评价；②事故风险评价，主要针对由于意外事故对人类和环境所导致的危害和影响进行评价；③自然灾害风险评价，主要针对极端的自然灾害事件对人类和环境产生的危害和影响进行评价；④生态风险评价，主要针对化学污染或有毒有害物质对生态系统产生的危害和影响进行评价。

（4）根据环境风险评价方法，环境风险评价可划分为定性环境风险评价和定量环境风险评价（Gaudet et al.，1994）。

（5）根据决策层次的分类。决策可以分为宏观层面的规划（或计划）和具体实施层面的项目管理。规划（或计划）是在未来较长一段时期内，针对全局性、整体性的问题而开展的决策活动；项目管理则是具体部门在未来较短时期内，针对单一（或局部）的具体问题而采取的行动方案（吴侃侃和张珞平，2011）。因此，规划是项目管理的依据；项目管理是在规划指导下制定的，是规划的具体落实。按照上述决策层次的分类依据，环境风险评价可以分为服务于管理的环境风险评价和服务于规划的环境风险评价。

本书的目的在于对海岸带区域规划环境风险评价开展研究，其空间尺度属于区域尺度，风险源的类型涵盖了自然灾害、溢油事故以及化工污染等多种风险源，并且只考虑风险源及其对人类社会的影响，不考虑由于这些风险源对种群、群落和生态系统造成的影响。所以，本书根据环境风险源的性质、空间尺度和决策层次，将环境风险评价划分为：健康风险评价、事故风险评价、自然灾害风险评价、区域综合环境风险评价、服务于管理或规划的环境风险评价 5 种类型，并在本书 2.4 节和 2.5 节中针对上述环境风险评价的类型分别介绍国内外环境风险评价的技术路线和方法。

2.4　环境风险评价的技术路线

2.4.1　环境风险评价的一般程序

2.4.1.1　美国国家研究委员会（USNRC）提出的健康风险评价框架

1983 年，美国国家研究委员会出版了《联邦政府的风险评估：管理过程》的报告，提出了风险评价框架，即包括了危害识别、剂量-效应关系评价、暴露评价和风险表征 4 个步骤（USNRC，1983）。这一框架最初应用于健康风险评价，已经被加拿大、欧盟等大多数国家和地区在相关的研究中采用（USNRC，1983；USEPA，2003）。

2.4.1.2　美国国家环境保护署（USEPA）提出的健康风险评价框架

1992年，美国国家环境保护署制定了生态风险评价框架（Framework for Ecological Risk Assessment）（图2-1）。该框架适用于环境风险评价中的健康风险评价和生态风险评价。其主要步骤为："问题的形成""问题的分析"和"风险的表征"（USEPA，1992）。

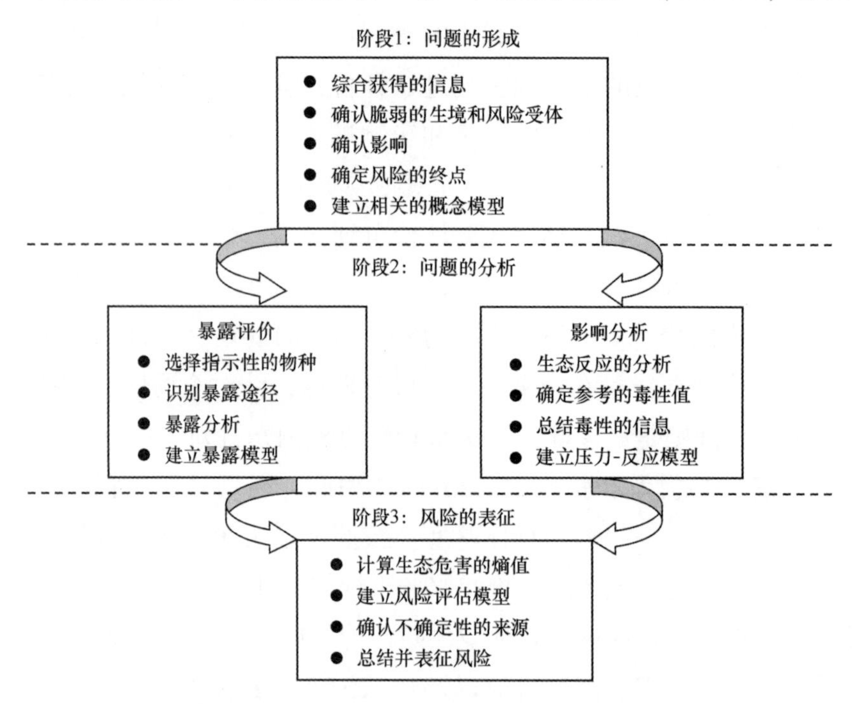

图2-1　美国国家环境保护署的生态风险评价框架

资料来源：USEPA，1992

（1）问题的形成。包括制定计划和问题的形成。评价者根据评价内容的性质、生态现状和环境要求，与环境管理者和当事人充分对话后，提出评价的目标和评价重点；然后，管理者综合有效信息，进行风险源、受体和评价终点的识别，判断分析可能存在的危害及其范围，并据此构建概念模型，制定分析计划。

（2）问题的分析。包括暴露评价与影响评价。构建暴露评价和生态影响的相应关系，分析影响因素的特征以及对生态环境中各要素的影响程度和范围。

（3）风险的表征。根据分析阶段的结果，对评价过程得出结论，计算危害的熵值和风险的大小，同时确定风险不确性产生的来源，将评价的结果作为环保部门或规划部门关于人类健康和生态环境保护决策的参考依据。在实际操作中，可根据具体的评价对象和范围进行适当的调整。

2.4.1.3　荷兰健康委员会提出的健康风险评价框架

1989 年，荷兰健康委员会（Health council of the Netherlands）提出了风险评价和管理的框架，其目的在于通过风险评价以确定风险的可接受水平，并提出减少风险的措施。该框架主要分为 3 个步骤（图 2-2）。

（1）问题的形成。

（2）风险的分析。主要包括风险受体、暴露的频率和危害大小的确定。

（3）风险的表征。

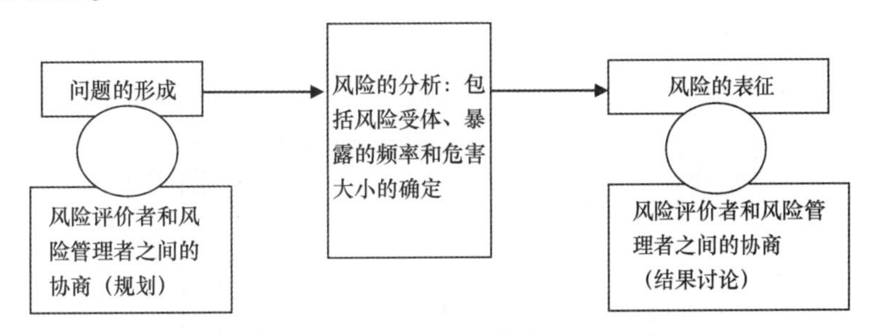

图 2-2　荷兰健康委员会的健康风险评价框架

资料来源：Health council of the Netherlands，1989

2.4.1.4　英国环境部（UKDOE）提出的风险评价框架

1995 年，英国环境部根据“预警原则”提出了环境风险评价和管理的过程框架（图 2-3），主体部分包括目的描述、危害识别、后果识别、估算后果大小和估算后果发生概率、风险估算和风险评估、风险评价、风险管理和风险监测等（UKDOE，1995）。

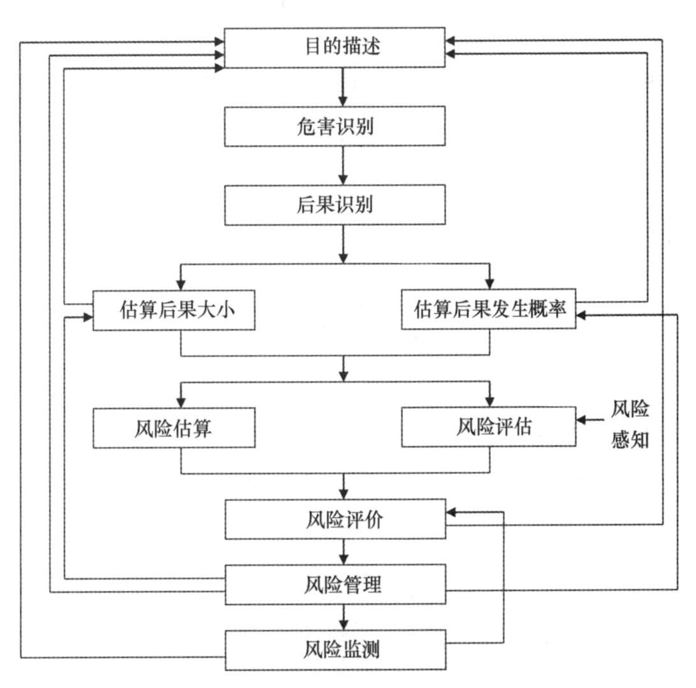

图 2-3　英国环境部风险评价流程

资料来源：UKDOE，1995

2.4.1.5 澳大利亚/新西兰标准委员会提出的风险评价框架

1995 年，澳大利亚提出了风险评价和管理的框架，包括范围确定、风险识别、风险分析、风险评估和风险处理 5 个步骤（Standards Australia/Standards New Zealand，2004）。2004 年，澳大利亚/新西兰标准委员会对原先澳大利亚的风险评价和管理框架进行了修正，将其新的风险评价框架（图 2-4）划分为交流与咨询、范围确定、风险识别、风险分析、风险评估、风险处理、监测与回顾等步骤，其中风险识别、风险分析和风险评估是风险评价的主体（Standards Australia/Standards New Zealand，2004）。

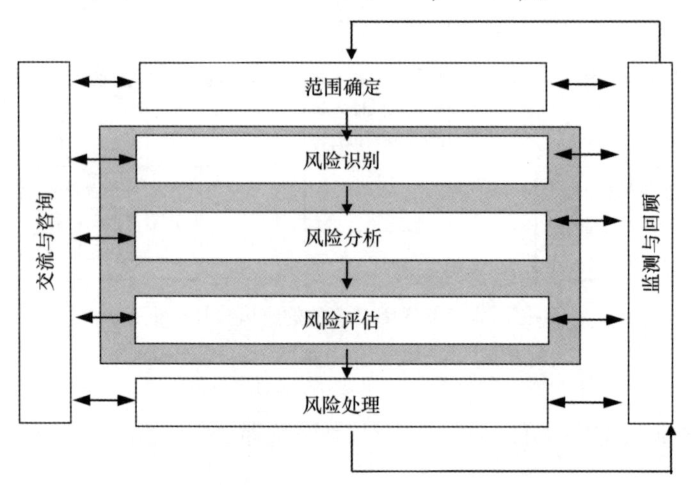

图 2-4 澳大利亚/新西兰风险评价和管理框架

2.4.1.6 中国生态环境部的建设项目风险评价框架

2004 年，环境保护部颁布了中华人民共和国环境保护行业标准《建设项目环境风险评价技术导则》（HJ/T 169—2004），2018 年更新为《建设项目环境风险评价技术导则》（HJ 169—2018）。其提出的风险评价流程包括：风险调查、环境风险潜势初判、风险识别、风险事故情形分析、风险预测与评价和环境风险管理共 6 个步骤（中华人民共和国生态环境部，2018）。

2.4.1.7 世界卫生组织的综合风险评价框架

2004 年，世界卫生组织化学安全国际计划（The International Programme on Chemical Safety of the World Health Organization）为提高风险评价的有效性和效应，提出了综合健康和生态风险评价框架（图 2-5），即结合了人类、生物和自然资源的风险评估过程（WHO，2004；Suter et al.，2003）。该框架强调了风险管理以及利益相关者的参与和风险评价的过程是平行的，体现了利益相关者参与在风险评价和管理中的重要作用。

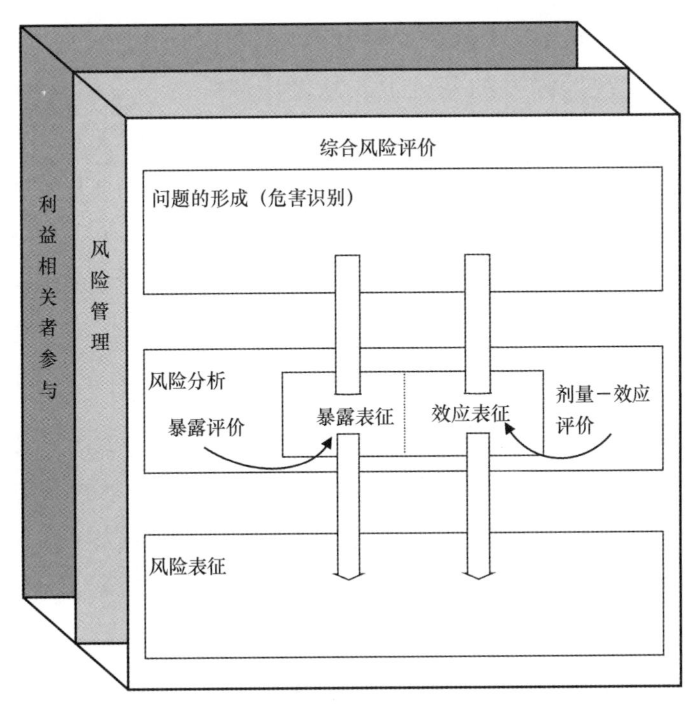

图 2-5　综合健康和生态风险评价框架

资料来源：WHO，2004

2.4.2　健康风险评价的技术路线

在美国国家研究委员会于 1983 年提出的健康风险评价技术框架的基础上，至今国内外在健康风险评价方面开展了大量的研究，其中研究最多的还是集中在有毒有害化学物质对人类健康和生态系统造成的风险。

Farber 等（1996）开展了食物中 Listeria 菌对加拿大人体健康的风险评价的研究。该项研究沿用了 USNRC 关于健康风险评价的技术路线：首先，通过数据的收集和模型的应用对 Listeria 菌进行危害判定；然后，通过 Listeria 菌在食物中对人体健康的风险进行剂量-效应评估和暴露量评估；最后，对 Listeria 菌的健康风险进行表征。在危害判定中，其应用了 Weibull-Gamma 模型处理相关数据上的欠缺。

曾光明等（1997）以河北省保定市环境质量监测数据为例进行健康风险评价。首先，根据环境监测数据进行水质分析，确定评级范围和评价终点；然后，建立水质健康风险评价模型，并对评价参数进行选择，结合模型和参数计算出个人年平均风险值；最后，通过风险评估确定主要的风险，为水质环境健康风险管理提供依据。

Gouveia 和 Fletcher（2000）研究了空气污染与人群死亡率之间的关系。首先，根据相关数据资料，通过与统计学中实践序列和泊松分布等模型相结合，构建了空气污染物与相关人群死亡率的相应关系；然后，通过剂量-效应评估和暴露量评估分析了各种空气污染物对人体的影响程度和范围；最后，确定了主要的污染物及其相应的管理措施，并提出应该在结合年龄和社会经济情况等因素的基础上，从健康风险的角度看待空气污染同人群死亡率之间的复杂关系。

Tsai 等（2001）在 USNRC 关于健康风险评价技术路线的基础上，通过多环芳香烃的危害判定、多环芳香烃剂量-效应评估、制造业工人暴露剂量评估和健康风险表征 4 个步骤对制造业工人暴露于多环芳香烃工作环境中的健康风险进行评价，并提出了针对多环芳香烃造成健康风险的管理措施。

Malherbe（2002）等开展了欧洲和北美一些地方污染土壤对人体健康影响的研究。首先，通过搜集相关信息如污染区的历史、地理、水文和相关的污染事故的资料进行回顾性评价，以此划清不同的污染区域，并确定不同污染区域中的评价重点和范围，对相似的区域进行合并，减少取样点的数量；然后，通过建立暴露剂量关系模型，分析不同污染区域对人体健康的影响程度；最后，计算各个区域的风险大小并进行比较，确定主要的管理区域。

Rodriguez 和 Grant（2005）对美国地表水和地下水被再生废物污染的情况进行了毒性评价。首先，在 1976 年 USEPA 所提出的《资源保护和恢复法案》的基础上，搜集相关资料数据，确定了风险源和评价终点；然后，根据上述法案中的饮用水标准和水质质量标准构建剂量-效应模型，分析各种再生废物的暴露途径，对各种再生废物对人体健康造成的风险进行分析；最后，对各种再生废物的健康风险进行表征，确定风险的大小和主要的风险，提出地表水和地下水被再生废物污染可能造成风险的管理措施。

张永春等（2002）以有害废物的健康风险评价为例，提出了健康风险评价主要包含的 3 个步骤：①以毒理学、流行病学、环境监测和临床资料为基础，确定不良健康效应的性质；②在特定暴露条件下，对不良健康效应的类型和严重程度做出估计；③对暴露条件下人群数量和特征给出判断。

陈鸿汉和何江涛（2006）综合国外研究进展对污染场地健康风险评价的基础理论和评价方法进行了研究。研究者提出污染场地健康风险评价的 4 个步骤：数据搜集、暴露评估、毒性评估和风险表征。

USNRC（2007）在《21 世纪的毒性试验：一种远景和一种战略》（*Toxicity Testing in the 21st Century：A Vision and A Strategy*）报告中对于毒物测试在人体健康风险评价中方法和策略的应用进行了详细描述。其一般步骤可归纳为：①利用动物的毒性测试收集相关的风险数据，进行风险的判定；②利用剂量-效应模型和外推法模型进行相关的风险评价；③利用与人体健康相关的数据进行暴露性的评价，从而解释和验证之前毒性测试的结果。

陈华和平蕊珍（2009）以南京某开发区大气质量监测数据为例进行大气健康风险评价分析。①研究者分析该区域内产业布局和主要行业的污染物特征，筛选出对人体健康有严重危害的主要污染物；②进行特征污染因子的致病性分析，计算各类污染物所致健康危害的风险值；③对区域内主要污染物的健康风险进行表征和排序，以期为环境健康风险管理提供依据。

Re-Ti 和 Ai-Jun（2010）对可回收的塑料袋对人体健康造成的风险进行了评价，其主要方法沿用了 USNRC 在 2007 年提出的健康风险评价的框架。

2.4.3　事故风险评价的技术路线

目前，事故风险评价的研究主要集中于核电、油库和天然气等泄漏事故、有毒有害物质污染、海上船舶溢油事故和工程事故等风险的评价。最早进行事故风险评价的是美国，且国外大部分的研究集中于有毒有害污染事故对人体造成的健康风险和船舶溢油风险评价。

1975 年，美国核管会完成的《核电厂概率风险评价的性能指南》，即著名的 WASH21400 报告（Wu and Zhang，2014），提出了关于核电事故风险评价的 4 个步骤，包括了核电危险的鉴别、暴露剂量-效应评价、核电风险评价和核电风险表征。这一技术路线至今仍被多个国家在核电、油库等事故风险的评价中所采用。

1983 年，美国国家科学院（U. S. National Academy of Science，USNAS）和 USNRC 就提出了工厂污染事故风险评价由 5 个部分组成：问题的形成、危险鉴别、释放评价、暴露评价和风险评估（刘桂友等，2007）。

1985 年印度博帕尔市农药厂事故后，世界银行的环境和科学部颁布了《控制影响厂外人员和环境的重大危害事故的导则和指南》，对有毒有害物质污染事故风险评价技术路线进行了完善，主要包括：风险识别、源项分析、暴露剂量计算、风险评价、风险管理和应急措施（刘桂友等，2007）。

张维新等（1994）采用模糊风险评价方法评价了大连市四家工厂的环境污染事故，提出了工厂有毒有害气体泄漏风险评价的一般模式：首先，依据分级标准和污染因子特性等，结合工厂的实际调查资料，运用专家评分法分别对污染事故的危害指数、污染因子的危险指数以及工厂的安全指数进行评价；然后，通过加权平均等方法，将各指数归纳为危险指数，得到风险评价的结果；最后，针对评价结果提出相应的管理措施。

欧洲环境署（European Environment Agency，EEA）的 Covello 和 Merkhorer（1997）在原有 USNAS 技术路线的基础上提出了事故风险评价的技术路线。认为应该把危险判别放在事故风险评价外面，认为它是在风险评价开始之前就应该做的工作，把暴露评价放在剂量-效应评价之前是合理的。

2000 年，亚洲开发银行给出了一个环境风险评价程序的建议：危害甄别、危害框定、环境途径评价、风险表征和风险管理（胡二邦，2000）。

Contini 等（2000）结合现代 GIS 技术用以控制污染事故风险。首先，通过综合有效信息，如历史数据、土地使用和公众参与意见等，将其输入 GIS 系统，从而对风险进行识别和分区；然后，对不同区域可能发生的污染事故风险进行概率估算和评价；最后，针对不同区域的风险分别提出相应的管理措施，以期应对突发事故的紧急情况。

尹士武（2001）提出了一个石油化工环境风险评价框架，包括历史数据分析、风险识别和危害分析、后果预测、风险的计算和评价、事故预防措施和应急方案5个部分。

Markus（2001）在对有毒有害污染物空间分布与事故风险评价的研究综述中，总结了澳大利亚环保部门关于该项研究的一般步骤：①确定目标污染物和关键的污染指数；②确定研究范围，收集相关样品资料进行物理和化学分析；③暴露与毒性的评价；④数据的处理和风险评价；⑤风险表征。

刘铁民（2004）介绍了QRA计算重大事故风险的过程如下：①计算并确定能够造成伤害后果的假设泄漏的典型泄漏量；②利用历史上的失效统计分析数据并结合使用成熟技术所得的基本构件的失效概率数据，得出每一次假定危险物质泄漏的概率值；③对每一次假定泄漏进行评估，包括危险性物质泄漏速率和泄漏持续时间；④计算有毒以及易燃性物质泄漏释放后，在不同天气条件下的大气扩散构成；⑤在上述扩散、爆炸以及火焰计算的基础上可以确定各种危害参量在空间和时间上的分布。

许芳（2004）基于环境风险评价理论，以珠江口水域为例对海上突发性溢油事故的风险进行了研究。①通过回顾性评价，对溢油事故的风险源进行识别；②通过相关的历史资料对未来船舶发展进行预测，计算出珠江口船舶溢油事故的概率值和突发性溢油事故风险的理论值，并对可能的溢油量和扩散面积及影响和范围进行分析和估算；③提出防范海上溢油事故风险的管理措施。

陆军（2005）总结了国内外相关研究，认为一个完整的事故风险评价包括历史数据分析、风险识别和危害分析、事故频率后果估算、风险计算和评价、风险减缓和应急措施5个方面。

任剑峰（2005）对天然气综合利用中环境事故风险评价的方法做了初步探讨并提出了事故应急方案。首先，运用事故树法对风险源进行了识别；然后，根据相关的统计资料计算出各个风险源所导致的天然气泄漏概率，并对其影响范围和程度进行预测；最后，提出了防范天然气泄漏风险的管理措施。

姜玲（2005）以成品油库的环境风险评价为实例，探讨了油库泄漏的环境风险评价方法。首先，通过对风险识别和事故源项的分析确立风险种类，找出危害物质的排放方式；然后，通过对泄漏时的环境风险影响分析，确定油库泄漏造成的影响和范围；最后，提出针对油库泄漏风险的管理措施。

李民和方莉（2005）开展了大坝安全检查和失事模式评估，提出了进行工程失事模式评价的一般途径：①准备阶段，输入资料；②复核所有上述资料，搜集可能导致水库无控制泄放的现场特定条件和险情资料；③考虑水库无控制泄放或溃坝是如何发生的，同时也要考虑整个系统的运行特性；④当一个坝址的失事模式得到确定后，讨论可能引发溃坝、无法控制洪水泄放的性质以及可能导致的失事范围和后果；⑤对确定的每一个场址的特定失事模式进行讨论，并记录所有能够表示可能失事模式、更可能发生或更不可能发生的数据、资料、参数和条件；⑥对每一种可能失事模式进行分类和归类；⑦针对不同模式提出相应的管理措施。

Merrick 和 Van Drop（2006）在应用贝叶斯多维回归模型的基础上，按照危险鉴别、剂量-效应评价、暴露评价和风险表征 4 个步骤，提出了使用动态数据应用模型以解决华盛顿和旧金山两个海湾渡口事故风险评价中的不确定性问题。

Winter 和 Daniel（2008）在马尔科夫链的基础上，研究了关于地下水污染事故概率风险评价的模型，在文中，对污染事故风险评价所采用的步骤是：①有效信息的综合和污染源的确定；②对地下水污染事故风险可能发生的位置进行识别和分区；③应用概率统计模型对不同地区地下水发生事故的风险进行评价和表征；④提出相应的风险管理措施。

USNRC（2008）在 2002 年 IMO 提出的关于船舶溢油事故风险评价框架的基础上开展了 Aleutian 岛附近海域船舶溢油事故风险评价研究（图 2-6）。①确定可能对生命安全和财产造成损失的船舶溢油风险以及确定造成该类风险的最低水平；②进行概率和后果评价，包括定性和定量评价；③对具有不同风险值的船舶溢油事故进行比较，找出主要风险。

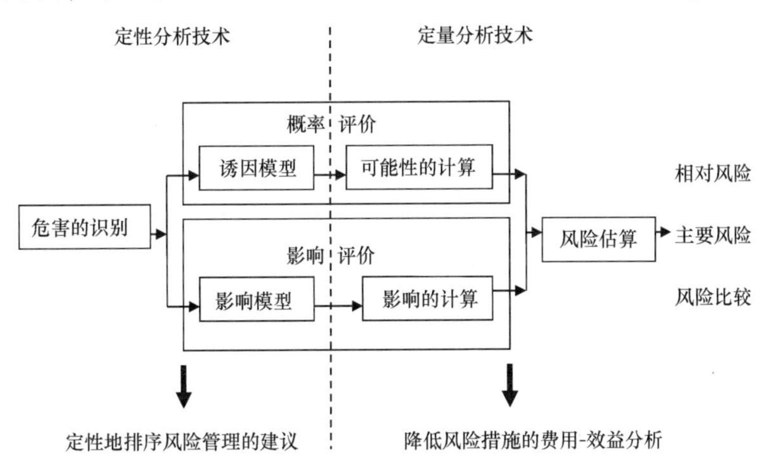

图 2-6　船舶溢油风险评价框架

资料来源：USNRC，2008

徐小红（2010）开展了水利水电施工现场的环境风险评价研究，提出了评价的基本步骤：划分评价单元、危险源辨识、风险评价、判定风险等级、确定风险控制计划、风险控制计划评审。

2.4.4　自然灾害风险评价的技术路线

在概率论和模糊系统理论被广泛接受之前，自然灾害风险分析的理论和方法发展十分缓慢。20 世纪 80 年代中期，发达国家开始注重整治环境和减轻灾害的投入产出效益问题，才开始注重自然灾害风险研究。由于自然灾害风险影响的范围较广，故其也属于区域环境风险的一部分。

周寅康（1995）提出了自然灾害风险评价的技术路线（图 2-7），主要步骤：①收集自然灾害历史数据，开展回顾性评价；②风险区确定和特性评价；③风险区承受能力评估；④可能性损失评估；⑤风险等级划分。

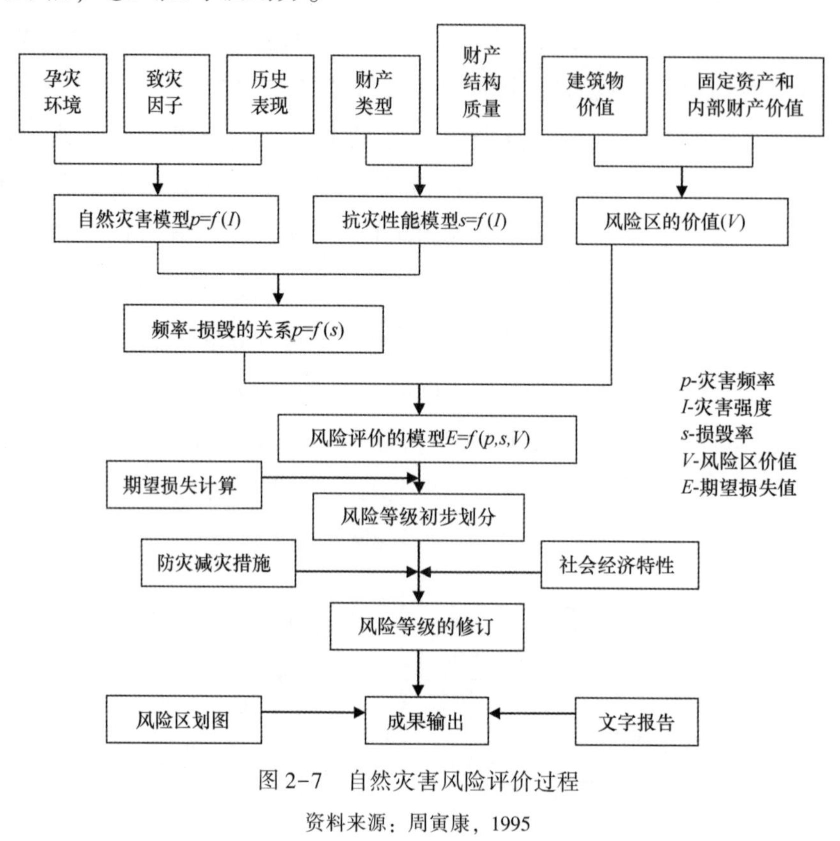

图 2-7　自然灾害风险评价过程

资料来源：周寅康，1995

任鲁川（1999）综述了区域灾害风险分析的内容及区域灾害风险估算的数学模型，指出风险分析可归结为风险识别、风险估算和风险评价 3 个环节。

Mileti（1999）在其著作《设计灾害：对美国自然灾害的重新评估》（*Disasters by Design*：*A Reassessment of Natural Hazards in the United States*）中回顾了当前自然灾害风险评价和管理的一般步骤：①收集相关致灾因子的信息，识别灾害风险；②评价承灾体的脆弱性；③计算自然灾害风险的概率和后果；④结合利益相关者的信息和对灾害风险的不同认知进行风险的表征和不确定性分析；⑤提出风险管理措施，判断其有效性，并对管理措施及时进行修正。

魏一鸣等（2001）提出了洪水灾害风险管理的基本步骤：①洪水灾害风险分析，其中包括洪水危害性分析、社会经济损益分析、频率分析和危害后果分析；②洪水灾害风险评价，其中包括通过方案分析、可接受风险值和风险决策准则进行风险评价；③洪水灾害风险管理和决策。

陈华丽等（2003）基于地理信息系统进行区域洪水灾害风险评价。首先，在综合考虑致灾因子、自然和社会历史资料的基础上，从洪水危害性和社会经济易损性两个方面确定评价指标；然后，应用因子叠加法确定各评价指标对洪水灾害的影响程度，并在此基础上以栅格作为评价基本单元，利用 GIS 软件空间分析功能模块提供的图层叠加功能进行叠加操作，并进行分类从而得到评价结果。

Chen 和 Blong（2003）提出了一个基于 GIS（地理信息系统）的自然灾害综合风险评价和管理的技术框架（图 2-8），其主要步骤：①收集大量的致灾因子和风险因素的信息，识别灾害风险，这些信息包括物理环境、社会经济环境和管理相关的数据；②风险的分析，包括易受灾害袭击的风险对象的确定、风险概率和后果的估算以及承灾的个体风险脆弱性评价；③风险的管理决策，包括风险的形式和表征、应对的措施和相关政策。

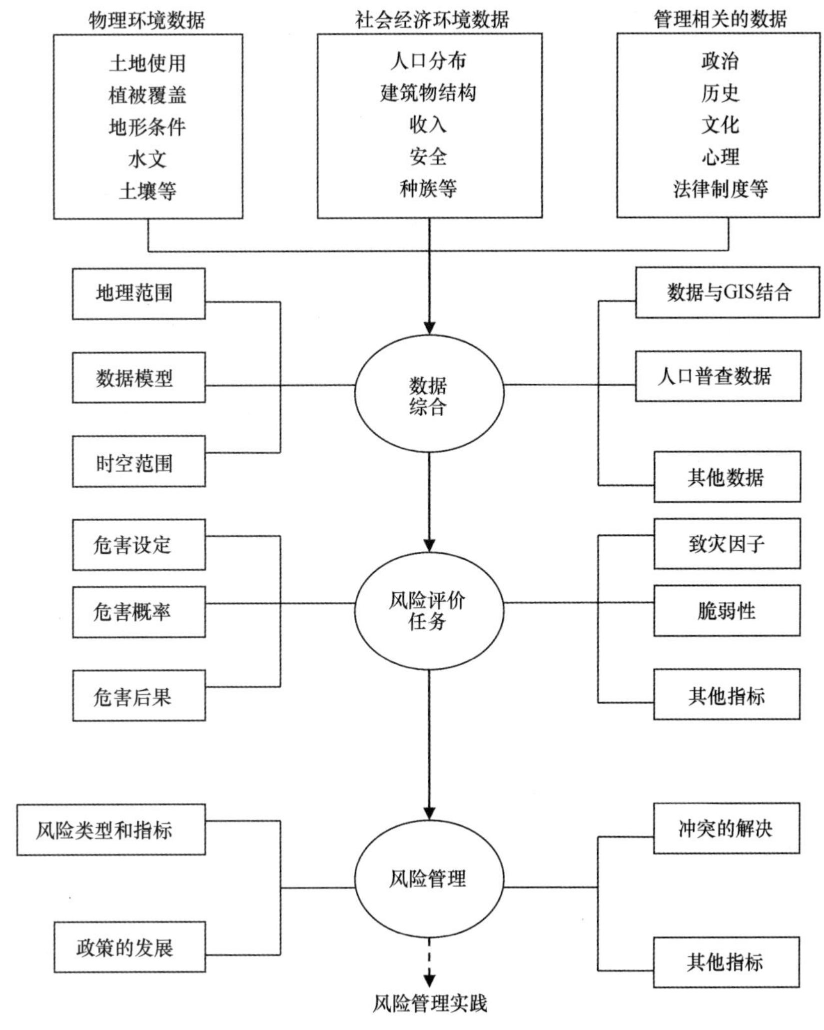

图 2-8　基于 GIS 的自然灾害综合风险评价和管理框架

资料来源：Chen and Blong，2003

Apel 等（2004）应用蒙特卡洛模型对莱茵河下游科隆河段洪水灾害风险以及其中存在的不确定性进行研究。①在考虑致灾因子和历史资料的基础上，应用计算机模拟对各个河段存在的洪水灾害风险进行识别；②运用蒙特卡洛模型计算出各河段在洪水发生的各个阶段的风险概率以及危害后果，其中危害后果用社会经济损失予以表征；③对其存在的风险不确定性进行分析，并提出相应的风险管理措施。

林宙峰（2007）建立了海岸工程自然灾害环境风险评价体系，包括以下5个基本步骤：①回顾性评价；②风险识别，包括风险源、风险载体和风险受体的识别；③风险分析，包括物理风险、生态风险和事故污染风险的可能性分析和后果分析；④风险评估，包括评价标准的选取、风险等级的划分和风险可接受水平的判断；⑤风险管理。

ITC（2009）提出了自然灾害风险评价的一般步骤：①回顾性评价历史灾情，识别致灾因子；②致灾因子的评估（强度-频率曲线），确定致灾因子的危险性；③承灾体的脆弱性分析［损坏率-强度（危险度）曲线］；④人口和经济损失的评估；⑤自然灾害风险的评价和表征。

2.4.5 区域综合环境风险评价的技术路线

区域性风险评价起步较晚，国内外关于区域综合环境风险评价的研究目前不是很多，尤其在我国，大多数的环境风险评价仅以单个风险因素为评价对象，没有重视环境风险对区域性的影响，也未重视研究一个区域内众多风险因素的综合评价，在理论和实践方面均显不足，目前其理论和研究方法仍处于发展阶段（程胜高和鱼红霞，2001）。

张珞平等（1998）开展了农药使用对厦门海域的初步环境风险评价的相关研究。首先，对厦门地区农药销售和使用情况以及气象、耕地、作物等方面开展调查；然后，应用EQC和SoilFug模型对农药的地球化学行为、分布及其产生的结果进行预测计算；最后，根据农药的生物毒理学特性及其产生的地球化学行为对沿岸海域环境进行环境风险评价。结果表明，有机磷农药对厦门海域存在较大的风险。

杨晓松和谢波（2000）认为，区域综合环境风险评价的技术路线一般包括风险源项分析（其中包括环境风险识别和危害后果评估）、单风险因素的评价、风险综合评价和风险管理4个部分（图2-9）。

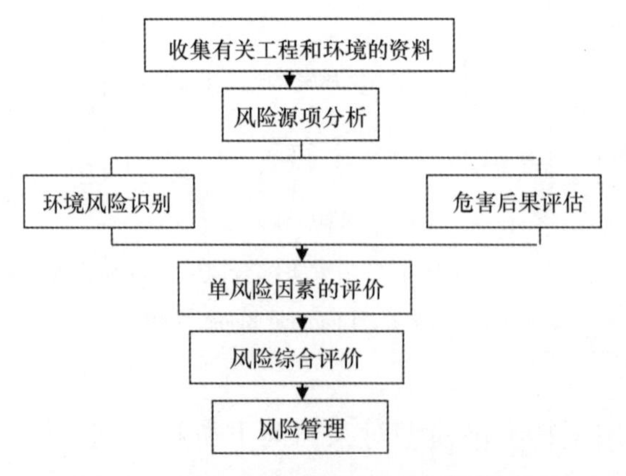

图2-9　区域综合环境风险评价技术框架

资料来源：杨晓松和谢波，2000

许学工等（2001）通过研究区的界定与分析、受体分析（受体的选取、生态终点）、风险源分析、暴露与危害分析、风险综合评价等步骤，对黄河三角洲湿地区域的生态风险进行了评价。

Walker 和 Brown（2002）以澳大利亚的 Tasmanian 流域为研究区域。他们选择农业生产地和农村居住地为区域风险源，以水体污染、富营养化、水文变化、动植物生境退化、有益昆虫种群的减少、牧草地杂草竞争增加、居住地美学价值的丧失等为评价终点。然后基于土地利用和地形地貌等信息进行风险区块的划分和分级评价，最后进行风险表征。

Calamari 和 Zhang（2002）对厦门农药中杀虫剂使用的环境风险进行了评价，主要目标是评价杀虫剂对渔业和养殖业的影响。首先，收集杀虫剂毒理学和物理化学方面的相关资料；然后，应用 SoilFug 模型对农药的环境行为进行模拟计算；最后，计算出各种杀虫剂的近似浓度，确认了风险最高的化学物质，并提出风险管理的措施。

Hayes 和 Landis（2004）以来自近海区域和 Cherry Point 流域山地的化学和非化学类压力为风险源，利用 GIS 技术对美国华盛顿州西北部的近海区域进行亚区块的划分，通过分析亚区块内风险源暴露与效应间的定量关系评价各亚区块内的相对风险值，对评价结果进行不确定性分析。

Binelli（2004）对意大利 Iseo 湖区域持久性有机物（POPs）开展了研究，通过风险源项分析、风险识别、危害后果评估、综合风险因素评价，强调 POPs 的慢性影响，尤其是对本地居民的慢性致癌作用是不可忽视的，并提出风险管理方案。

陈能汪等（2006）采用故障树及概率分析方法对九龙江流域氮的流失风险进行定性与定量评价。首先，通过建立故障树定性分析了九龙江流域氮流失的主要风险来源；然后，在 GIS 技术支持下，通过土地利用、土壤等数据的计算，结合田间调查结果与专家意见，确定故障树基本故障事件概率，对氮流失的风险进行定量评价；最后，对管理措施进行模拟评价，确定最佳的管理方案。

2.4.6　服务于管理或规划的环境风险评价的技术路线

所谓服务于管理或规划的环境风险评价，就是将环境风险评价的结果应用到管理或规划的过程中，以此来支持和指导管理措施或规划方案的制定。

2.4.6.1　USNRC 的风险评价和管理框架

USNRC（1994）在其报告《风险评价中的科学与判断》（*Science and Judgments in Risk Assessment*）中指出，风险评价和风险管理是两个不同但又相互联系的过程，前者属于技术分析的层面，而后者则属于决策的层面。后者是通过综合前者的信息以及其他来自经济、社会、法律和利益相关者的信息从而更好地制定出可承受的风险标准和实施减少风险的措施。图 2-10 体现了风险评价和风险管理之间的区别和联系。

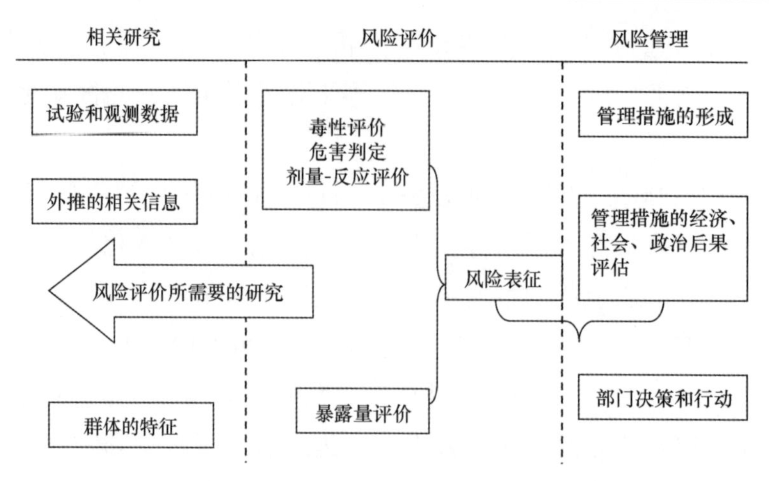

图 2-10　风险评价与风险管理过程的区别和联系

资料来源：USNRC，1994

2.4.6.2　PCCRARM 的健康风险管理框架

1997 年，美国总统与国会风险评价和管理委员会（Presidential/Congressional Commission on Risk Assessment and Risk Management，PCCRARM）提出了如何将环境健康风险评价应用到风险管理的技术框架（图 2-11）。

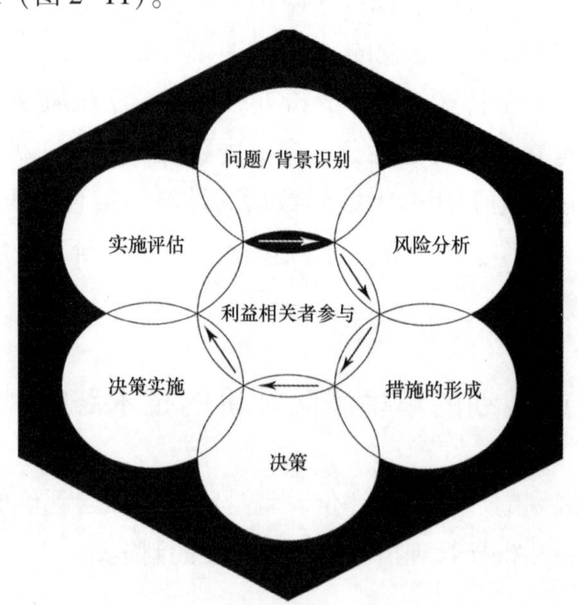

图 2-11　环境和健康风险管理的框架

资料来源：PCCRARM，1997

该技术框架主要包括以下 6 个具体步骤：①问题与相关研究背景和范围的确定；②在研究背景和范围内分析相关的风险以及不确定性；③检查解决风险的措施；④比较和选择措施，并做出决策；⑤将决策付诸具体行动；⑥检验行动的结果并加以反馈和修正（PC-

CRARM，1997）。

2.4.6.3 USEPA的基于风险评价的管理框架

USEPA（2003）也提出了关于如何将环境风险评价应用到风险管理层面的技术框架（图2-12）。主要包括以下步骤：①识别决策中是否开展风险评价，如果不需要则直接进行决策；②研究范围和具体规划目标的确定，包括了危险识别和备选方案的确定（管理者、利益相关者的交流）；③形成要解决的问题（管理者和风险评价者的交流）；④通过公众参与和风险联系，同时开展风险评价和管理。

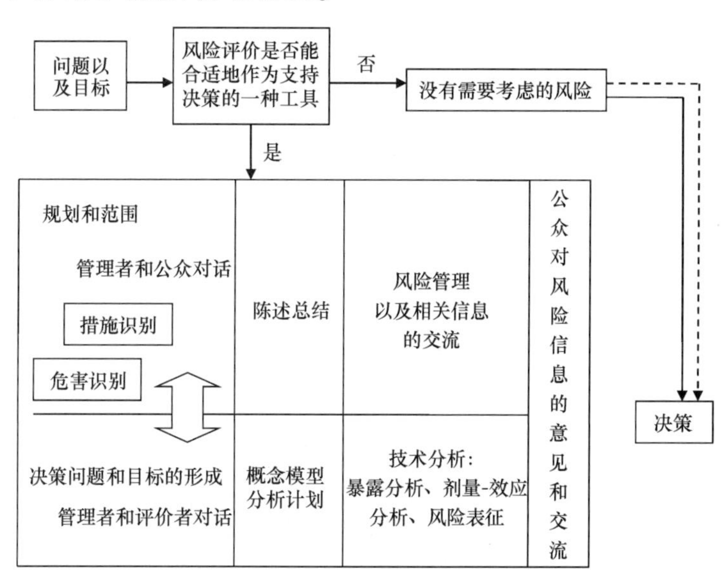

图2-12 基于风险评价的管理框架

资料来源：USEPA，2003

2.4.6.4 IMO的安全评价与管理框架

国际海事组织（International Marine Organization，IMO）也提出关于海上事故安全评价和管理的技术框架（图2-13），主要步骤：①危险识别；②风险分析；③风险的控制措施；④对于控制和管理措施的费用-效益分析；⑤措施的选择和决策（IMO，2002）。

2.4.6.5 USACE的有毒有害与放射性物质风险管理框架

美国陆军工程兵团（U.S. Army Corps of Engineers，USACE）提出了一个关于有毒有害和放射性物质风险管理措施的技术框架（图2-14），主要步骤：①确定评价的目的和内容；②考虑可能的风险管理措施（应急的或消除的）；③风险评价和不确定性的分析（风险的概率、暴露-影响评价以及受影响的人与生态系统种群的可变性）；④考虑非风险的因素，包括经济、社会、政治、法律和利益相关者对风险的认知和判定；⑤综合上述信息开展管理措施的选择和评估；⑥决策，选择最佳的风险管理措施（USACE，2010）。

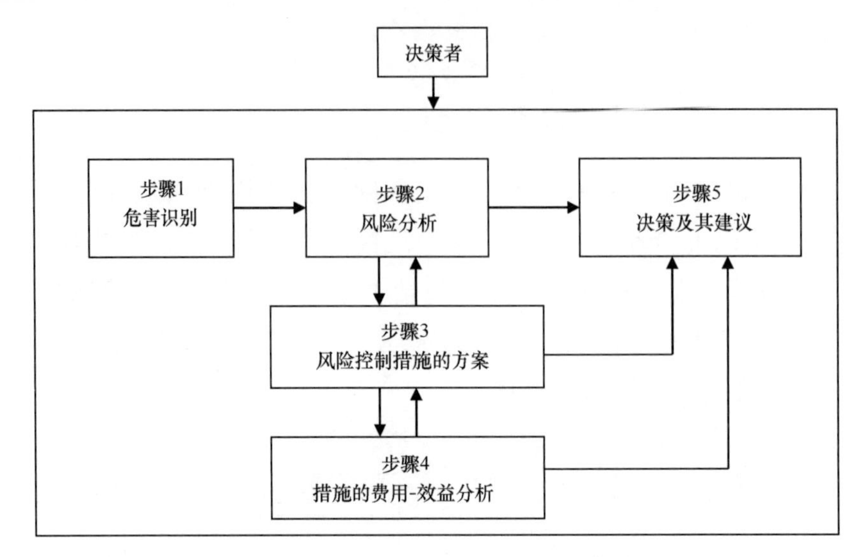

图 2-13　海上事故安全评价和管理模式

资料来源：IMO，2002

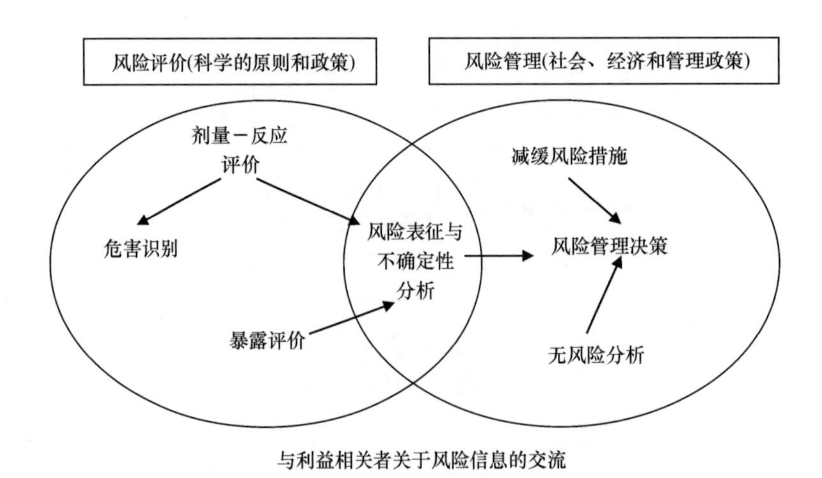

图 2-14　有毒有害和放射性物质的风险管理框架

资料来源：USACE，2010

2.4.6.6　环境与健康风险管理的框架

Paolo（2006）构建了将风险评价应用于项目管理中的框架，主要步骤：①管理措施备选方案的确立；②应用相关的方法，开展健康风险评价（危害的识别、暴露剂量-效应评价、风险的表征、不确定性的分析和信息有效性分析、公众参与）；③应用决策树法和判断矩阵表来表示备选方案健康风险评价的结果，并充分考虑公众对待风险的态度（厌恶、中立或倾向）；④根据风险评价结果，结合多属性效用理论（MAUT）和费用-效益分析以对比和选择管理措施的备选方案；⑤健康管理措施的确定；⑥最佳管理措施的实施；⑦监控和调整最佳的管理措施。

2.4.6.7　国内与管理或规划相关的风险评价框架

杨晓松和谢波（1998）指出，环境风险管理是依据评价结果做出环境决策、分析判断的过程。它不但要确定应控制的风险重点和提出减少风险的方法，还要提出环境风险发生的应急措施。区域综合性环境风险管理的主要步骤为：①通过环境风险分析，确定应控制的区域重点风险；②制定控制风险的多种方案；③方案的分析和筛选；④确定应采取的方案和对策以及应急计划。

王志霞（2007）提出了区域规划环境风险评价（主要是人类健康风险）的技术路线（图 2-15）。具体步骤为：①对规划的区域社会、自然和经济现状进行调查，并分析当前规划方案；②规划环境风险源的识别、筛选（包括突发性风险和非突发性风险）；③规划的不确定性分析、风险源概率分析和风险后果分析；④规划方案风险的比较；⑤风险管理。

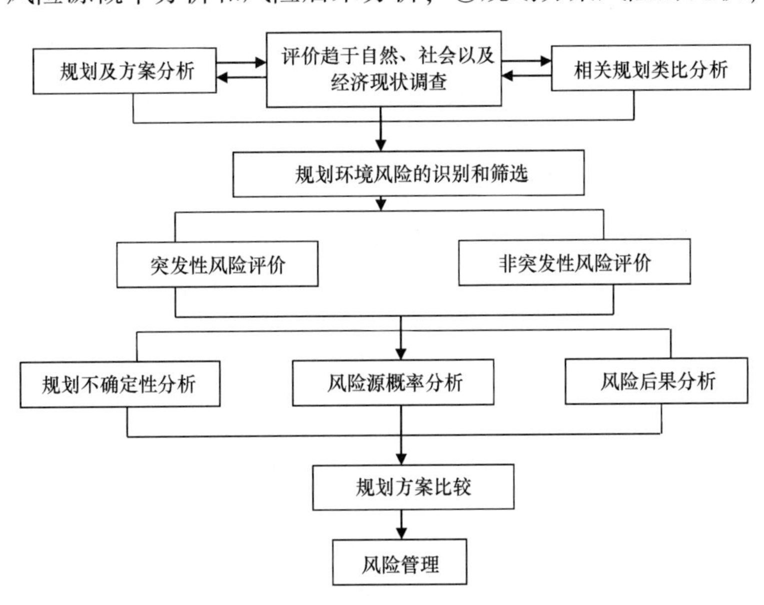

图 2-15　区域规划环境风险评价的技术路线

资料来源：王志霞，2007

洪晓煜（2008）提出了关于船舶溢油风险评价在港湾区域环境规划中应用的技术路线。其主要步骤为：①确定规划的任务，并进行基础性的调查；②在规划环境的区域预测，预测区域内船舶溢油的风险源、概率和后果；③结合生态环境功能区划的结果，开展区域内的溢油风险评价；④结合资源承载力和环境容量，从风险的角度，为规划方案和污染防治措施的修改和制定提供依据。

2.4.6.8　基于多准则决策分析法（MCDA）的比较风险评价（CRA）技术路线

Konisky（1999）应用 CRA 的方法对亚利桑那州的健康风险进行了排序，在文中提出了 CRA 的基本框架：①列出问题；②确定评价的准则，这些准则和标准包括人类健康、生态健康与生活质量等方面；③对评价的数据进行分类、综合处理和排序。同时，文中还强调了可以利用 CRA 的结果在公众参与的基础上，确定区域内最大的风险并确立优先要解决的环境问题及其相关的管理措施。

Apul 等（2002）对传统材料和回收材料引发的污染风险进行比较评价。首先，应用 2.4.1 节提及的 USEPA 事故风险的基本步骤，并结合污染物一维扩散模型对传统材料和回收材料造成的风险进行定量估算和排序；然后，通过二者对风险值大小的比较确定哪种材料更适合铺设公路；最后，得出应用回收材料铺设公路的风险值较小，更适合作为铺设公路的材料。

Belezer 等（2002）对高氯酸盐与硝酸盐对低暴露下人群的健康风险进行了比较评价。首先，应用 2.4.1 节中提及的 USNRC 所提出的健康风险评价的基本步骤对两种化学物质的风险进行定量的估算和排序；然后，通过二者对人体健康风险值大小的比较判断原有风险管理的正确性；最后，得出高氯酸盐造成的风险值较大，否定了原有的风险管理措施，提出应该优先对高氯酸盐进行总量控制的措施。

Varghese（2002）对在发展中国家（以海地为例）是否要建设一个大型的水处理系统存在的风险进行了比较。首先，选取该国 120 个家庭作为样本，搜集各个家庭的社会经济情况资料，应用了单变量和多变量数据统计的方法，将这些资料综合到上述的数据统计方法中去；然后，比较大型水处理系统在不同社会经济情况下家庭腹泻发病率的差异；最后，通过不同风险值的比较确定水处理系统这种资源优化分配的管理措施。

Andrews（2002）对美国新泽西州比较风险评价工程中的经验进行了总结，归纳其主要步骤：①确定评价的标准，通过资料的搜集，确定新泽西州存在的 78 种主要的污染风险源；②将污染物的风险分为三级，分别为社会经济影响、生态影响和人体健康影响，并对 3 种影响的程度再次进行分级，并分别半定量地赋予其权重范围；③将研究小组分为专家组和社会组，通过专家打分法和公众参与以分别确定 78 种污染物在社会经济、生态和人体健康方面造成的总风险值；④将结果输入计算机，得出首要控制的污染风险，并提出相应的管理措施。该研究还提出了当前环境政策制定过程中的不确定性，并指出单纯地应用蒙特卡洛分析无法完全解决当前的不确定性。风险管理的过程不仅包括风险评价信息的应用，还必须要结合相关的经济分析、利益相关者的偏好等方面的信息才能达到最佳管理措施的选择。CRA 的过程虽然涉及相关准则的提出，但仍缺乏一个结构性的方法综合这些信息。

美国能源部（Department of Energy，DOE）提出了基于 MCDA 的风险管理的技术路线，将 CRA 与 MCDA 相结合，具体分为 8 个步骤（DOE，2002）：①风险管理中问题的确定；②决定要解决这些问题的要求；③建立起解决这些问题的目标；④确定可以解决这些问题的新措施（或方案）；⑤在上述目标的基础上确定管理措施评价需要的标准，其中包括社会、经济、环境风险等方面的指标；⑥选择环境决策的评价方法（如多属性效用理论和层析分析法等）；⑦应用相关方法并结合 CRA 的框架进行管理措施的分析和选择；⑧检验选择的管理措施是否可以解决原先的问题。

Linkov 和 Ramadan（2002）在其著作《比较风险评价和环境决策》（*Comparative Risk Assessment and Environmental Decision Making*）中，将基于 MCDA 的 CRA 技术路线归纳为以下 4 个步骤：①对风险进行定性或定量的估算和排序；②选取风险评价的准则（包括社会、经济、环境等）；③基于 MCDA 的方法，对这些准则进行优化和权重的分配，从风险的角度进行决策分析；④通过比较选择最佳的环境管理措施。

Tal（2002）在中东环境会议上阐述了基于 MCDA 的 CRA 在中东地区应用的主要步骤：①搜集中东地区各国的相关数据资料确定风险评价的终点；②确定各国之间存在的风险评价技术之间的差异，以期相互弥补；③对各国存在的人体健康、生态环境风险进行表征，并充分考虑社会经济的因素；④各国对各自存在的环境风险分别进行比较，确定各国范围内所存在的主要风险和优先风险管理措施；⑤综合各国环境风险确定整个中东区域存在的主要风险，并提出相应的管理策略。

Khadam 和 Kaluarachichi（2003）应用健康概率风险评价与 MCDA 相结合的方法对污染地下水管理的备选方案实施了选择，主要步骤：①污染区域数据的搜集（包括人类健康和水文）；②结合群体模型和水文模型开展概率风险评价；③设立决策分析的准则（包括措施导致的风险的减少，风险是否可接受以及单位拯救的成本）；④应用 MCDA 开展管理措施备选方案的比较；⑤优选措施，进行管理。

Zhang 等（2009）基于 MCDA 中偏好顺序结构评估（Preference Ranking Organization Method for Enrichment Evaluation，PROMEE）的比较风险评价的方法，采用模糊偏好顺序结构评估法对污染区进行排序，其主要的步骤包括选取标准、标准优化、标准偏好公式的选取及对污染区进行比较等。

Sorvari 和 Seppälä（2010）应用 MCDA 开展了污染场地风险管理措施选择的研究。其主要步骤：①收集污染场地的相关数据资料；②确定风险源和风险管理措施；③确定决策的准则（风险的减少、环境的影响、经济影响等）以及这些准则的评价指标（属性）；④应用多属性效用理论，对准则或属性赋值；⑤各准则及其属性的权重分配；⑥对各管理措施进行比较，确定优选措施。

Topuz 等（2011）应用 MCDA 开展了使用危险品工厂的比较风险评价，从而确定工厂中风险最大的风险源，并提出相应的管理措施。其主要步骤：①准备阶段，搜集关于危险品工厂相关的信息和数据，如技术、排放的物质以及潜在的影响区域；②确定工厂的风险源和评价指标；③应用 MCDA 中的层次分析法分配各个风险源和指标的权重，并打分；④计算各个风险源的概率和后果；⑤应用模糊逻辑，确定各个风险源的风险大小，从而进行排序和比较。

2.4.7　环境风险评价技术路线小结

2.4.7.1　环境风险评价的一般框架

尽管全球许多国家或组织提出了普遍适用的环境（生态）风险评价的框架，但是其总体思路和框架是类似的，大体都包括问题形成/危害识别、风险分析（暴露评价、效应评价）、风险表征（风险估算）、风险管理4个基本步骤。

概括来说，环境风险评价的一般框架可归纳为以下两种。

（1）以美国国家环境保护署为主的健康/生态风险评价框架（包括澳大利亚、世界卫生组织），即主要是从人类健康或生态风险的基础上发展的，大体的评价流程包括问题的形成（包括数据的收集、分析、风险识别）、风险分析（分析风险暴露与效应之间的关系）、风险表征（计算、预测或分析生态风险的大小）和风险管理4个基本步骤。

（2）欧盟的环境风险评价框架，其主要针对新化学污染的健康风险、事故风险和生态风险，如荷兰和英国，大体的流程包括危害识别、风险估算（估算危害的大小和概率）、风险评价（根据阈值或决策标准，评价风险是否可接受）、风险管理。

以上两种评价框架的适用范围有所差异，以美国国家环境保护署为主的框架概括性较强，可普遍适用于评价气候变化、人类开发活动、化学污染等多种风险源的环境、健康或生态风险；以欧盟为主的框架主要适用于评价有毒有害污染物的健康风险或者事故风险评价。

2.4.7.2 不同类型的环境风险评价技术路线

根据前述分析可知，不同类型的环境风险评价技术路线存在一定的差异，具体体现在以下几方面。

（1）健康风险评价的技术路线可归纳为：①危害判定；②剂量-效应评估；③暴露量评估；④风险表征（可接受水平）；⑤风险管理措施。这一技术路线着重于通过剂量-效应的研究计算不同群体所能承受的最大暴露量，以确定可接受的风险水平。

（2）事故风险评价在核电、油库和石油化工风险方面的一般步骤：①历史数据分析；②风险识别和危害分析；③概率的估算和后果预测；④风险的计算和评价；⑤事故预防措施和应急方案。

有毒有害物质污染的风险评价的一般步骤与健康风险评价相似：①风险识别；②源项分析；③暴露剂量计算；④风险评价和表征；⑤风险管理和应急措施。

在海上事故和船舶溢油方面风险评价的一般步骤：①回顾性评价；②风险源识别；③预测未来船舶发展数；④估算风险概率值和理论值；⑤分析、估算影响和范围；⑥提出管理的措施。这一技术路线着重于风险产生途径的分析，以及风险概率和后果的计算。

（3）自然灾害风险评价的一般步骤：①致灾风险因子的识别和分析；②承灾体易损性的评价；③自然灾害风险损失的评估；④灾害风险的管理。这一技术路线强调了承载体易损性的分析和损失的评估。

（4）区域综合环境风险评价的一般步骤：①搜集工程资料；②源项分析；③环境风险识别和危害后果评估；④单个风险因素评价；⑤风险综合评价；⑥环境风险管理。与单一风险源的环境风险评价不同，区域的环境风险涉及多个风险源、多个风险受体，难以对所有的风险进行深入的定量评价，因此，区域综合环境风险评价更为强调各种风险的排序，同时强调分别对不同程度的风险进行有区别的评价。

（5）服务于管理或规划的环境风险评价中应用的一般步骤：①管理或规划中问题的确定；②确定要解决这些问题的要求；③建立起解决这些问题的目标；④确定可以解决这些问题的新的管理措施或规划方案；⑤在上述目标的基础上确定评价需要的标准，其中包括社会、经济、环境风险等方面的指标；⑥选择环境决策的评价方法；⑦应用这些方法并结合 CRA 和 MCDA 的理论进行管理措施或规划方案的分析和选择；⑧检验选择的管理措施或规划方案是否可以解决原先的问题。归纳起来大体包括问题分析和评价准则的选取、管理措施或规划方案比较与排序、最佳管理措施或规划方案选取等。

综上分析，不同类型的环境风险评价所采用的技术路线有所差异。对于单一风险源的评价，其评价框架大体上仅是在环境风险评价一般框架 4 个基本步骤的基础上根据评价对象的不同进行稍微调整。而对于区域综合环境风险评价和服务于管理或规划的环境风险评价，评价框架较为复杂，强调分别对不同程度的环境风险或者管理措施或规划方案进行有区别的评价和比较。

2.5　环境风险评价的方法

按照本书 2.3 节中环境风险评价的类型（健康风险评价、事故风险评价、自然灾害风险评价、区域综合环境风险评价和服务于管理或规划的环境风险评价），本节主要简要介绍各种环境风险评价的常用方法。

2.5.1　健康风险评价的方法

2.5.1.1　专家评判法

Cooke（1991）阐明了专家评判法可以应用于多种风险评价中，如军事活动的风险、原子能工程风险以及人体的健康风险中，有助于风险评价者在数据缺乏情况下求出风险的主观概率；同时，他还对专家判断法可能产生的不确定性进行了相关分析。

USEPA（2003）与 USNRC（2009）分别在其相关报告《累积风险评价框架》（*Framework for Cumulative Risk Assessment*）和《科学与决策：推进风险评价》（*Science and Decision: Advancing Risk Assessment*）中强调了应用专家评判法在开展数据相对缺乏的人类健康风险评价的重要性；同时，也指出了专家评判法在风险识别和分析中主观概率所存在的不确定性主要来源于专家之间对于风险认知的多样性。

Sorvari 和 Seppälä（2010）应用专家评判法，在污染场地健康风险管理措施的多准则分析中，对一些无法直接量化的因素（如社会、经济影响）开展专家打分，并将最终的结果应用到相关准则的赋值中去。

Grech 等（2011）应用专家评判法，通过网络专家调查和判断，对大堡礁海草的主要威胁进行脆弱性评价打分，并结合海草床的分布得出大堡礁海草生态系统健康的相对风险值。

2.5.1.2 故障树分析法或事件树分析法

陈能汪等（2006）在 GIS 技术支持下，通过土地利用、土壤等数据的计算，结合田间调查结果与专家意见，采用故障树及概率分析方法确定故障树基本故障事件概率，继而对九龙江流域氮的流失对环境和生态造成的健康风险进行定性与定量评价。

Paolo（2006）阐述了概率风险评价（Probability Risk Assessment，PRA）中事件树分析法与故障树分析法的模型和适用范围，构建了事故-故障树综合模型，并以此为基础求出工厂事故发生的概率，开展事故发生后人体健康的风险评价。

2.5.1.3 模型法

目前，有不少数学模型运用于环境和生态健康风险评价中，比较常用的如暴露剂量-效应模型（Dose-Response and Exposure Model）、蒙特卡洛模拟（Monte Carlo Simulation）、相对风险模型（Relative Risk Model）、贝叶斯统计模型（Bayesian Statistical Model）等。

Siu 和 Kelly（1998）强调了环境健康风险评价中专家判断法存在的主观性和不确定性，并建议用贝叶斯假设模型解决此类问题。

Andrews（2002）在美国新泽西州开展对人体和生态健康造成危害的污染物比较风险评价的项目中，运用蒙特卡洛模拟在一定程度上消除了污染物健康风险评价过程中的不确定性。

Khadam 和 Kaluarachichi（2003）应用概率统计中的蒙特卡洛模拟并结合水文模型评价污染地下水对人体健康造成风险的可变性和不确定性。

Hayes 和 Landis（2004）运用相对风险模型和 GIS 技术，对华盛顿西北部的近海环境进行了区域生态健康风险分级评价，分析了来自近海区域和切里波因特（Cherry Point）流域山地的化学和非化学类压力源的累积风险，并用蒙特卡洛法对评价结果进行不确定性分析。

Paolo（2006）开展了有毒有害物质对人体健康的风险评价，结合故障树分析法分析了有毒有害物质导致人体致癌风险的诱因，结合剂量-效应模型（包括多元回归模型、泊松回归模型、逻辑斯蒂回归模型、比例危害模型、时间序列模型），推算出了各种有毒有害物质导致健康风险的概率，并应用蒙特卡洛模拟消除评价中的可变性和不确定性因素；同时，他还比较这几种模型，并做了相关的参数估计。

张应华等（2007）基于以水源地石油污染等现场调查数据为基础，选取典型污染物苯，利用可传递参数差异的蒙特卡洛技术方法，分析了乙烯厂不同分区苯污染经过呼吸和饮水暴露途径造成人体健康风险的不确定性，量化不确定性因素影响地区人体健康风险的水平。同时，他们还指出，由于受不确定性因素的影响，选择不同的模型参数进行风险评价将使评价结果出现非常大的差异。因此，量化不确定性对风险水平的影响，可为污染场地的风险管理和修复行动提供科学依据。

陈华和平蕊珍（2009）选取甲醛、氨和硫酸雾为评价对象，应用暴露剂量-效应模型中的呼吸途径摄取量公式，确定了南京某开发区大气污染对居民区人体所造成致癌风险和非致癌总危害指数。

张加双等（2010）应用暴露剂量-效应模型中的食入途径摄取量公式，对地下水中目标污染物给当地居民造成的人体健康风险进行评估，得到场地地下水污染物优先修复顺序及修复限值。

2.5.2 事故风险评价的方法

2.5.2.1 回顾性评价和现状评价结合专家评判法

Van Drop 等（2001）和 Merrick 等（2003）在开展旧金山湾和华盛顿州渡轮船舶碰撞事故风险的评价中，在对历史资料进行回顾性评价的基础上，结合专家评判的方法确定导致船舶碰撞事故发生的各种条件因素或诱因（如天气、风速、能见度等），并得出这些诱因的主观概率。

殷学林（2005）从建设项目所在地的环境风险回顾性评价的结果出发，结合专家评判法，对项目面临的风险通过专家进行判断和评分，最终得出项目整体的风险水平。

USNRC（2008）在开展 Aleutian 岛附近海域船舶溢油事故风险评价的研究中对专家评判法做了简要的介绍，并开展了 Aleutian 岛附近海域船舶溢油事故风险的回顾性评价和现状评价，结合专家评判法和公众参与的结果，识别了 Aleutian 岛附近海域船舶溢油的风险源（诱因）。

Topuz 等（2011）回顾性评价了危险品工厂的事故风险，结合专家评判法，识别了危险品工厂的主要风险源（风险因素），包括危险物排放的风险、事故导致的风险以及办公场所的风险。

2.5.2.2 情景分析法

林逢春和陆雍森（2001）探讨了情景分析法在累积影响评价中的应用途径，提出了相应累积影响的削减措施，并对建设项目环境风险评价中累积影响评价的内容提出建议。

张晓峰等（2005）将情景分析法用于公路网规划事故环境风险评价的不确定性分析中。

USNRC（2008）在开展 Aleutian 岛附近海域船舶溢油事故风险评价的研究中，提出了一个情景分析的简单模型，包括船只的类型、导致船舶溢油的诱因，再根据上述的信息对不同溢油量的事故进行分类，并结合专家评判法预测和分析未来 Aleutian 岛附近海域不同船舶溢油风险可能产生的破坏和影响。

2.5.2.3 故障树分析法

赵连河等（2004）等通过油库静电故障树分析，找出了系统存在的薄弱环节，进行了重要度分析，然后进行相应的整改，从而提高油库系统的安全可靠性。

丁厚成（2004）通过建立工业事故的故障树分析模型，求出工业事故风险发生的概率及其后果的严重性，并结合风险评价的定性分析方法，通过风险评价矩阵求出风险指数值，给管理者提供了较为可靠的依据。

张珞平等（2009）在对厦门湾海上溢油的风险分析中，应用了故障树分析法，编制了海上溢油风险分析的故障树，从溢油这一事件出发，分析了导致溢油风险的各种诱因，估算出每种诱因的概率，从而得出海上溢油发生的概率。

2.5.2.4 事件树分析法

Novack 等（1997）利用事件树分析法，通过对 10 例分属不同类型的溢油事故（油库溢油、船舶溢油、海上平台溢油、输油管线溢油）的研究，从以下几个方面给出了 9 个安全函数（safety function）：计划和资源、计划的执行、监控和规避措施、初步的遏制、早期的检查、早期的恢复、危害的拦阻、危害物的回收拦阻、危害物的后期回收。他指出，对于安全函数中的每一项，如果不能保证其正确、成功地实施，都将直接参与事故的发展进程或使其后的其他安全函数的不能实施成为可能。

IMO（2002）描述了船舶溢油事故中事件树分析的模型（图 2-16）。其中椭圆形框代表初始事件，矩形框代表可能发生的后续事件，菱形框代表可能事件发生的概率和后果。

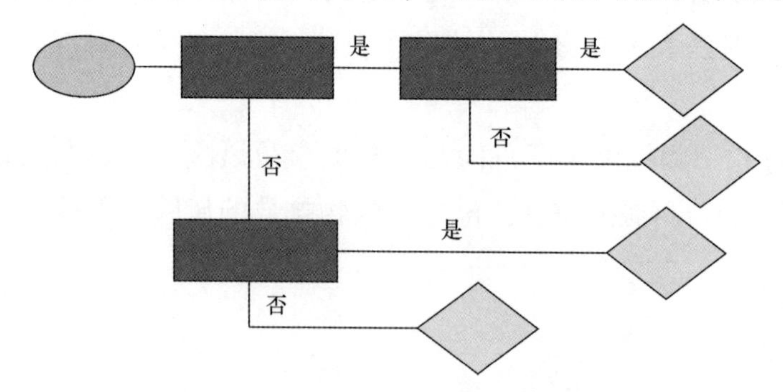

图 2-16　海上溢油事故事件树分析模型

资料来源：IMO，2002

2.5.2.5 数学模型法

常用于事故风险评价中的数学模型主要包括了概率统计模型、贝叶斯统计模型、模糊评判模型和事故后果预测模型。其中概率统计模型是所有数学模型的基础，目前常用的概率分布有：泊松分布、均匀分布、正态分布、对数正态分布和指数分布等，常用的统计方法有极大似然估计、经验贝叶斯估计和直方图估计等。

1）概率统计模型

Robert 和 Sehulze（1983）通过求条件概率得到溢油概率的方法计算溢油发生概率。将 St. Maryriver 范围内油船通量与油船事故概率和溢油概率相关联的方式，分析能见度这个环境因素对油船事故的影响，并得出溢油发生概率的公式。

Anderson 和 Labelle（1994）采用 1964—1992 年间美国外大陆架 OCS 的海上钻井平台和输油管线的溢油历史记录及 1974—1992 年间全球油船的溢油历史数据对溢油发生率的估计进行了修正，溢油的发生率是用每生产或运输一个单位的油类所能引起溢油事故的发生次数予以表示的。这种方法得到广泛的应用。

Merrick 等（2003）在开展旧金山湾船舶碰撞事故风险的评价中，结合历史数据（包括船舶碰撞的诱因，如风、能见度、天气等；碰撞事件的分类，如动力失控、操纵失控、航向错误、人为错误等）和专家评判，得出了各诱因的概率，以及各诱因条件下碰撞事件的概率（条件概率），通过概率统计的模型，得出旧金山湾船舶碰撞事故风险的概率。

金海明和戴林伟（2006）与王君等（2009）根据研究区域内近几年进出船舶的统计资料，应用概率统计分析模型中离散的二项式分布（泊松分布），估算了未来几年中研究区域内海域船舶突发性溢油事故发生的概率。

2）贝叶斯统计模型

Merrick 和 Van Drop（2006）在原先对旧金山湾船舶碰撞事故风险评价概率统计分析的基础上，应用贝叶斯统计模型，分析了原有概率统计分析模型中由于数据缺乏而存在的不确定性，从而得出在数据不足的情况下，两个海湾船舶溢油的概率估计值。

3）模糊评判模型

张维新等（1994）在确定工厂环境风险评价的指标体系（主要为危险度、安全度和危害度及其子指标）和各项指标值的基础上，应用模糊评判模型，确定了各指标及子指标的权重，构建风险评价集合隶属度矩阵，按照指标的分类，分别评价和比较了煤气厂、氯酸钾厂、液化气厂和染料厂的危险度、安全度和危害度。

奚风华和刘家新（2010）利用历史数据分析油船溢油的主要原因，根据系统分析和层次分析相结合的原则建立油船溢油风险评价的多级评价指标体系，运用模糊数学中层次分析法结合对专家调查问卷的结果，综合分析给出油船溢油风险评价各指标的权重，最后将模糊评判模型应用到实际油船溢油风险的估算中。

严超和马量（2011）建立了内河船舶溢油风险评价体系；通过征求专家意见，运用

AHP方法确定了单因子的权重，结合模糊评判模型中的灰度模糊理论，建立了内河船舶溢油风险评价模型，并做了实例计算，为溢油风险评估打下基础。

Topuz等（2011）应用模糊评判模型中的模糊逻辑法，利用层次分析法为各工厂中的危险品风险因素（指标）确定权重，最后结合隶属度函数，综合评价了危险品工厂中各种危险品环境风险的大小。

4）事故后果预测模型

张志泉（2004）针对有毒气体发生事故性泄漏时具有瞬间性的特点，选取事故后果预测模型中的烟团扩散预测方法，在多种气象条件下，对有毒气体地面浓度的分布状况进行了预测研究。结果表明，有毒气体有害浓度分布区域与事故发生时的气象条件有关。

姜玲（2005）以成品油库的环境风险评价为实例，通过对风险识别和事故源项分析确立了风险种类，找出危害物质的排放方式；采用事故后果预测模型中的液体外流量模式（Bernoulli流量方程），液体蔓延面积预测的Suttion方程和大气扩散的高斯预测模型，对油库发生泄漏时的环境风险影响进行分析，初步探讨了油库泄漏的环境风险评价方法。

王君等（2009）运用事故后果预测模型对厦门湾突发溢油事故中溢油的扩展进行预测分析，结合Blokker油膜扩散模型和Fay模型（Mark R et al.，1999）建立的欧拉潮流场对油膜的漂移路径进行研究，分别从高潮、低潮、涨急、落急4个时刻开始计算溢油路径，结果显示，油膜影响范围可从厦门海沧南部延伸至浯村屿东部。

2.5.2.6 风险矩阵法（risk matrix）

林宙峰（2007）以厦门湾为例，应用了风险矩阵法对海岸带工程在自然灾害条件下的船舶溢油风险进行评价和表征。

USNRC（2008）概括介绍了风险矩阵的一般模式，结合专家评判和情景分析的结果表征了未来Aleutian岛海域船舶溢油的风险。

孙雪景等（2009）应用溢油综合敏感指数，主要是社会经济敏感指数（1、2、3）和环境敏感指数（1、2、3）的代数和表征渤海湾溢油事故的影响程度（2-轻、3-较轻、4-一般、5-较严重、6-严重），然后通过风险矩阵法，应用溢油敏感指数和溢油可能性的乘积表征渤海湾内各港口溢油风险的大小。

2.5.3 自然灾害风险评价的方法

2.5.3.1 综合灾情指标评估法

综合灾情指标评估法是应用于自然灾害风险回顾性评价和现状评价中的一种具体方法。

张丽佳等（2009）根据1990—2007年的热带气旋灾害相关资料，回顾性地分析了中国东南沿海登陆热带气旋的特点及其灾害损失，结合 ArcViewGIS 软件的空间分析功能，采用综合灾情指标评估法对热带气旋的各项灾害指标进行标准化处理和综合评估，结合专家评判法，构建了我国东南沿海地区热带气旋灾害的等级划分和评判标准，应用评估结果将灾情分为轻、偏轻、中度、偏重和重（赋值 1～5）。其中，回顾性评价所需要的灾情指标包括 1990—2007 年东南沿海地区各受灾点的死亡人数、直接经济损失、受灾面积和热带气旋登陆的频次。

2.5.3.2　专家评判法

Budnitz 等（1998）应用专家评判法识别和分析地震可能造成的风险及不同震级地震的概率和产生的影响。

史培军（2006）基于灾害系统理论和中国自然灾害数据库，结合专家评判法将台风强度定性分为极高、高、中、低和极低 5 个等级；然后，依据城市化指数计算出承灾体的脆弱性指数，同样也分为相同的 5 个等级；最后，通过构造风险矩阵得到了中国城市台风灾害综合风险图。

葛全胜等（2008）以浙江省为例开展了多尺度的自然灾害综合风险评估工作，根据区域特点将台风、暴雨、风暴潮等评价指标单独列出，通过指标分级结合专家评判，构造判断矩阵进行自然灾害风险的评估，将灾害等级分为高、中、低 3 类或极高、高、中、低、极低 5 类。

2.5.3.3　综合指数法

综合指数（指标）法是在自然灾害风险评价、区域环境或生态风险评价中得到广泛应用的一种半定量的方法。在自然灾害风险评价中，应用最多的综合指数是脆弱性、易损性和危险性评价指数，这些指数是连接风险表征和灾害评价的重要桥梁（Lei and Chun，2007）。

杨挺（2002）构建了反映地震危险性、承灾体易损性、城市功能和应急恢复能力（脆弱性）等的城市局部地震危险性指数。通过这 3 个危险性指数的乘积，求出了研究区域地震的风险值，通过地震风险的等级划分，分析了上海市地震灾害危害性的空间分布特点。

Erdik 和 Aydino（2003）对日本东京不同高度和规模的建筑物在地震中的易损率进行了研究，并且做出了不同地震级别易损率的曲线图。

Dilley 等（2005）概括了美国哥伦比亚大学“Hotspots”（自然灾害多发区指标计划）项目中关于自然灾害风险评价和区划的各项指标，其中包括自然灾害的危险性（不同强度灾害的频次）、暴露的要素（承灾体的易损性）和脆弱性指数（主要为财富损失率），指出三者的乘积可以用于表征自然灾害风险的等级，并以此进行风险等级的划分和风险区划。

徐伟等（2004）利用中国城市人口密度、单位面积上的城市建成区面积以及单位面积上的城市国内生产总值等指标，结合各指标的权重分配和加权求和的方法，计算城市地震灾害承灾体易损性指数 C_V，并结合相关资料和GIS系统，通过 C_V 和震级的乘积，求得中国各个城市地震灾害的危险度指数及其分布图。

张丽佳等（2010）将风暴潮、风速和降雨量作为东南沿海地区台风致灾因子的评价指标，运用相关公式计算出台风致灾因子的灾次比（TYZC）；根据统计资料，以人员伤亡、经济损失作为灾情指标，统计出台风灾情灾次比（TQZC）；结合TYZC和TQZC，计算出台风的灾次指数（TZC，台风危险性指数的主要表达方式），绘制了东南沿海地区台风的危险性分布。

2.5.3.4 模型法

自然灾害风险评价的数学模型主要有概率风险评价模型（风险值法）、损失-超越概率曲线法、多指标综合模型、基于信息扩散的模糊数学模型。

蒋维和金磊（1992）根据风险（后果/时间）= 频率（事件数/单位时间）×危害度（后果/每次事件），构建了城市自然灾害的概率风险评价的 P（l）模型，l 代表自然灾害损失的指标，P 代表在该损失指标下自然灾害发生的概率。应用该模型计算出中国各城市自然灾害的风险值，并提出减灾的对策。

Helm（1996）、Smith（1996）、Criehto（1999）和IPCC（2001）认为灾害风险的概率模型主要包括两个核心要素：灾害发生的概率和可能的灾情或期望损失。基于上述对风险和灾害风险的理解，台风风暴潮灾害概率风险评价模型可以定义为：未来不同概率条件下台风风暴潮可能产生的灾害损失表示为 R（风险）= P（概率）×C（可能灾情）。

张俊香（2007）应用1949—2000年中国沿海特大风暴潮灾害的统计资料，以历年台风风暴潮的最高水位作为评价指标，结合基于信息扩散的模糊数学模型，得到不同风险水平下（台风风暴潮最高潮位的模糊区间）台风风暴潮最高潮位的风险估计值，描绘了中国沿海地区特大台风风暴潮最高水位的超越概率分布曲线，从一定程度上消除了在数据不足的情况下台风风暴潮灾害风险分析的不确定性。

Johnkman（2007）应用概率统计、空间分析和数值模拟的定量方法分别计算出可能的灾害概率情景条件下（主要考虑致灾因子的危险性和承灾体的脆弱性）的直接损失和间接损失，并在此基础上拟合出灾害损失-超越概率曲线，曲线以下的区域即风险值，作为研究区整体风险的表征，其中直接损失一般通过量化致灾因子危险性与承灾体脆弱性关系进行计算。

Ye等（2011）以自然环境、人口分布、经济、社会形态和基础设施建设为主要指标，应用相关的数据资料结合熵权法（entropy weight method）使各指标值标准化，并为上述指标分配权重，从而构建了福建台风脆弱性评价的多指标综合模型；然后通过各指标标准化的值与各指标权重的乘积计算出福建省沿海各主要城市台风的脆弱性指数，并应用GIS技术做出各城市台风脆弱性分布图。同时，作者还指出，在各评价指标权重分配的过程中，除了熵权法外，还可以应用专家评判法和层次分析法。

2.5.4 区域综合环境风险评价的方法

区域综合环境风险评价除了应用到以上针对不同类型的单个风险因素（如环境健康、事故、自然灾害）评价的方法以外，还常应用以下几种方法。

2.5.4.1 综合风险指数法

杨晓松和谢波（1998）以盘锦油田为例，选取研究区域内单个环境风险因素之间的相对概率和相对危害作为评价指标，通过层次分析法，为各环境风险因素赋予权值，通过加权平均法求出了研究区域综合环境风险指数。

许学工等（2001）以黄河三角洲为例，提出了基于某一生态系统的生态指数和脆弱度指数的生态损失度指数，以估算各受体生态系统的生态损失度，同时采用层次分析法确定了各个风险源的权重，最后基于 GIS 技术，进行了区域生态风险综合评价。

Preston 和 Shackelford（2002）选取底栖生物多样性、水质和有毒污染物浓度的空间分布数据作为评价指标，通过单一或多变量间的回归量化研究区域的环境与生态风险。

2.5.4.2 模糊综合评价法

Walker 和 Brown（2002）对澳大利亚的 Tasmanian 流域进行区块划分，并用模糊综合分级打分的半定量方法对该区域的生态风险进行评价。

李安云（2005）根据模糊数学建立了工程承包风险评估模型，把难以量化的因素进行量化，提高了风险评估的准确性，为项目成功决策提供科学依据，是应用模糊综合评价法的一个成功例子。

薛英等（2008）运用 AHP-模糊综合评价方法构建了塔里木河干流生态风险评价模型。

孙雪景等（2009）以大连港为例，应用模糊综合评价的模型，建立起渤海海域溢油风险模糊评价的因素集（U，即影响船舶安全的 9 个因素，如风、能见度等）、权重集（A，即 9 个因素之间两两比较而确定的权重）和决断集（V，即各个影响船舶安全因素发生的可能性），通过模糊隶属度函数，计算出渤海湾船舶溢油的主要风险源以及溢油发生可能性最大的港口及其危险程度。

2.5.4.3 模型法

张珞平等（1998）应用 EQC 和 SoilFug 模型对农药的地球化学行为、分布及其产生的结果进行预测计算，然后根据农药的生物毒理学特性及其产生的地球化学行为开展了流域农药使用对厦门海域的环境风险评价。

Calamari 和 Zhang（2002）应用 SoilFug 模型对农药的环境行为进行模拟计算，计算出各种杀虫剂的近似浓度，确认了风险最高的化学物质，并提出风险管理的措施。

陈能汪等（2006）通过建立故障树定性分析了九龙江流域氮流失的主要风险来源；然后在GIS技术支持下，通过土地利用、土壤等数据的计算对流域氮流失的风险进行定量评价。

曹云者等（2010）选择了取自我国不同地区的13种典型土壤，以萘为例，应用RBCA（Risk-Based Corrective Action）模型，估算了在非致癌危害熵为1的目标风险水平下，土壤环境中污染物的最高限值，并对取值区域差异的影响因素进行了探讨。

李仙波等（2016）综合分析了地下水含水层防污性能、化工企业潜在污染源和地下水价值等关键因素，并以地下水水质中化工企业特征污染因子为受体，应用地下水相对风险模型，识别并量化了在区域化工企业分布压力下，地下水环境系统风险值的分布状况。

2.5.4.4　区域风险等级划分法

区域风险等级的划分方法除了上述的风险矩阵法外，主要还有德国全球气候变化咨询委员会（German Advisory Council on Global Change，WBGU）在2000年提出的风险等级划分法。

该方法将区域风险等级划分为3个区（WBGU，2000）：正常区域（normal area）、过渡区域（transitional area）、禁止区域（prohibited area）。这3个区域的划分标准包括发生的概率（probability of occurrence，*P*）、发生概率评价的确定性（certainty of assessment of *P*）、危害程度（extent of damage，*E*）、危害程度评价的确定性（certainty of assessment of *E*）、普遍性（ubiquity）、持续性（persistency）、不可逆性（irreversibility）、延迟效应（delay effect）和流动潜力（mobilisation potential）。与此同时，根据上述标准中*P*和*E*两个指标的值，又将区域风险细分为六大类（采用希腊神话Greek mythology命名）：Cyclops risk type、Damocles、Pythia、Pandora、Cassandra、Medusa。

2.5.5　服务于管理或规划的环境风险评价的方法

由于环境管理或规划与环境风险评价两者紧密相连，故在管理或规划的环境风险评价中除了应用上述评价方法外，还主要应用了以下几种方法。

2.5.5.1　决策树法

郑帆（1999）将决策树法应用在投标风险决策中，为投资者在进行风险决策以及承包商在参与投标竞争时提供一种简便、快捷、有效的决策方法。

胡光荣（2005）针对商业银行在经营过程中可能遭受损失的不确定性，利用决策树法阐述了商业银行风险分析的基本思路，为银行机构和监管当局的科学决策提供了依据。

张静和田丽娜（2009）阐述了决策树法在风险分析和风险决策中的应用，并提出了决策树的基本模型。它从决策的目标和内容出发，通过备选方案枝和机会点描述了各个备选方案机会点出发所导致的自然状态的概率和后果。

Paolo（2006）应用决策树结合费用-效益分析的方法，对有毒有害物质的管理措施进行了健康风险评价，并应用评价的结果支持管理措施选择。

Linkov和Kiker（2009）应用决策树和模糊主观评分法，评价了人工海洋环境系统的多目标风险。

2.5.5.2　多准则决策分析（MCDA）的方法

由于CRA主要是应用MCDA的相关方法进行管理或规划（目前应用于规划风险评价中应用很少）风险的评价和比较，所以，以下主要介绍MCDA中常用的几种主要方法。

MCDA主要应用以下3种方法进行决策分析：多属性效用理论（MAUT）（DOE，2002；Prato，2003）、层次分析法（AHP）（Ramanathan，2001；Linkov and Kiker，2009）和分级法（Outranking）（ODPM，2005）。

1）多属性效用理论（MAUT）

Linkov等（2006）应用决策树法和MAUT对如何解决地下水污染的管理措施进行了分析。

McDaniels（1995）将该理论运用于渔业管理中，以此确定商业捕捞开放日（Commercial Fishery Opening Days）。

Ralston（1996）应用CRA和MUAT比较各种垃圾填埋技术所存在的风险大小，从而确定爱达荷州国家环境工程实验室垃圾填埋的技术。

Keisler和Sundell（1997）应用CRA和MUAT与GIS相结合的方法确定自然保护区的边界。

Levy等（2000）应用MAUT对加拿大的云杉树森林进行管理。

Prato（2003）在结合GIS技术的基础上，应用MAUT确定Missouri河的管理技术。

Hamalanien（2003）应用MAUT确定江河系统的水流控制技术。

Paolo（2006）对如何应用MAUT理论中的极大最小化原则对少量的管理措施（2~4个）进行了比较和分析，并进行了详细的论述。

Sorvari和Seppälä（2010）将MAUT作为决策支持系统中的一个重要方法对污染场地的风险管理措施进行风险评价和选择。

2）分级法（Outranking）

Ganoulis（2004）运用Outranking确定地中海废水重新利用的最佳方案。

Klauer等（2009）运用Outranking，并结合GIS技术确定德国莱茵河地下水的保护措施。

Zhang等（2009）基于采用Outranking中的偏好顺序结构评估（Preference Ranking Organization Method for Enrichment Evaluation，PROMEE）的比较风险方法，提出了污染区的排序系统。PEOMETHEE 是属于 Outranking 的一种。标准综合考虑多属性特征（毒性、暴露、受体），以及污染区、化学特征、地质和水文、污染迁移现象等产生的潜在的人类健康和生态风险。

3）层次分析法（AHP）

Schmoldt 等（1994）应用 AHP 对自然公园进行风险管理。

Siddiqui 等（1996）应用 AHP 和 GIS 结合的方法确定垃圾填埋场的选址。

Accorsi 等（1999）应用 AHP 确定含有毒化学物质垃圾填埋技术可能造成的风险并对其进行选择。

Rauscher 等（2000）应用 AHP 对美国小型的森林进行风险管理。

Ramanathan（2001）应用 AHP 对印度建设工程对社会-经济的影响进行评价。

Hartman 和 Goltz（2002）应用 AHP 解决韩国灰质土壤的管理技术。

Chen 等（2011）应用 AHP 对建筑-社会-自然这一模型中的各项指标进行权重的分配和计算，并将此评价结果应用到机场选址的风险管理中去。

Topuz 等（2011）利用应用模糊逻辑法和层次分析法相结合的方法，评价危险品工厂中各种危险品的环境风险，确定危险品工厂中各个风险源的权重，为风险管理的决策提供支持。

付在毅和许学工（2001）采用 AHP 对辽河三角洲湿地的 4 个风险源（洪涝、干旱、风暴潮灾害和油田污染事故）的权重进行打分，以确定主要的风险源，从而提出风险管理的措施。

李海凌和宋吉荣（2004）把 AHP 运用于工程项目风险评价，建立层次结构模型，实现工程单个风险因素的重要性排序、系统总体风险度的评价以及风险应对方案的选择。

李安云（2005）建立了工程项目-风险-措施的一般层次结构模型，介绍了运用 AHP 分析工程项目风险的步骤和方法及其应对措施。

2.5.6 小结

2.5.6.1 不同环境风险评价类型的方法

根据前述分析可知，不同生态风险类型的生态风险评价方法存在一定的差异，具体体现在以下几个方面。

（1）健康风险评价的评价方法主要有专家评判法、故障树分析法或事件树分析法和模型法。模型法主要包括暴露剂量-效应模型、蒙特卡洛模拟、相对风险模型和贝叶斯统计模型。

（2）事故风险评价的方法主要有回顾性评价和现状评价法、专家评判法、情景分析法、故障树分析法、事故树分析法、数学模型法、风险矩阵法。数学模型法包括了概率统计模型、贝叶斯统计模型、模糊评判模型和事故后果预测模型，其中，前三种数学模型应用于风险概率的计算，第四种数学模型应用于风险后果的计算，而概率统计模型是其他几种数学模型的理论基础。风险矩阵法则是一种应用于风险表征的方法。

（3）自然灾害的环境风险评价目前研究相对较少，主要方法包括：综合灾情指标评估法、专家评判法、综合指数法、模型法。其中，综合灾情指标评估法属于自然灾害回顾性评价的一种方法；模型法主要包括概率风险评价模型（风险值法）、损失-超越概率曲线法、多指标综合模型、基于信息扩散的模糊数学模型。

（4）区域综合环境风险评价除了涉及上述三种环境风险评价所使用的方法外，在综合评价的过程中主要还用了综合风险指数法、模糊综合评价法、模型法、风险矩阵法和区域风险等级划分法。其中，区域风险等级划分法还应用于区域风险表征。

（5）服务于管理或规划的环境风险评价方法主要有决策树法以及多准则决策分析相关的方法（多属性效用理论、分级法、层次分析法）。

2.5.6.2　不同环境风险评价步骤所涉及的方法

环境风险评价的不同步骤（风险识别、风险分析和表征、风险管理）适用的方法也各不相同，但有些方法可以在风险评价的各个步骤中多次应用，如专家评判法。

（1）风险识别的方法主要有回顾性评价和现状评价法、情景分析法以及专家评判法。

（2）风险分析和表征的方法主要有模型法、事件树分析法、故障树分析法、风险矩阵法、区域风险等级划分法、层次分析法、模糊综合评价法和专家评判法。

（3）服务于管理或规划的风险评价方法主要有决策树法和多准则决策分析中的相关方法，如层次分析法、分级法和多属性效用理论。

2.6　总结

2.6.1　研究进展总结

（1）环境风险评价从 20 世纪 70 年代诞生以来，通过实践研究目前已逐渐成熟。大量学者从定义、分类、步骤、方法体系等方面进行研究，逐渐形成了一套较完整的理论。环境风险评价研究的领域主要集中在健康风险评价、事故风险评价、自然灾害风险评价和区域综合环境风险评价。随着这些研究领域不断完善与发展，依靠风险评价作为管理或规划的依据，即从管理或规划层面开展环境风险评价的研究将逐渐成为热点。

（2）国内外许多组织和学者提出了环境/生态风险评价的框架和程序，不同框架所适用的评价内容、评价尺度等侧重点有所差异，但是，绝大多数的框架反映了环境风险评价的4个基本要素或步骤：问题形成、风险分析、风险表征、风险管理。此外，区域综合环境风险评价和服务于管理或规划的环境风险评价框架较为复杂，更强调分别对不同程度的环境风险进行有区别的评价；而服务于管理或规划的环境风险评价还强调了管理或规划决策理论与环境风险评价的框架相结合。

（3）尽管环境风险评价不同步骤的评价方法存在一定的差异，但可将其归纳为以下几个方法：回顾性评价和现状评价法、情景分析法、故障树分析法、事件树分析法、模型法（如概念模型、数学模型）、风险矩阵法、区域风险等级划分法、综合风险指数法、多准则决策分析法、决策树法、模糊综合评价法和专家评判法。

2.6.2 当前存在的问题

（1）自20世纪70年代以来，国内外许多组织和学者开展了大量环境风险评价的理论框架和技术路线的研究，然而，在实际应用研究中，多数环境风险评价的研究对象仅集中于对健康风险、有毒有害污染物造成的风险等方面，且相关的研究内容多集中在风险评价和风险表征这两个阶段上。自然灾害风险评价、区域综合环境风险评价、服务于管理或规划的环境风险评价，尤其是服务于规划层面的环境风险评价等内容的研究和应用相对较少。

（2）目前，人们已意识到规划（尤其是区域规划）可能带来的环境风险所造成的人类社会和生态环境的损失是重大的且是不可逆的，但是，对于规划的环境风险评价尚未得到重视。此外，当前仅有的服务于管理或规划的环境风险评价大多直接照搬建设项目环境风险评价的思路，都是在管理措施或规划方案确定后的评价，属于后评价的范畴，且大多只是停留在项目管理的层面上。尽管其评价结果可为风险管理提供依据，但是未能有效地从规划（特别是区域规划）的源头上减小或预防环境风险的发生。

总的来说，目前缺乏系统、有效和更高层面的区域规划环境风险评价方法体系，难以满足具有复杂、多样及高度不确定性的区域规划环境风险评价的实际要求。因此，如何开展区域规划环境风险评价，并将环境风险评价融入区域规划制定的整个过程中，还有待进一步研究。

第3章　基于多维决策分析法的海岸带区域规划环境风险评价的技术路线和方法体系

3.1　海岸带区域规划的内涵与特点

本节结合海岸带区域的特点，阐述了海岸带区域规划的内涵、特点以及海岸带区域规划的一般流程。

3.1.1　规划与管理的定义、区别和联系

规划是指个人或组织为实现系统的长远目标，拟定、论证、选择和确定行动计划（方案）的活动过程，是对未来长期性、全局性问题的思考；管理则是指规划制定后，为了实现规划目标而采取的各项具体行动和措施（吴侃侃和张珞平，2011）。

两者的区别与联系主要体现在（尹少华，2010；Wu and Zhang，2014）：①从影响范围来看，规划针对的是长期性、全局性的问题，而管理所解决的只是局部性问题，因此，规划的影响范围要远大于管理。②从时效来看，规划是针对较长一段时期内的活动，会对未来产生长远的影响；管理则指在未来较短时期内的行动方案，只产生短期的影响。③从可变更性来看，规划的更改会引起很大的损失，而管理较容易修改和撤销。④从流程来看，规划流程存在不确定性，而管理的流程较为确定。⑤从外部环境来看，规划面对的是动态变化的环境，含有较多的变化因素，必须考虑到各种风险；管理所面对的环境条件基本上是已知的、不变的。⑥管理是为规划服务的，而规划则是管理的方向和目标。

本书中的海岸带主体功能区划是从海岸带区域空间发展的全局出发，从属于区域层面的规划工作，具有区域性、整体性和宏观性的特点（王倩和郭佩芳，2009）。

3.1.2　海岸带区域的特点

海岸带通常指陆地与海洋的交接过渡地带，包括海岸及其毗连水域，其组成部分有河流三角洲、海域、平原湿地、海滩与沙丘、红树林、潟湖及其他地理单元，实际上是指由海岸线向海向陆两侧延伸一定距离的带状区域，这一地带兼有海陆两种生态的特征，不仅

具有自然属性而且具有社会属性（纪灵等，2001）。

在自然属性上，海岸带区域具有以下 3 个主要特点：①在陆-海-气界面交互作用下，海岸带成为地球上物质循环、能量流动和信息交换最频繁、最集中的区域，这就使海岸带的海陆交互作用频繁而强烈，海陆之间的动力作用相当复杂（张永战和王颖，2000；薛雄志等，2008）；②海岸带地区自然灾害频繁、自然灾害的破坏力度大，影响范围广，台风、风暴潮、海啸经常袭击沿岸地区；③海岸带处于陆地、大气、海洋相交的地区，它暴露在陆海相互作用的动力敏感地带，响应陆地（径流、地下水）和海洋动力作用，是个复杂且脆弱的生态系统，容易受到自然灾害风险的袭击（黄鹄，2005），并可能引发一系列的后果，如台风风暴潮造成的岸滩侵蚀、港航资源和生态环境破坏等。

在社会属性方面，海岸带区域集中了全球近 1/3 的人口，拥有丰富的自然资源，是人类开发活动最为频繁的区域，容易导致资源利用冲突和社会纠纷。随着沿海经济的快速发展，自然资源消耗迅速，再加上人类经济生产活动如海洋运输业、工业和旅游业带来的对环境生态的干扰等问题，这些人类活动都给海岸带生态系统带来巨大压力（郑玉昕和王洪礼，2011），并由此可能引发一系列的环境风险，如船舶溢油、环境污染事故、赤潮等。

从上述海岸带的概况可知，当前海岸带承受着越来越多来自各个方面（自然和人为）的压力和冲击，海岸带生态环境的破坏日益严重，由此引发的环境问题也日益增多和严重，这就为海岸带环境风险的发生制造了触发的条件。

总之，海岸带区域的特点显示：①在陆-海-气界面交互作用下，海岸带区域的自然属性和社会属性极为复杂；②海岸带区域的自然生态和社会生态极为脆弱；③海岸带区域比一般区域承受着更大的人类活动的压力和自然灾害的压力，资源与生态环境比一般区域更为脆弱。因此，海岸带区域属于环境风险的高发区，它的自然生态环境以及社会经济极易受到侵害和破坏。

3.1.3 海岸带区域规划的内涵和特点

根据规划的定义（3.1.1 节）可知，所谓的海岸带区域规划指的是：解决海岸带区域全局性、长远性问题的决策，是一个为实现海岸带地区发展的长远目标而选择其发展方向，拟定、论证、选择和确定规划方案以期达到海岸带资源有效分配和持续利用的活动过程。

结合上述海岸带地区的特点（3.1.2 节）可知，海岸带区域规划具有一般规划（如部门制定的单项规划等）所共有的特点，但由于其所作用的特殊区域（海岸带），还具备与一般规划不同的特点。具体表现为以下方面。

（1）由于海岸带区域涉及范围较广（涉及的空间范围大，涉及的部门较多），区域特征更为复杂，变化因素更多，资源利用冲突现象更为严重，因此，更需要具有全局性和长期性、更宏观、更综合的规划来引导其发展，否则不可能确保海岸带区域的可持续发展。

（2）由于自然生态系统和社会生态系统极为脆弱，造成海岸带区域风险因素高于非海岸带区域；由于人类活动的巨大压力，更提高了海岸带区域产生风险的可能性。海岸带区域的高风险特征使得人们必须更加关注规划过程中的环境风险。

（3）海岸带区域的复杂性及其变化因素，这使海岸带区域规划比非海岸带区域的规划具有更高的风险和不确定性；与一般的规划或管理相比，更难以开展定量的研究。

3.1.4　海岸带区域规划的一般流程

Wu 和 Zhang（2014）认为，规划是一种在不确定性情况下的决策类型，其一般的流程可归纳为：①目标的形成（objective formulation）；②问题的识别（problems identification）；③备选方案的形成（alternatives generation）；④备选方案的评价和选择（alternatives evaluation/selection）；⑤规划方案形成后的具体管理和实施（management）。海岸带区域规划作为规划在海岸带区域应用的一种特殊类型，其步骤可参考上述一般规划的流程。

由于海岸带区域规划具有综合性、复杂性、高风险性和高不确定性的特点，因此，海岸带区域规划更需要：①在规划之前确定长远的、全局的目标；②对规划中可能出现的环境风险问题进行充分的识别；③充分考虑高环境风险及其高不确定性，形成风险最小的备选方案；④充分考虑环境风险的存在及其不确定性进行备选方案的评价和选择；⑤根据环境风险的不确定性制定规划形成后的环境风险管理实施方案。

3.2　海岸带区域规划环境风险的特点和评价目的

3.2.1　海岸带区域规划环境风险的特点

结合本书 2.1 节环境风险评价的相关内容和 3.1 节中的规划特点可知，一般规划环境风险不同于项目或管理层面的环境风险。一般规划环境风险除具有项目环境风险的不确定性、潜在性、相对性和可变性的特点外，还具有决定全局性、长期性的自身特点（Wu and Zhang，2014）。同样，海岸带区域规划的环境风险也具备一般规划环境风险所共有的特点。

（1）决定全局性。与一般的项目或管理层面环境风险相比，全局性是规划环境风险所特有的。所以，一旦规划产生失误而造成环境风险，那么势必对规划所作用的发展全局产生深远影响。海岸带作为世界上人口密度最集中，经济发展最迅速，资源最丰富的区域，其规划中的环境风险在决定海岸带区域发展全局方面的影响显得尤为突出。

（2）长期性。一般而言，规划所产生的环境影响具有时间上的溢出性，因此规划环境风险具有长期性的特点，具体表现在风险后果出现的滞后性和风险影响在时间上的延续性。与一般的项目管理层面不同，规划失误所产生的环境风险并不一定在短期内发生，有可能在几十年、甚至数百年后发生，而一旦发生往往是重大的、不可逆的，而且所造成的影响往往持续较长时间。海岸带区域规划的环境风险产生的后果甚至会由于海岸带区域生态和社会的脆弱性而变得更为严重。例如，美国阿拉斯加1989年的Exxon Valdez溢油20年后仍然影响着当地的生态系统。

结合上述海岸带区域的特点，海岸带区域规划环境风险除了具有决定全局性和长期性的特点之外，还具有如下不同于一般规划环境风险的特点。

（1）综合性。海岸带区域规划是属于区域层面上的规划，与一般的规划（如部门制定的单项规划等）相比，所包含的空间范围更大（一般包含了两个或多个行政区域），涉及的部门、利益相关者以及所考虑的风险影响因素也更多。因此，海岸带区域规划的环境风险与一般规划的环境风险相比，更具有综合性。

（2）复杂性。海岸带区域规划环境风险的复杂性特点是由环境决策复合系统的多层次、多要素和多机理的特点所决定的。具体表现为：风险因素的复杂性、风险发生过程的复杂性和风险后果的复杂性。在海岸带区域，海陆之间的动力作用相当复杂，生态系统十分脆弱，加之海岸带区域资源利用冲突十分严重，自然灾害和人为活动导致的风险发生十分频繁，是环境风险的高发区域，这就导致海岸带区域的环境风险源、风险的载体和受体以及环境风险发生的机制显得尤为复杂。因此，由于海岸带区域规划失误所导致的环境风险比一般规划环境风险或非海岸带地区规划环境风险更加复杂。

（3）重大危害性。结合海岸带区域的特点可知，海岸带区域的环境风险，尤其是自然灾害风险，所产生的危害要比非海岸带地区更加重大。如果在海岸带区域规划中没有考虑到相关环境风险的预警和预防，当灾害来临时，往往会造成海岸带区域重大甚至毁灭性的人员伤亡和经济损失。如2004年发生在印度洋的海啸，造成15.6万游客和沿海居民的死亡以及数百亿元的经济损失；2005年发生在美国新奥尔良的“卡特娜”飓风，造成的人员伤亡和经济损失同样十分严重。

（4）不可逆性。海岸带区域规划环境风险的不可逆性，不仅指海岸带区域环境资源开发利用具有的不可逆转的特征，更重要的是，一旦自然灾害或由于海岸带区域规划失误所导致的人为环境风险发生，后果往往是不可逆的。如上述的印度洋海啸、美国的飓风，就导致灾难发生地区的社会经济和生态环境在很长的时间内难以得到恢复；又如，随着我国海岸带区域港口建设规划和相关航道管理和整治措施的实施，黄骅港航道、长江口深水航道、珠江口崖门出海航道等在台风风暴潮来临时发生严重的淤积现象，造成了通航条件的严重恶化，尤其是1983年长江口南槽铜沙7 m航槽25 km范围内因10号台风的侵袭全面淤浅，导致所有通航船舶次年改走北槽航道，其航槽骤淤现象至今仍无法得到有效改善（赵德招等，2012）。这是典型的不可逆的资源退化环境风险效应。

综上所述，海岸带区域规划的环境风险除了具有一般规划环境风险的决定全局性和长期性的特点以外，还具有综合性、复杂性、重大危害性和不可逆性的特点。

3.2.2　海岸带区域规划环境风险的类型

海岸带区域规划环境风险按照风险的因素分类可分为：海岸带区域规划环境自然风险、海岸带区域规划环境的人为风险。

按照风险发生的机制分类可分为：常规的海岸带区域规划环境风险、事故性的海岸带区域规划环境风险和潜在的海岸带区域规划环境风险。

按风险的表现形式分类可分为：海岸带区域规划环境污染与事故风险、海岸带区域规划资源退化风险和海岸带区域规划自然灾害风险。

根据研究的需要，本书将海岸带区域规划环境风险评价的对象按风险的表现形式进行分类，鉴于当前海岸带区域规划中资源退化风险发生的概率很低，而且难以进行具体的定量评价，加之国内外相关研究和具体评价方法尚属罕见，故本书的研究主要针对海岸带区域规划环境污染与事故风险和海岸带区域规划自然灾害风险进行评价。对于海岸带区域规划中资源退化的风险，本书只是根据相关的数据资料对其进行简单的描述。

3.2.3　海岸带区域规划环境风险评价的目的

3.2.3.1　目前服务于管理或规划的环境风险评价存在的问题

1）未见区域规划中应用环境风险评价

根据本书第 2 章“国内外环境风险评价的研究进展”可知，将环境风险评价介入区域规划中的相关研究尚属罕见。在国内，环境风险评价一般应用于项目环境影响评价中，少量涉及部门规划的环境影响评价，其目的只是单纯应用环境风险评价的结果支持部门规划或项目环评中风险管理措施的形成，而把环境风险评价纳入更高层面的区域规划，尤其是海岸带区域规划中的研究尚未见报道；在国外，尤其是美国，环境风险评价大量的应用还都只是集中在管理层面，其目的在于应用环境风险评价的结果以支持环境管理方案的形成（options formulation）和选择（options selection）。

2）环境风险评价未能支持区域规划

管理决策经常是处于整个区域规划决策链的末端，其产生的效果和影响往往是短期的，其产生的环境风险具有较小的不确定性，并会因为管理方案相对容易撤销和更改而得到及时的预防和避免；而对于区域规划决策，尤其是在生态系统相对脆弱、自然环境状况更为复杂的海岸带区域所开展的规划，其产生的效果和影响将是长期的、决定全局的，并伴随着很大的不确定性。如果因为区域规划的失误而导致风险的产生，那么后果往往是重大甚至是不可逆的。因此，仅仅在管理决策中介入环境风险评价，并不能从全局、长远的目标上预防和避免区域规划环境风险的发生。目前的环境风险评价基本都集中在管理层面，无论是环境风险评价的技术路线或方法学，都无法融入区域规划中，并支持区域规划。本书认为这是一个较明显的缺陷，将会导致决策者在规划形成之前就忽视了海岸带区域非常规的、突发性的环境风险，从而导致在自然或人为的突发事件中造成巨大的损失。

3）环境风险评价介入区域规划的时间

从环境风险评价介入决策的时间来看，当前国内在少许的规划（如部门制定的单项规划）层面所开展的环境风险评价中，大多仍直接照搬建设项目的环境风险评价的思路，属于后评价的范畴（如历史回顾性评价、规划方案确定后的评价等），而从区域规划备选方案形成之初就开展环境风险评价以避免规划失误的研究尚未见报道。鉴于规划（尤其是区域规划）环境风险在时间上的长期性和滞后性，如果只在规划方案制定后（或管理）的阶段才介入环境风险评价，那么往往为时已晚，未能有效地遵循预警预防原则（precautionary principle），无法真正影响区域规划的制定，其补救措施所产生的效果和影响相对较小。

4）评价的对象和范围

从评价的对象来看，当前服务于管理或规划的环境风险评价的相关研究主要集中在规划或管理目标确定后，针对某一种类型的环境风险（如健康风险、事故风险或自然灾害风险）进行评价，并以此作为规划或管理的依据，评价的对象较为单一。从评价的时间范围来看，由于当前大部分服务于管理或规划的环境风险评价集中在规划制定后期的管理层面，评价的时间跨度较短，因此，所考虑的效果和影响往往是短期的；而对于规划制定的整个过程而言，尤其是海岸带区域规划制定过程，往往具有很强的复杂性和不确定性，其所造成的影响往往是长期的、不可逆的。从评价的空间范围来看，当前大部分服务于管理或规划的环境风险评价研究仍然只是集中在各部门规划后期的管理措施的相关评价，而从规划所影响的区域范围来考虑综合环境风险的研究较少，评价的空间范围较为狭小。

5）缺乏考虑综合性和累积性环境风险

相关研究表明，每个项目的环境（风险）影响都易于识别和定量，其产生的效应也往往很小，但多个项目的累积（风险）影响往往很难叠加和定量，其产生的累积效应往往是惊人的（Wu and Zhang，2016）。同时，累积风险影响对于环境决策显得十分重要，尽管公众和研究者已注意到累积风险评价的重要性，但在区域累积风险评价方面取得的进步却非常有限（王志霞，2007）。

当前规划或管理层面的环境风险评价在评价的技术路线和方法上只注重参数的选择和不确定性的研究，评价的对象多集中于常规或突发性的环境风险，缺乏充分考虑区域内的综合环境风险问题和累积性环境风险。然而，区域规划是以可持续性为原则和目标的综合决策，所产生的影响较为长远，具有更强的区域性和综合性，因此存在更大的风险累积效应和不确定性。当前环境风险评价在考虑区域综合性和累积性环境风险影响方面存在一定的缺陷，无法很好地遵循可持续发展的原则，其评价结果难以支持区域规划。

综上所述，目前的规划（尤其是区域规划）中并没有融入环境风险评价，这是很危险的，一旦规划失误将造成重大的损失。现有服务于管理或规划的环境风险评价在技术路线、方法、介入时间、评价对象和范围等方面也存在问题，难以融入规划（尤其是区域规划）制定的整个过程中，难以从规划（尤其是区域规划）的源头上预防和避免环境风险。

3.2.3.2　开展区域规划环境风险评价的目的和意义

1）区域规划环境风险造成的后果

回顾历史，国内外许多重大的环境问题都是由于区域规划中没有充分地考虑其可能导致的环境或生态的风险而酿成的。

例如，20 世纪 50 年代苏联所开展的“中亚规划”决策，其目的在于在土库曼斯坦卡拉库沙漠中修建一条长 1 400 km 的运河以便于灌溉西部的荒漠草场。但由于在规划的过程中只考虑到其产生的社会和经济效益而忽视了可能造成的环境风险的问题，从而导致了咸海海岸线后退 10~20 km，周围地区形成干枯带，各种生物濒临灭绝，并导致了自然灾害“白风暴”的接踵而来（孟萌，2008）。

20 世纪 60 年代，联合国开展“防沙治沙国际行动计划”的目的在于在游牧民族的集中地区钻出大量深水井，推动建立固定生活区，促进经济发展。但由于在规划的过程中忽视了开凿水井可能导致的环境问题，从而使自然灾害（如沙化）、生物入侵和生物灭绝等环境问题日益加剧，生态环境急剧恶化（孟萌，2008）。

2010 年，由于英国政府在伦敦机场选址的问题上没有充分考虑邻国冰岛由于火山爆发而导致火山灰蔓延的区域自然灾害风险，从而导致重大的人员伤亡和一天内 600 万英镑的经济损失（Chen et al.，2011）。

从上述事实可以看出，如果在区域规划过程中没有尽早充分地考虑其可能造成的环境风险问题并开展相关的评价，那么往往会造成灾难性的后果，即使采取有效的措施也很难在短时间内弥补所造成的破坏和损失。

2）区域规划环境风险评价的必要性

结合本书第 2 章国内外环境风险评价的研究进展和上述服务于管理或规划的环境风险评价存在的问题可知，从 20 世纪 90 年代以来，人们已意识到由区域规划失误带来的环境风险所造成的人类社会和生态环境的损失是重大的且是不可逆的，但是，对于区域规划的环境风险评价研究还未得到足够的重视。当前，国内外服务于管理或规划的环境风险评价大多直接照搬建设项目的环境风险评价的思路，而且大都只停留在规划后期，即管理层面，虽然这些环境风险评价在控制和减少环境污染和生态破坏方面发挥了重要作用，但是其不足也日益明显，具体表现在以下方面。

（1）管理的环境风险评价往往处于整个区域规划决策链的末端（最低层次），其环境风险评价往往只是一种被动的反应过程，产生的效果只是局部和短期的，只能做修补性的努力，并不能影响最初的区域规划及其布局，而环境风险问题在人们着手制定区域规划时就已经潜在地产生了。

（2）管理的环境风险评价所采取技术路线和方法仅仅考虑在管理层面所做的修补性努力，难以融入区域规划中，无法很好地与预警预防原则相结合，预先充分地考虑更高层面的区域规划制定中的不确定性和可能造成的环境风险，从而从规划源头避免环境风险。

（3）管理的环境风险评价难以提前预测区域性、综合性的开发活动所造成的累积性的风险，难以在区域规划实施前考虑综合性的、合适的替代方案，也难以在区域规划层面做到真正意义上的公众参与。

（4）结合规划的内涵和海岸带区域的特点可知，海岸带区域规划作为规划的一种重要类型，其过程与其他管理或一般规划相比，往往具有更大的风险和不确定性，其产生的影响更加重大和长远；此外，由于海岸带区域生态环境的脆弱性和敏感性，以及海岸带区域当前所面临的日益增大的压力与可能产生的风险问题，如果没有在海岸带区域规划的过程中开展相关的环境风险评价，那么所造成的后果将是灾难性和不可逆的。

实践结果表明，评价介入规划的时间越早，评价的效果越好（Therivel et al.，1992；Fischer，2003；Fischer and Onyango，2012）。区域规划的环境风险评价作为环境评价中对更高的决策层面（如政策、计划）进行非常规影响评价的一个重要部分，在介入的时间上更应该提早，而在规划后期的管理层面上的环境风险评价却不能很好解决这些问题，这就更加要求我们必须在生态环境最为脆弱和敏感的海岸带区域开展规划环境风险评价的研究，使环境风险评价成为海岸带区域规划形成的内在因素，遵循预警预防原则，把对环境风险的评价提早纳入海岸带区域规划的过程中去，并充分考虑海岸带区域的社会、经济、资源等因素，在区域规划的源头提高决策的质量，建立环境与发展的综合机制。这将不同于规划形成后的环境风险评价（管理层面的环境风险评价），因为它只是在规划制定后对规划产生的环境风险采取减缓措施的补救过程。

综上所述，海岸带区域规划的环境风险评价就是从区域规划的层面上，结合海岸带区域的特点，从规划的源头（区域规划制定之前）将环境风险评价的方法和相关的环境决策分析理论相结合，针对海岸带区域规划在制定的整个过程中可能造成的环境风险进行预测和评价，并为海岸带区域规划的备选方案的提出、比较和优选提供科学的参考依据，其目的和意义在于：

（1）能更为系统地从区域规划层面考虑替代方案，避免区域规划失误所造成的重大的、灾难性和不可逆的环境风险问题。

（2）建立一套能应用于海岸带区域规划的环境风险评价的技术路线和方法，从而能够将环境风险评价融入区域规划中，充分考虑海岸带区域规划的实施可能带来的环境风险，直接影响规划方案的制定，确保海岸带区域社会经济的持续发展。

(3) 从区域层面考虑综合的、累积的环境风险问题，确保区域规划的科学性和有效性。

3.3　海岸带区域规划环境风险评价技术路线的构建

结合本书第 2 章关于国内外环境风险评价技术路线的有关内容，本节从它们在管理或规划中的应用以及对管理或规划的支持度出发，对当前主要环境风险评价技术路线的特点进行了分析和比较，提出并阐述了基于多维决策分析法的海岸带区域规划环境风险评价技术路线的构建步骤及具体内容，并对其优点和创新点进行了分析。

3.3.1　现有环境风险评价相关技术路线的比较

3.3.1.1　传统环境风险评价的技术路线

根据 2.3 节中对环境风险评价的分类，传统环境风险评价指的是近 20 年来应用较多的健康风险评价、事故风险评价、自然灾害风险评价和区域综合环境风险评价。

1) 环境健康风险评价技术路线的特点

(1) 评价内容针对有毒有害化学物质对人体造成的健康风险及其不良的后果。

(2) 评价步骤可归纳为 4 个方面：危害/风险判定、剂量-效应评估、暴露评估和风险表征，其中剂量-效应评估、暴露评估是环境健康风险评价所特有的评价步骤。这一类型评价的技术路线的特点在于通过大量的剂量-效应的实验数据定量计算不同群体所能承受的最大暴露量，以确定有毒有害化学物质可接受的风险水平，从而为风险管理措施的制定提供科学的参考依据。在美国，这一技术路线少量应用于为法律和标准（如食品安全法、农药使用）的制定提供科学基础，大部分服务于健康风险管理层面。其技术路线注重风险评价的过程以及为管理提供一个定量或半定量的数据支持。但往往由于人们对风险认知的不同和群落的可变性（variability），其得出的评价结果包含着较大的不确定性（uncertainty）。此外，该技术路线不包含与规划相关的思路与方法（目标形成—问题识别—备选方案形成—备选方案评价和选择—具体管理和实施），因此与规划衔接不紧密，难以直接支持规划，难以对规划产生较大的影响。

2) 环境事故风险评价技术路线的特点

(1) 评价内容主要集中在人类活动所导致的突发性环境事件或事故（一般不包括人为

破坏及自然灾害）对人群健康和安全以及对环境造成的影响和损害，其评价范围比健康风险评价更广。

（2）评价步骤可根据事故风险源的类型大致分为两种：①由核电、油库和天然气泄漏、有毒有害物质污染所导致的事故风险，其评价步骤与上述环境健康风险评价相似。②由溢油和工程项目所导致的事故风险，其评价步骤可归纳为风险识别、风险概率与后果的估算、风险等级的判定与评价以及风险的控制与管理。这一类型评价的技术路线的特点在于通过风险途径的分析以计算风险的概率和后果，从而估计事故的风险值，为预防和减缓事故风险管理措施的制定提供科学依据。与上述健康风险评价技术路线相似，该技术路线只能服务于事故风险管理层面，其内容注重风险评价的过程以及为事故风险管理提供一个定量或半定量的数据支持，并不包含与规划相关的思路与方法，因此与规划衔接并不紧密，难以对规划产生较大的影响，对规划的支持度不高。

3）自然灾害风险评价技术路线的特点

（1）评价内容主要集中在自然灾害（如台风风暴潮、地震等自然界的极端事件）对人群安全与环境的影响和损害。

（2）由于是自然灾害所引发的环境风险，其评价步骤首先必须结合相关的历史资料和数据进行分析和回顾性评价，以期为风险源的识别和风险评价中概率和后果的分析提供数据支持。而在其后的评价中就主要沿用了事故风险评价的技术路线开展相关的评价，并对受灾体易损性和灾害的后果进行评估，最后提出相关的风险防范措施。这一类型评价的技术路线的特点是强调了对历史资料和数据的回顾性评价以识别风险源、风险概率及其后果，强调了承灾体易损性的分析和经济与社会损失的评估。但由于评价过程过于注重经济损失的计算，很少考虑生态环境和自然资源的因素，从而导致为规划提供支持较为单一，难以综合、全面考虑所有因素。与上述健康和事故风险评价技术路线相似，该技术路线只能服务于自然灾害风险管理层面，其技术路线注重风险评价过程中承灾体易损性的分析和社会损失的计算，并为自然灾害管理提供一个比较单一的数据支持；加之自然灾害较大的不确定性和某些社会经济损失很难得到准确量化，故使得某些评价结果较为主观，难以直接支持规划。该技术路线并不包含与规划相关的思路与方法，因此与规划衔接并不紧密，难以对规划产生较大的影响，对规划的支持度不高。

4）区域综合环境风险评价技术路线的特点

与上述 3 种单一风险源的环境风险评价不同的是，区域综合环境风险评价考虑了区域多种风险及其叠加问题，更接近于区域规划环境风险评价。但这种技术路线仍然是以单个风险评价叠加而成，更为强调各种风险的排序，同时强调分别对不同程度的风险进行有区别的评价。这一技术路线研究的对象与范围较为复杂，缺点在于涉及多个风险源以及多个风险受体，因此难以分别对所有的风险进行深入的定量评价，从而难以得出可支持区域规划的明确的结果和结论。它的思路与上述 3 种环境风险评价的技术路线没有本质上的区别，只服务于区域综合风险管理层面，实质上未包含与区域规划相关的思路与方法，因此难以直接支持区域规划，对区域规划无法产生较大的影响。

3.3.1.2　服务于管理或规划的环境风险评价技术路线的比较

如 2.4.6 节的论述，本节主要以美国总统与国会风险评价和管理委员会（PCCRARM）的健康风险管理决策技术路线、美国国家环境保护署（USEPA）的基于风险评价的管理决策技术路线以及基于多准则决策分析法（MCDA）的比较风险评价技术路线（以下简称“基于 MCDA 的环境风险评价”）作为服务于管理或规划的环境风险评价中具有代表性的技术路线进行比较。其他相关技术路线的思路与以上三者大体相似，这里不再逐一进行比较。

1）美国总统与国会风险评价和管理委员会（PCCRARM）的技术路线

该技术路线的具体步骤详见 2.4.6.2 节。

该技术路线的优点：强调了环境问题、相关研究背景和范围的确定是开展风险评价和管理最重要的步骤，这一步骤包括了识别当前和潜在的环境健康问题，以及识别管理的目标和相关的管理者与利益相关者。在研究背景确定的过程中要强调风险背景的多样性和风险的不确定性，包括在利益相关者参与的基础上，人们对于风险认知的多样性、风险源的多样性、传播媒介的多样性和多种风险因素的综合反应，从而为风险表征中风险基准值的确定提供基础。该技术路线还提出了确定风险管理备选方案的准则，主要包括：风险的减少和消除、保护人口和生境，以及充分利用利益相关者的参与以考虑风险管理措施的有效、公平、合理与技术、经济的可行性。

但这一技术路线也存在以下主要缺点：在进行风险管理备选方案的选择过程中，过分强调依赖经济学中风险—费用—效益分析的方法进行备选方案的最终确定，这样就导致社会风险的成本（如管理的处罚、机会成本、对公众造成损害的成本）等因素中许多非货币化的指标无法用货币的形式进行量化和预测，在一定程度上掩盖了风险和不确定的程度，从而导致其分析结果难以全面、综合考虑所有风险问题，易造成决策失误（PCCRARM，1997）。此外，该技术路线仍主要关注解决管理层面的风险预防和补救措施，并未将重点放在如何将环境风险评价融入规划的过程中，从而避免规划失误。

2）美国国家环境保护署（USEPA）的技术路线

该技术路线的主要思路（详见 2.4.6.3 节）与 PCCRARM 的框架基本相同。不同的是，USEPA 的技术路线强调了应该将 PCCRARM 框架中的问题和相关研究背景以及范围的确定分为平行的两个部分（USEPA，2003）：①研究规划目标和范围的确定。确定开展评价的目的、结果和内容应将风险措施的确定提到风险的分析之前，这一过程主要通过管理者和利益相关者的参与予以实现。②问题的识别。这一过程主要是风险评价者与管理者的参与。这样做的好处是，只有很好地进行规划目标和范围的确定，才能更好地指导问题的识别和风险的分析，这两个过程是要同时进行的。只有这样，才能充分发挥风险评价在风险管理中的效用，减少不必要的决策成本。它很好地阐明了风险管理过程中管理者、评价者和利益相关者之间的内在联系和区别。但这一技术路线仍然没有很好地解决 PCCRARM 的技术路线中关于依赖风险—费用—效益分析以确定备选方案所存在的问题，更关键的是仍然未考虑如何将风险评价融入规划（尤其是区域规划）的全过程中。

3）基于 MCDA 的环境风险评价技术路线

Linkov 和 Ramadan（2002）在总结比较风险评价（CRA）相关研究的基础上，将 CRA 及其在决策中应用的过程归纳为以下 3 个步骤：①对风险（包括经济、社会、环境和人类健康的风险）进行定性或定量的估算和排序；②以风险的形式进行决策方案分析；③通过比较选择最佳的决策方案。然而 CRA 的缺点在于缺乏一个结构性的方法进行准则权重的分配并综合这些评价所需的信息，而多准则决策分析法（MCDA）的出现从理论上解决了这个难题，它以设定多种准则的方式并基于多种决策分析的方法以综合上述的有效信息帮助决策者评价和选择风险管理中的备选方案（Linkov et al.，2006）。

基于 MCDA 的决策环境风险评价的技术路线（Linkov and Ramadan，2002；Linkov et al.，2006）可归纳为：①管理或规划中风险问题的确定；②决定要解决这些风险的要求；③建立起解决这些风险问题的方案；④在上述目标的基础上确定评价需要的准则，其中包括社会、经济、健康和生态环境风险等方面的指标；⑤构建矩阵，并应用相关的方法结合 CRA 的技术路线进行风险评价，以此支持管理或规划备选方案的选择。

这一技术路线的优点：通过使用 MCDA 的方法，提供了一个将不同风险水平与不同指标值相结合的系统框架，弥补了 CRA 在计算风险评价结果和综合决策分析方法上的不足，同时综合考虑了不同利益相关者对于评价准则或目标（如风险）所产生的不同的认知和偏好。与上述两种技术路线相比，更有利于从多种风险因素的角度进行备选方案的选择，比较有利于支持决策。

该技术路线也存在着一些不足：①基于这种技术路线开展的环境风险评价往往会由于选择的评价指标（准则或属性）有限，而片面地描述管理或规划过程中可能存在的环境风险，甚至可能歪曲事实真相，从而做出错误的判断；②为了综合评价选定的风险指标，必须确定评价准则/标准，并确定权重。风险指标的选取、评价准则/标准和权重的确定都具有很大的人为性和随意性。这是 MCDA 法存在的固有的、无法克服的缺陷；③利用该技术路线开展的环境风险评价结果难以直接支持管理或规划，因为选用不同的 MCDA 方法（如 AHP 或 MAUT 法）可能得到不同的风险评价结果，最终还将通过一定的方式，如聚合模型或风险偏好支持管理或规划，不同的风险评价者和决策者往往对同样的情况产生不同的评价结果，使得管理或规划的可靠性存在很大问题。

3.3.1.3　小结

（1）对于传统环境风险评价的技术路线而言，它们虽然在评价的对象和具体过程上有所差异，但其一般的步骤都可归纳为：风险识别、风险分析、风险表征（风险估算）、风险管理这 4 个基本步骤。因此，我们可以看出，对于传统环境风险评价而言，其评价的结果只是单纯地为某一单一风险的管理提供参考依据。这些技术路线更加强调的是数据的分析和处理，注重得出一个定量、半定量或定性的评价结果，它们与管理之间的衔接并不紧密，评价过程中很少涉及应用评价结果支持管理备选方案的选择，同时也很少考虑社会、经济等方面的因素。确切地说，虽然这些评价的技术路线可以在具体的决策过程中应用并提供数据支持，但并不能很好地处理和体现风险评价者、决策者以及公众之间的内在联系。传统环境风险评价只是环境管理过程终端的一部分，是服务于管理层面的环境风险评价，难以影响管理，不能与其产生互动，更无法支持规划（尤其是区域规划）。

（2）对于服务于管理或规划的环境风险评价的技术路线而言，上述 3 种技术路线在开展风险评价中的总体思路是相似的，只是应用了不同的方法予以实现。它们共同的优点在于：①在备选方案优化和比选阶段，这三类技术路线对于所涉及的风险类别考虑得比较全面，除包含了人体健康和生态环境的风险外，还考虑到了经济、法律、人文和社会方面的风险；②这些技术路线很注重对累积性风险以及风险不确定性的分析和处理；③值得一提的是，这些技术路线在每一个步骤中都强调了利益相关者的参与。因此，总体而言，这些技术路线在支持管理或规划的结果上是相对科学和客观的。

而这些评价的技术路线除了上述各自存在的不足外，共同的缺点在于目前大多数环境风险评价的技术路线只是应用在管理层面上，属于后评价范畴，在介入的时间上均是在规划制定后的具体管理过程中，即根据相关规划或管理的目标确定具体方案后介入风险评价，尽管评价结果可为环境风险管理措施的选择提供依据，但没有很好地遵循预警预防原则而将环境风险评价融入整个规划的过程中，未能有效地从源头上或是从更高的区域规划层面上减小或预防环境风险的发生，因此对区域规划的支持程度较低。但是，它们的评价思路和方法仍可以作为借鉴和参考。

3.3.2　基于多维决策分析法的环境风险评价技术路线的构建

3.3.2.1　多维决策分析法

多维决策分析法（Multiple Dimension Decison-Analysis，MDDA）是厦门大学课题组在“海岸带主体功能区划分技术研究与示范”项目的研究期间开发的、专门应用于海岸带区域规划的一种决策方法。该技术方法摒弃了 MCDA 以有限的指标支持决策的技术路线，采用集合与区域规划相关的所有维度以及各个维度中可获得的（available）所有信息数据、基于专家评判法以支持海岸带区域规划，确保海岸带区域规划的科学性和有效性（张珞平等，2014）。“风险”作为多个维度中的一维开展评价，并以此支持海岸带区域规划。基于专家评判的 MDDA 的基本思路如下（张珞平等，2014；Wu and Zhang，2016）。

（1）首先识别与区域规划目标或问题相关的所有维度（环境的维度）。根据专家评判法以及历史研究成果识别海岸带区域规划的相关维度，本书研究案例确定：区位、社会、经济、资源、环境（非生命系统）、生态（除人类以外的生命系统）以及风险 7 个维度。这些维度涵盖了所有与海岸带区域规划相关的属性集，确保规划的可靠性。风险维度包括环境风险以及生态风险，本书相关内容主要是指风险维度中的环境风险部分。

（2）搜集各维度中可获得的所有指标（变量、因子）及其数据，采用成熟的、经典的评价方法进行评价，得出维度中各种指标的评价结果。

（3）基于所有维度的评价结果，根据某一（或某些）原则拟定某些备选方案。

（4）采用专家评判法对各个环境维度各种指标的评价结果进行综合评价，得出各个环境维度各级别/层次的评判结论，以及本维度的整体评价结论。

（5）采用专家评判法确定各个环境的维度与各个备选方案的维度的关系［I，C；R］（即［影响，置信度；相关关系］），由专家评判结果确定最佳方案。

这一技术路线与基于 MCDA 的 CRA 相比，不同之处为：①它摆脱了 MCDA 方法中预先设定（根据决策者的偏好）的管理或规划目标；②避免指标的选取、指标评价标准的确定以及准则权重的确定等人为因素的干扰，而是基于所有相关维度的所有信息（现状、历史），确保区域规划的科学性和可靠性；③根据某些客观原则去考虑最佳的备选方案，然后通过多维的专家综合评判得出最客观和最优的规划结果。

基于 MDDM 的环境风险评价技术路线，克服了 3.3.1 节中 3 种服务于管理或规划的环境风险评价技术路线在方法应用上的单一和不足，尤其是摆脱了当前较为盛行的 MCDA 方法中预先设定准则或属性的束缚，将风险评价直接融入到海岸带区域规划的过程中，通过综合所有的信息，应用专家评判得到一个相对客观、综合和准确的结果。这一技术路线对于不确定性很强的海岸带区域规划而言，显得更为适宜。因此，本书将着重应用该技术路线的思路，从环境风险的角度支持海岸带区域规划备选方案的选择。

3.3.2.2 技术路线的构建

根据一般环境风险评价和服务于管理或规划的环境风险评价技术路线的优点以及存在的问题和不足，并结合 3.1 节中海岸带区域的特征、海岸带区域规划的特点和流程，笔者认为，由于区域规划不同于管理或一般规划，其产生的影响更为长远，制定过程具有更大的不确定性和风险，加之海岸带区域的复杂性、脆弱性以及当前所面临的巨大环境压力和可能触发的风险问题，因此，环境风险评价在介入的时间上应该提前到海岸带区域规划制定的前期阶段，并同时贯穿于海岸带区域规划的整个制定阶段，目的在于能够尽可能从源头上消除海岸带区域规划目标、规划方案和管理措施制定的缺陷而产生的潜在的环境风险，并对不可避免的环境风险提出相应的减缓和补救措施，从而弥补管理层面的环境风险评价在支持区域规划过程中存在的局限性，能更科学地支持海岸带区域规划方案的形成和确定，避免海岸带区域规划的失误而造成重大的、不可逆的环境灾难。

本节在综合上述研究的基础上，构建了基于多维决策分析法（MDDA）的海岸带区域规划环境风险评价的技术路线（图 3-1），将环境风险评价贯穿海岸带区域规划的各个阶段，主要归纳为以下 3 个主要阶段。

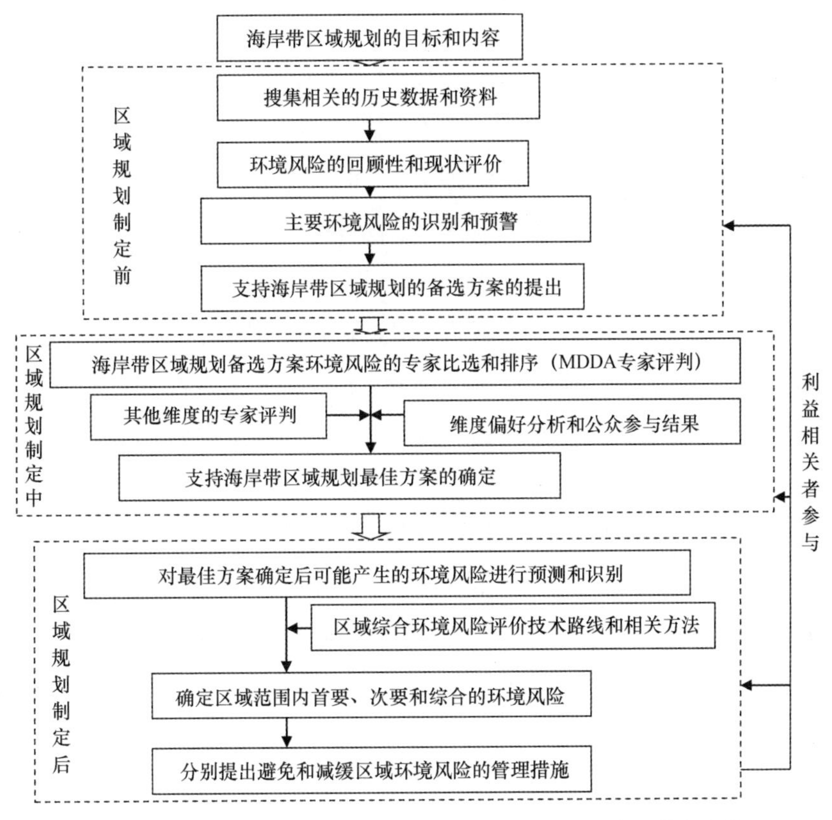

图 3-1　基于 MDDA 的海岸带区域规划环境风险评价的技术路线

（1）在海岸带区域规划目标和备选方案的形成过程中介入环境风险评价，以确保在规划目标和备选方案的形成时就避免重大环境风险存在的可能，称之为区域规划制定前的环境风险评价。该阶段的主要内容是通过相关数据资料的搜集进行研究区域内环境风险的回顾性评价和现状评价，并结合相关的专家评判进行研究区域环境风险的预警，为海岸带区域规划备选方案的提出提供相关的参考依据。

（2）在海岸带区域规划备选方案的比较和选择过程中介入环境风险评价，以确保形成最优的区域规划方案中环境风险相对较小，称之为区域规划制定中的环境风险评价。该阶段的主要内容是结合上一阶段回顾性评价和现状评价的结果，分别预测识别和分析海岸带区域规划备选方案在未来可能导致的环境风险，并结合 MDDA、其他维度专家评判的结果、维度的偏好分析和公众参与的结果，从环境风险的角度支持海岸带区域规划最佳备选方案的确定。

（3）在海岸带区域规划优选方案确定后开展环境风险评价，为管理措施的制定提供依据，称之为管理服务的环境风险评价（区域方案制定后的环境风险评价）。该阶段的主要内容是根据上述两个阶段的评价结果，结合传统的环境风险评价方法，预测识别和分析海岸带区域规划优选方案未来在研究区域内可能导致的环境风险，并根据分析的结果对各种可能存在的环境风险进行表征，为提出区域环境风险管理措施服务。

3.3.2.3　区域规划制定前的环境风险评价

遵循预警预防原则和利益相关者参与原则，在海岸带区域规划的备选方案提出前，借鉴一般环境风险评价的技术路线，通过现状和回顾性评价，初步了解海岸带区域的环境风险现状和历史变化。通过专家、公众和管理者共同识别和评价研究区域内存在的重要的环境风险，并分析环境风险产生的原因、途径和影响程度；重点考虑无法避免的环境风险，在规划的源头上避免重大的、不可接受的风险，为海岸带区域规划备选方案的提出提供参考依据。具体步骤为：①确定海岸带区域规划的目标和内容。②环境风险回顾性评价和现状评价。综合历史数据和资料，回顾并总结区域内当前存在的各种环境风险以及发生的概率和后果。③主要环境风险的识别和预警。在回顾性评价和现状评价的基础上，采用专家评判法识别并综合评价研究区域内的环境风险及其风险的大小和重要性，对各种环境风险以及区域整体环境风险进行简单的分级（用数字1、2、3代表环境风险水平的高、中、低），得出综合评价结论作为预警，并从环境风险角度提出支持海岸带区域规划的备选方案。④遵循海岸带区域规划的某些原则（如预警预防原则、资源定位原则等），根据各个维度专家的综合评判结论（包括环境风险维度），结合利益相关者参与结果综合拟定海岸带区域规划的备选方案。

3.3.2.4　区域规划制定中的环境风险评价

遵循避免决策失误、可持续发展和利益相关者参与原则，在海岸带区域规划备选方案的比选和优选方案的制定过程中，借鉴上一步骤的研究结果，采用基于MDDA（含专家评判法）的海岸带区域规划环境风险评价的技术路线和方法，识别和预测各个备选方案可能存在的环境风险，从环境风险的角度对海岸带区域规划的备选方案进行比较和排序，从环境风险评价角度选取最佳的海岸带区域规划方案。基本步骤包括以下几方面。

（1）根据上一阶段回顾性评价和现状评价，并结合专家评判的结论，得出各个备选方案在环境风险这一维度的整体评价结论，采用专家评判法确定环境风险维度与各个备选方案的关系［I，C；R］，从环境风险的角度提出支持规划的方案。

（2）综合考虑其他维度（区位、社会、经济、资源、生态、环境质量）的评判结果以及利益相关者参与结果，综合确定优选的规划方案。

（3）根据基于生态系统管理的原则，对于生态系统较为复杂的海岸带区域，还要开展分区域规划的环境风险评价，具体评价步骤同上述（1）和（2）。

3.3.2.5　为管理服务（区域规划制定后）的环境风险评价

遵循可持续发展、维护环境安全和利益相关者参与原则，在海岸带区域规划方案基本确定后，对已初步确定的海岸带区域规划的优选方案开展进一步的环境风险评价，借鉴区域综合环境风险评价的技术路线与方法（见第 2 章）识别由于实施海岸带区域规划优选方案可能产生的各种环境风险，并对其进行比较和排序，提出相应的风险管理措施规划。该阶段的主要步骤如下。

（1）根据区域规划制定前和区域规划制定中的环境风险评价结果，特别是专家评判结果，对最佳的规划方案确定后将来可能产生的环境风险进行预测性的识别。

（2）借鉴区域综合环境风险评价的技术路线（2.4.5 节）（对于海岸带区域规划主要是事故风险和自然灾害风险评价），结合目前常用的、经典的环境风险评价的方法对上一步骤中识别出的区域内主要存在的环境风险分别进行逐一的预测分析和表征，对于较大的区域，可以分海区进行逐一评价。

（3）根据步骤（2）中的评价结果，比较和排序区域内（或各个海区）存在的环境风险，确定区域范围内（或各分海区）首要和次要的环境风险；同时，结合常用的、经典的区域综合环境风险评价方法（2.5.4 节）对区域内的（或各分海区）各种类型的环境风险分别进行评价和表征。

（4）根据步骤（3）的评价结果，分别提出相应的区域环境（或各分海区）风险管理措施规划。

3.3.3　基于 MDDA 的海岸带区域规划环境风险评价技术路线的特点

3.3.3.1　该技术路线的特点

根据上述构建的基于 MDDA 的海岸带区域规划环境风险评价的技术路线可知，该技术路线的特点在于：充分考虑了海岸带区域规划的内涵、特点和流程，并严格遵循预警预防原则，在区域规划备选方案的选择阶段、区域规划形成阶段和区域规划实施阶段分别开展相关的环境风险评价，将环境风险评价融入整个海岸带区域规划过程中，科学地支持海岸带区域规划方案的形成和确定，避免海岸带区域规划因失误而造成重大的、不可逆的环境灾难。

3.3.3.2　该技术路线解决的问题

该技术路线所解决的目前服务于管理或规划的环境风险评价存在的问题如下。

（1）尽可能地从源头上消除海岸带区域规划目标、规划方案和管理措施制定的缺陷而产生的环境风险。

（2）充分考虑区域累积性综合风险，从而弥补了当前一般规划或管理环境风险评价的技术路线在支持海岸带区域规划过程中存在的局限性。

（3）考虑风险维度中的所有相关维度及其所有指标（因子），采用专家评判法进行综合评判，确保决策的科学性和可靠性；避免了 MCDA 中对指标选取的片面性以及评价指标和权重确定的人为性和随意性。

（4）采用专家评判法进行各个层级的综合评判，较好地解决了不确定性问题；避免了 PCCRARM 和 USEPA 方法中回避的不确定性问题。

（5）专家通过 MDDA 模型直接支持规划方案的确定，避免了 MCDA 法必须采取聚合模型或基于风险偏好以支持规划方案的形成，使得规划的科学性和可靠性大为提高。

3.3.3.3 该技术路线的主要创新点

该技术路线的创新性在于：①首次尝试将环境风险评价融入区域规划的全过程，构建真正意义上适用于海岸带区域规划环境风险评价的技术路线；②解决了现有服务于管理或规划环境风险评价存在的上述诸多问题。

3.4 海岸带区域规划环境风险评价方法体系的构建

结合本书第 2 章关于国内外环境风险评价技术路线的有关内容，本节对现有的环境风险评价方法（包括传统的环境风险评价方法及服务于管理或规划的环境风险评价方法）的优缺点进行比较，并在此基础上对适用于海岸带区域规划的环境风险评价方法进行遴选，构建海岸带区域规划环境风险评价方法体系。

3.4.1 现有的环境风险评价方法的比较

根据上述已构建的基于 MDDA 的海岸带区域规划环境风险评价的技术路线，对海岸带区域可能遇到的环境风险的评价方法进行简要阐述，并对各个方法的特点和存在的不足进行分析和比较，其中包括海岸带区域规划环境风险评价中所涉及的传统环境风险评价（包括健康风险评价、事故风险评价、自然灾害风险评价和区域综合环境风险评价）的方法、服务于管理或规划的环境风险评价的方法以及多维决策分析法，从而为海岸带区域规划环境风险评价方法体系的构建奠定基础。

3.4.1.1 传统的环境风险评价方法

综观国内外多年来环境风险评价的研究与实践，传统环境风险评价的主要方法可归纳为专家评判法、情景分析法、故障树分析法、事件树分析法、综合指数法（如综合风险指数等）、模型法（如各种概率统计模型、暴露剂量-效应模型、损失-超越概率模型等）、模糊风险综合评价法、风险矩阵法和区域风险等级划分法等几种类型，这些方法的划分并非绝对的，有些方法之间存在交叉。值得一提的是，环境风险回顾性评价和现状评价作为一种基础风险评价技术方案为上述各种环境风险评价方法的实施提供了参考数据，是上述各种方法应用于环境风险评价的基础，它渗透于各种类型环境风险评价风险识别的过程中，故下文将其作为一种独立的方法首先进行简要介绍。

1）回顾性评价和现状评价

环境的回顾性评价和现状评价是对研究区域内已经发生的人类活动或某一类型的开发活动所产生的环境影响以及累积性的影响开展的评价，目的是辨识、掌握研究区域内压力源所产生的环境影响和历史变化的趋势，从而为研究区域内影响源的确定、当前环境质量的确定、未来环境影响的预测以及环境决策提供参考依据。相关的研究表明，回顾性评价和现状评价能有效地应对综合性、区域性、长效性、可持续性和不确定性的评价需求，切实解决环境影响识别、定量预测、累积影响评价等几大关键问题，因此，它可以为规划环境影响评价（Planning Envionmental Impact Assessment，PEIA）中的环境影响识别和预测评价提供科学和定量评价的依据，成为 PEIA 各个专题评价中不可或缺的一部分（Wu and Zhang，2014）。

在环境风险评价中，回顾性评价和现状评价应用的一般步骤如下：①通过资料收集、实地考察、公众调查和类比分析，获取和确定研究区域内关于环境风险评价要素以及相关的数据信息，识别研究区域内历史和当前所存在的主要环境风险；②对已识别的各环境风险要素不同时期指标的定量值或定性状态进行分析，研究各指标的变化趋势，分析并总结各种环境风险发生的概率、识别其造成的影响（尤其是累积性影响）并进行相关损失的估算。该方法在环境风险评价中具体的应用可见自然灾害风险评价中的综合灾情指标评估法（张丽佳等，2009）。

环境回顾性评价和现状评价的优点：①它能够通过历史数据搜集和类比分析以分析研究区域内环境风险的历史变化趋势，并识别和判定当前研究区域内环境风险的类型和概率，确定其造成的影响和危害，为后续预测性的环境风险评价工作提供重要的数据基础和参考依据；②它包含了研究区域内风险累积影响的识别，并且以大量的历史和现有的数据作为依据，从而更有利于将环境风险评价结果的应用从单一的项目层面提升到为区域规划服务的层面，为区域规划中的风险识别和预测提供重要的依据和基础；③它在一定程度上支持环境风险评价中一些难以定量的累积性风险的预测和估算，通过总结出研究范围内环境风险有价值的历史变化规律，一定程度上减少了在当前数据缺乏的情况下专家预测判断中主观的影响，使预测结果更为合理、可信，能更好地为综合性和不确定性较大的区域规划风险评价服务。

回顾性评价和现状评价的缺点为：如果研究对象（区域内）的历史与现状的数据和资料不够充足和准确，那么将对后续预测评价的准确性产生一定程度的影响。但这是任何类型评价都存在的共同问题。

2）专家评判法

专家评判法是在环境风险回顾性评价和现状评价的基础上，通过收集专家的意见识别和评判研究区域内可能存在的风险以及风险可能危害的范围、概率和程度（Wu and Zhang，2016），主要包括智力激励法和德尔斐法。当前，该方法主要应用于上述各种类型的环境风险评价中，是一种开展风险识别、风险分析和表征的定性和半定量的评价方法。

专家评判法的一般步骤：①根据评价对象的具体情况选定评价指标，对每个指标均定出评价等级，每个等级的标准用分值表示（如高、中、低或1、2、3）；②以此为基准，由专家对评价对象进行分析和评价，确定各个指标的分值，采用加法评分法、乘法评分法或加乘评分法求出各评价对象的总分值，从而得到评价结果。

专家评判法的优点：能够在缺乏足够统计数据和原始资料的情况下，应用专家的知识对研究区域内的评价对象做出半定量或定量的估计，解决了区域规划环境风险评价中一些难以定量的累积性风险的预测和估算，在一定程度上能很好地支持综合性和不确定性较强的区域规划环境风险评价，能为海岸带区域规划各个阶段中的风险评价提供数据基础和参考依据。

专家评判法的缺点：①在专家的人数和认知状况不理想的情况下有时难以保证评价结果的客观性和准确性；②如何保证专家的权威性和专家小组组成的合理性，是专家评判法在实际研究中需要解决的问题。

3）情景分析法

情景分析法又称脚本法或者前景描述法，是假定某种现象或某种趋势将持续到未来的前提下，对预测对象可能出现的情况或引起的后果做出预测的一种直观的、融定性与定量分析为一体的预测方法。在环境风险评价中，情景分析法大多用于事故风险或者区域规划环境风险预测性识别和分析过程中，它通常采用图表或曲线等形式描述影响事故或规划的各种因素发生变化时，未来可能导致的环境风险及其后果。描述的方法分为两类：一类是发展过程的描述；另一类是某种状态的描述。

美国国家研究委员会（USNRC）在开展Aleutian岛附近海域船舶溢油事故风险评价的研究中，归纳了一个情景分析的简单模型（图3-2），其中黑色矩形框代表风险的诱因，C代表可能造成的风险和后果，白色的椭圆形和矩形框代表风险产生过程中的人为失误和环境压力（USNRC，2008）。

情景分析法的优点：重点考虑未来的变化，通过定量和定性分析的融合，弥补了在未来环境不确定的情况下传统趋势预测的不足，考虑各种不确定因素及突发事件的可能性，并根据区域规划的目标，得出区域规划在未来可能出现的几种情景（包括其风险及后果），有利于区域规划过程中风险的识别、分析和规避。

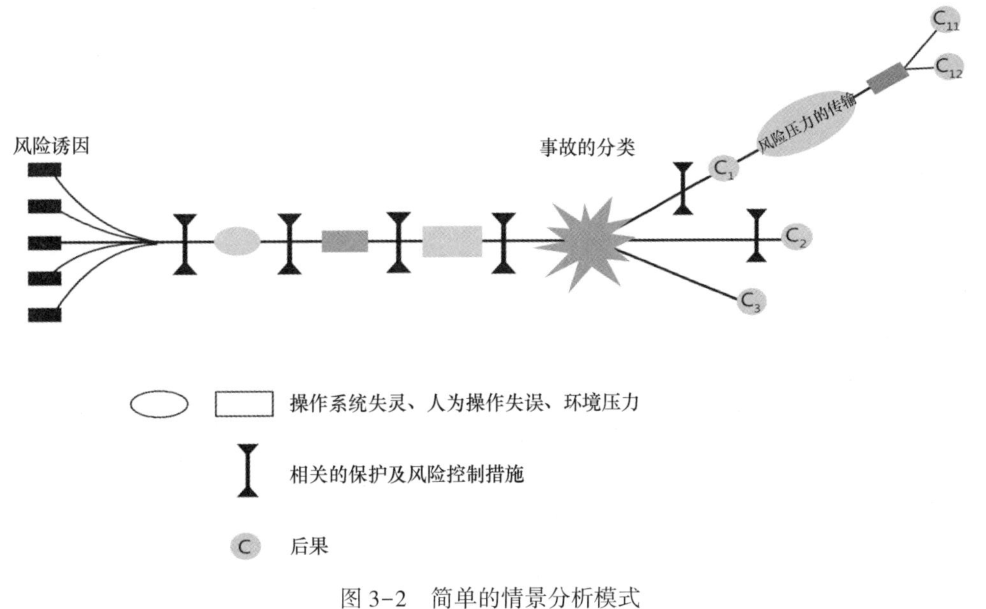

图 3-2　简单的情景分析模式
资料来源：USNRC，2008

情景分析法的缺点：①应用高质量的情景分析法进行区域规划环境风险评价时，尤其是在区域规划方案形成之前针对一个风险因素较复杂的区域范围内环境风险的识别和预警显得不够实用，不仅对数据的要求较高，而且处理数据花费的时间长、成本大；②在环境风险评价的相关数据（例如，未来风险发生的概率和后果）较为缺乏而无法进行准确定量时，情景分析法只适合于通过简单的定性描述进行风险的预测性识别，但其预测结果会因为缺乏定量的评价数据而无法支持区域规划备选方案最终的确定；③在分析区域规划多个备选方案未来可能产生风险的时候，必须要对区域规划的目标、愿景有一个十分清晰的认识，否则会由于区域规划较强的不确定性，导致一旦规划过程中备选方案由于某些原因临时发生更改，那么情景分析的结果也随之发生变化，使分析结果的不确定性增加。

4）故障树分析法

故障树分析法是一种逻辑分析方法，它将事故（风险）形成的原因由总体到部分按树枝形状逐级细化，分析顶上事件（风险）及其产生原因之间的因果关系，运用逻辑推理的方法，沿着事故（风险）产生的途径，求出导致事故的各个原因事件的概率，从而通过统计学的相关方法得到顶上事件的概率，并依此提出控制导致事故的各个因素（原因事件）的方案。这种方法目前大多数应用于事故风险评价的过程中（刘桂友等，2007；Paolo，2006；USNRC，2008）。

张珞平等（2009）在对厦门湾海上溢油的风险分析中应用了故障树分析法，编制了海上溢油风险分析的故障树（图 3-3），通过统计学的相关方法（布尔代数规则），估算出海上溢油风险的概率，即 $P_{溢油}=p_1X\ [2X\ (p_2+p_5+p_6)\ +3p_3+4p_4]$。

故障树分析法的优点：①它采用逻辑的方法形象地进行风险的分析工作，特点是直观、

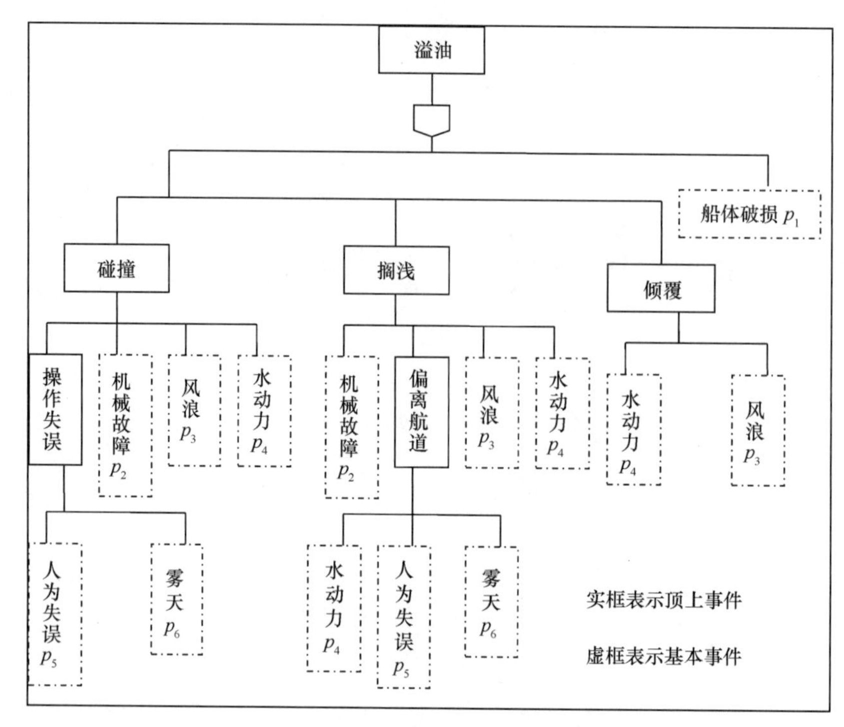

图 3-3　海上船舶溢油故障树分析

张珞平等，2009

明了，思路清晰，逻辑性强，可以做定性分析，也可以做定量分析，体现了以系统工程方法研究风险和安全问题的系统性、准确性和预测性；②它能够从顶上事件起，逐级找出直接原因的事件，进而求出顶上事件（事故）的发生。因此，其分析的结果能够为单一类型的环境风险评价，尤其是事故风险评价提供参考依据。

故障树分析法的缺点：①需要充足的历史数据资料才能计算出各个导致事故发生的原因事件（风险因素）的概率；②应用过程较为复杂，对于复杂系统的故障树的构成和分析，只有在应用计算机的条件下才能实现，对分析人员的要求较高；③适合应用于工程系统安全或单一事故风险因素的具体分析，评价的对象较为单一，过于注重原因事件及其具体概率的分析，对于涉及多种环境风险类型的综合性评价，如区域综合环境风险评价或区域规划环境风险评价而言，该方法不适用。

5）事件树分析法

事件树分析（Event Tree Analysis，ETA）起源于决策树分析（Decision Tree Analysis，DTA），它是一种按事故发展的时间顺序由初始事件（顶上事件）开始推论可能的后果，从而进行危险源（原因事件或风险因素）辨识，并依此提出预防事故发生途径的方法。它是一种定性或半定量的风险评价方法，主要应用于事故概率风险评价中，少量应用于健康风险评价中。该方法的一般模式（IMO，2002）见本书 2.4.2 节中的描述。

事件树分析法的优点：①既可以定性地了解整个事件的动态变化过程，又可以定量计算出各阶段的概率，最终了解事故发展过程中各种状态的发生概率（Paolo，2006）；②可以事前预测事故及不安全因素，估计事故的可能后果，寻求最经济的预防手段和方法。因此，分析的结果能够为单一具体的环境风险评价，尤其是事故风险评价提供参考依据。

事件树分析法的缺点：①需要大量的历史统计数据做参考，否则无法准确预测和计算事故发生各个阶段中原因事件的概率；②与故障树法相似，其评价对象主要集中在工程系统的安全和事故风险评价方面，评价对象较为单一，鉴于区域规划所涉及环境风险类型的多样性，不适合应用于较为复杂和综合的区域规划风险分析过程中，评价结果无法直接支持区域规划。

6）综合风险指数法

综合风险指数法就是对研究范围内的单个风险因素进行统一评估，然后一般通过专家评判法，对各环境风险因素进行权重的分配和加权求和，得出研究范围内环境风险的综合值，是应用于自然灾害风险评价和区域综合环境风险评价中的一种常用方法。

杨晓松和谢波（1998）归纳了综合风险指数法在区域综合环境风险评价中具体的应用步骤：①搜集资料，对区域风险进行识别和分类；②对区域内的各个风险因素进行评估，评估结果用无量纲数或同一单位表示（如比较概率和相对后果）；③采用层次分析法对各风险因素分配权重，并通过加权叠加，得到区域内环境风险的综合指数 R。其中，R_i 代表第 i 个风险因素的风险指数，W_i 代表第 i 个风险因素的权重。

$$R = \sum R_i \times W_i \tag{3-1}$$

综合风险指数法的缺点：①评价指标的选取、标准化方法的设定等过程均带有一定的主观性；②在各个风险因素加权叠加的过程中，权重分配的方法（AHP 法）带有较大的主观性，从而导致评价结果带有一定的人为性，如果权重分配发生改变，则评价结果也随之变化。

7）模糊风险综合评价法

模糊风险综合评价法是根据模糊数学评判模型演变的一种应用于单因素环境风险评价（如船舶设备安全状况评价或自然灾害风险评价）以及区域环境风险评价和风险区划中（如比较某一海域油码头船舶溢油风险和航道溢油风险级别的大小）的常用方法。模糊风险综合评价法综合考虑了所有风险因素的影响程度，并设置权重区别各个因素的重要性（一般是与层次分析法相结合），并结合相关的历史数据资料，通过构建评价因素集和判断集，根据模糊数学中的隶属度原则，推算出风险的各种可能性程度，其中可能性程度值最高者为风险水平的最终确定值（张维新等，1994）。

白健等（2011）归纳了模糊风险综合评价法的具体思路：①选定评价因素，构成评价因素集 $U=(u_1, \cdots, u_n)$，被评价对象的各因素组成的集合；②根据评价要求，划分等级，构造评语，评语组成的集合为判断集 $V=(v_1, \cdots, v_n)$；③对各风险要素进行独立评价，建立评价矩阵，并且根据其影响程度，确定相应的权数；④运用模糊数学运算方法计算出评价结果；⑤根据评价结果确定固有风险水平。

这种方法的优点：①在评价风险因素时，它不是与确定的标准比较，而是相互比较，从而分出等级；②该方法利用模糊隶属度理论把定性指标进行合理地定量化，解决了在具体数据缺乏的情况下评价过程不完善的问题；③应用模糊数学工具建立模糊综合评价模型，弱化主观因素的影响，为评价的合理化提供广阔的空间，有利于更大程度地消除不确定性以更好地度量风险；④与其他的风险因素分析法相比，模糊综合评价法在分析风险因素的影响程度时更详细，因而也更有利于主观判断的准确性（白健等，2011）。

模糊风险综合评价法的缺点：①评价因素集的选取和权重的分配具有一定的主观性；②评价的步骤较为复杂，尤其是评价因素集和判断集转换过程中隶属度函数的运算；③隶属度的选取一般需要依靠大多数相关人员的参加才能获取，同时，隶属度函数的取值是依据人们的经验所做出的判断，主观性较大。

8）风险矩阵法

风险矩阵是一种结合相关的风险评判标准或专家评判对单个风险或区域综合风险的后果进行评价和表征的方法，它利用定量的风险评价结果结合相关的风险标准或专家和利益相关者的判断，对风险的概率和风险的后果进行定性的判断，属于半定量的风险分析方法（USNRC，2008）。

图 3-4 将风险发生的可能性（概率）分为 5 个档，分别为不可能发生、基本不发生、偶尔发生、有时发生、经常发生，取值为 1~5。风险的后果也分为 5 个档次，分别为损失甚微、较小损失、一般损失、不可接受损失、灾难性损失，取值为 1~5。然后根据概率和后果的乘积以表征风险的大小，深灰色区域代表高风险，白色区域代表低风险，中灰色区域代表中等风险，浅灰色区域代表较低风险。

风险发生的可能性	风险的严重性（后果）				
	损失甚微（1）	较小损失（2）	一般损失（3）	不可接受损失（4）	灾难性损失（5）
经常发生（5）					
有时发生（4）					高度风险
偶尔发生（3）					
基本不发生（2）					
不可能发生（1）	低度风险				

图 3-4　风险矩阵法的一般模式

资料来源：USNRC，2008

风险矩阵法的优点：①在数据充足，风险（概率和后果）得以定量化的情况下，能够根据相关的风险标准，简单直接地表征风险；②在数据缺乏，风险无法得以直接定量的情况下，可以综合多名专家的评判结果，对难以准确定量的风险进行表征，结果较为科学和可靠。

风险矩阵法的缺点：如果概率和后果的估计结果中出现高概率、低破坏或低概率、高破坏的情况，那么风险表征的结果则比较模糊，无法得出一个精确的判定结果。

9）区域风险等级划分法

区域风险等级划分法是一种用于区域综合风险表征过程的方法，尤其适用于区域自然灾害的风险评价过程中。原理与风险矩阵相似，但评价的指标却更为详细，主要通过发生的概率（probability of occurrence，P）、发生概率评价的确定性（certainty of assessment of P）、危害程度（extent of damage，E）、危害程度评价的确定性（certainty of assessment of E）、普遍性（ubiquity）、持续性（persistency）、不可逆性（irreversibility）、延迟效应（delay effect）、流动潜力（mobilisation potential）综合表征区域的综合风险，并根据风险表征的结果将风险进行分区，包括正常区域（normal area）、过渡区域（transitional area）和禁止区域（prohibited area）。

有关风险等级划分法的具体应用详见 2000 年德国气候变化咨询委员会（WBGU）的报告《转型中的世界：管理全球环境风险的战略》（*World in Transition：Strategies for Managing Global Environmental Risks*），相关指标与风险类型及区域分布见表 3-1、表 3-2 和图 3-5。

表 3-1　风险类型的评判标准

评判的指标	指标取值范围（定性或定量）
风险的概率	0~1
评价的确定性概率	低~高
危害程度	0~无穷大
危害程度评价的确定性	低~高
普遍性	地区~全球
持续性	短期~长期
不可逆性	可逆~完全不可逆
延迟效应	很短~很长
流动潜力	无行政相关~行政相关大

资料来源：WBGU，2000。

表 3-2　风险类型的总结：特征和实例

风险类型（希腊语译）	表征（P-概率；E-危害程度）
独眼巨人型（Cyclops）	概率不知，概率估算的可靠性未知
	危害程度高，其估算确定性较高
达摩克利斯型（Damocles）	概率低（趋于 0），其估算确定性高
	危害无穷大，其估算确定性高
皮提亚型（Pythia）	概率不知，其估算的确定性未知
	危害程度不知，估算的确定性未知

续表

风险类型（希腊语译）	表征（P-概率；E-危害程度）
潘多拉型（Pandora）	概率和危害程度未知，其估算的确定性均未知
卡姗德拉型（Cassandra）	概率较高，其估算确定性较低
	危害程度较高，其估算确定性较高，后果具有较长的延滞性
美杜莎型（Medusa）	概率较低，其估算不确定性较低
	危害程度较低，估算确定性高，具有较高的流动潜力

资料来源：WBGU，2000。

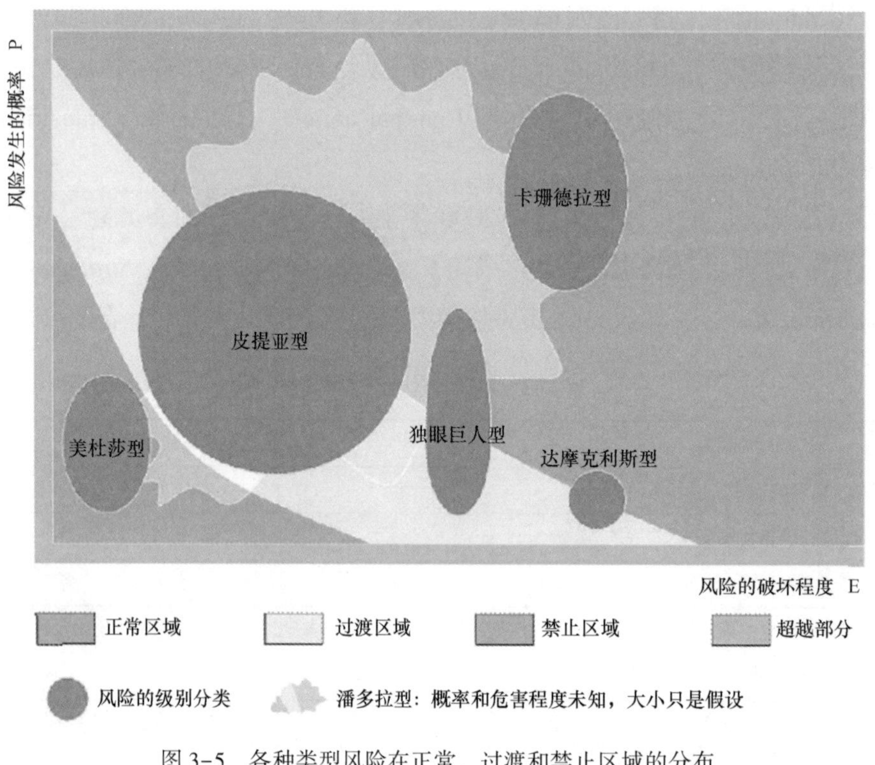

图 3-5 各种类型风险在正常、过渡和禁止区域的分布

资料来源：WBGU，2000

风险等级划分法的优点在于细化了风险表征的具体指标，根据表 3-1 和表 3-2 中的相关标准对风险进行较好的表征，在评价数据充足的情况下，有利于开展风险等级的划分和风险区划，其分析的结果在一定程度上能为区域规划实施过程中环境风险的表征和管理提供数据基础和参考依据。

风险等级划分法的缺点在于评判指标较多，对数据资料的要求很高，如果评价数据缺乏，那么用于风险表征的指标较为抽象，指标值难以准确定量估计，如危害程度评价的确定性、普遍性等指标，即使采用相关的专家评判，也很难得出相对准确的表征值。

10）模型法

模型法也是传统环境风险评价中很常用的一大类预测方法。模型法广泛运用于环境风险评价中风险源暴露、剂量-效应关系、概率分析、不确定性评估等预测和估算中。

（1）健康风险评价应用的主要模型有暴露剂量-效应模型、贝叶斯统计模型和蒙特卡洛模型。其中，前两者应用于健康风险概率分析的过程，蒙特卡洛模型应用于健康风险评价过程中不确定性的分析。

（2）事故风险评价应用的模型主要有概率统计模型、贝叶斯统计模型、模糊数学评判模型和事故后果预测模型，其中前三者主要应用于事故概率分析的过程中。

（3）自然灾害风险评价的模型主要有概率风险模型（风险值法）、损失-超越概率曲线法、多指标综合模型、基于信息扩散的模糊数学模型。其中，概率风险模型是一种应用于计算区域自然灾害总体风险的传统方法，结果以 $R=P\times C$ 表示；损失-超越概率曲线主要是用于表达致灾因子危险性与承灾体脆弱性关系；多指标综合模型主要是用于表达区域自然灾害风险危险性指数或脆弱性指数的分布；基于信息扩散的模糊数学模型是描绘损失-超越概率曲线的基础，同时，也常应用于数据较为缺乏的区域自然灾害危险性或脆弱性指数综合评价的过程中，可以从一定程度上消除由于数据缺乏而带来的不确定性。

（4）概率统计分析方法是一种最为常用的数学模型法，是进行环境风险分析的基本数学手段（黄崇福，2004），是上述各种数学模型应用的基础。鉴于数学模型法包含的具体模型较多，故本节以概率统计分析模型为例，简要介绍模型法在环境风险评价中的应用，其余模型的相关应用见2.5.2节中的相关文献资料。

金海明和戴林伟（2006）和张珞平等（2009）研究了海域船舶突发性溢油事故风险的概率统计模型，海上航行船舶事故概率服从离散二项概率分布，设研究海域通过 n 艘次船舶发生 k 次事故，则事故风险概率为

$$P(x=k)=c_n^k p^k q^{n-k} \tag{3-2}$$

式中，P 为每艘船舶发生事故的概率，是研究海域船舶碰撞概率的基础值；$q=1-P$ 为每艘船不发生事故的概率。

假设未来 S 年中有 $n=\lambda S$ 艘船通过，求得

$$P(k\geqslant 1)=c_n^k p^k (1-p)^{n-k}\leqslant M \tag{3-3}$$

式中，M 为该海域不发生重大船舶事故的置信度。

设进出海域船舶中油船所占比例为 R，海域油轮事故溢油风险概率为油轮碰撞风险概率、油轮搁浅风险概率和油轮溢油风险概率之和，得出经验公式

$$P(\text{溢油}\mid\text{油轮})=(11-R)/12pR \tag{3-4}$$

式中，P 为油轮发生事故溢油的风险概率；R 为油轮所占的比例；p 为每艘船舶发生事故的概率。

（5）模型法的优点是可以根据已知的数据资料，结合相关的统计分布和贝叶斯定理

(先验概率和后验概率)定量预测和计算出各种环境风险的概率以及风险所产生的后果(在自然灾害风险评价中主要是计算出脆弱性指数和危险性指数),并可以在一定程度上消除风险分析中的不确定性(主要应用蒙特卡洛模型),其分析的结果在一定程度上可以为区域规划备选方案环境风险的分析和区域规划实施过程中的环境风险分析和管理提供数据基础和参考依据。

模型法的缺点:①模型的构建往往需要大量的数据为基础,否则难以建立可靠、有效的预测模型;②模型的选择、参数的选取也是个难点和关键,选用不同的模型或不同的参数往往得出不同的结果;③在复杂的自然环境中需要考虑的参数众多,但为了简化模型的计算,建模过程中往往仅考虑部分参数,这就容易引起误差,甚至造成模型失真。

3.4.1.2 服务于管理或规划的环境风险评价的方法

1)决策树法(decision-tree)

决策树法在环境风险评价中是利用树枝形状的图像模型以表述风险评价的问题,风险评价可直接在决策树上进行,评价的准则可以是收益期望值、效用期望值或其他指标值。决策树包括决策结点、状态结点和结果结点3个部分,它既能反映风险背景环境,又能描述风险发生的概率、后果以及风险发展的动态;决策树法还可以应用到复杂的风险管理决策的过程中(张静和田丽娜,2009)。

Paolo(2006)以及张静和田丽娜(2009)分别提出了决策树法应用于风险管理过程中的一般模型(图3-6)。其中,矩形框代表了决策的目标和内容;*d*代表了备选方案枝。椭圆形框代表机会点;*P*和*L*代表各个备选方案机会点出发所导致的自然状态的概率和后果。

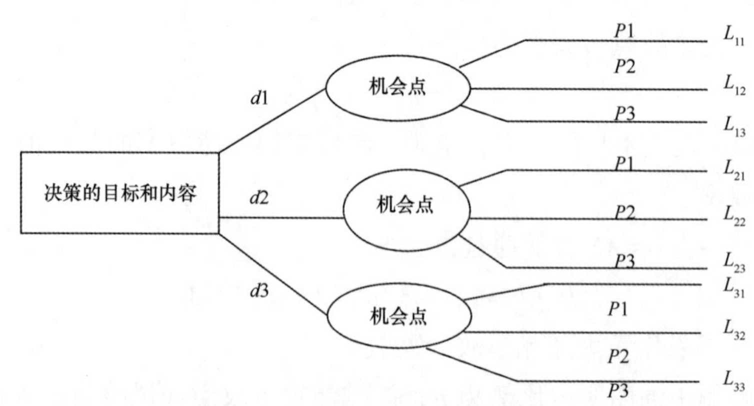

图3-6 决策树法的一般模型

资料来源:Paolo,2006;张静和田丽娜,2009

决策树法的优点:①它列出了决策问题的全部可行方案和可能出现的各种自然状态,并在相关评价数据充足的情况下,能求出各可行方案在各种不同状态下的期望值;②能直观地显示整个决策问题在时间和决策顺序上不同阶段的决策过程；当应用于复杂的多阶段决策时，阶段明显，层次清楚，便于决策机构集体研究，可以周密地思考各种因素，有利于做出正确的决策。

决策树法的缺点：①使用范围有限，对相关评价数据（如方案在出现某种自然状态的概率和后果）的要求较高，无法适用于一些不能用数量表示的决策；②对各种方案出现概率的确定有时主观性较大，可能导致方案期望值的计算和决策失误。

2）基于多准则决策分析法（MCDA）的比较风险评价（CRA）

该方法以多准则决策分析法作为基础，主要的思路是根据构建的问题所设定的目标或目的，筛选有代表性的有限准则（criteria）或属性（attribute），构建决策矩阵，应用相关的方法（如归一化法、线性比例变换法等）实现评价指标的标准化，然后通过专家打分，对各准则进行权重的分配与综合，从风险的角度对预先提出的一组备选方案进行比较、排序或择优，其中风险最小的方案为优选方案。多准则决策分析法在信息汇总和方案排序时采取了不同的方法，主要有多属性效用理论（MAUT）、层次分析法（AHP）和分级法。

（1）多属性效用理论：在多目标决策分析中，将所要达到的各个决策目标用效用大小程度的效用函数予以表示，通过效用函数构成多目标的综合效用函数，以此判断各个可行方案的优劣。

（2）层次分析法：它是 20 世纪 70 年代美国学者 Saaty 提出的，在经济学、管理学中得到广泛应用（Satty，1996；Ramanathan，2001；Linkov and Kiker，2009）。层次分析法就是把复杂问题中的各种因素通过划分为相互联系的有序层次，使之条理化，根据对一定客观现实的主观判断结构（主要是两两比较）把专家意见和分析者的客观判断结果直接而有效地结合起来，对每一层次元素两两比较的重要性进行定量描述。而后，利用数学方法计算反映每一层次元素的相对重要性次序的权值，通过所有层次之间的总排序计算所有元素的相对权重并进行排序。它是确定评价指标权重的一种重要的主观方法。

（3）分级法：就是运用足够多的重要标准，如果某一方案的综合值超过其他方案，那么此方案最优。由于分级法的运算法则相对复杂，所以决策者很少使用。

2005 年，英国副首相办公室（Office of Deputy Prime Minister，ODPM）对这 3 种方法的优劣势进行了比较（表 3-3）。

表 3-3　MCDA 方法（MAUT、AHP 和分级法）的优劣比较

方法	重要组成	优点	缺点
MAUT 法	用单独、非货币化的数字代表方案的效用，准则的权重由利益相关者获取	更容易比较那些用单一数据表征不同属性的方案	效用最大未必可以支持决策；从不严谨的利益相关者那里得到的准则权重无法真实反映其意愿

续表

方法	重要组成	优点	缺点
AHP 法	准则的权重与得分建立在各自标准和方案互相比较的基础上	进行相互比较易于实施	从两两对比中获得的准则权重无法反映人们真实的意愿，得出不合逻辑的结果
分级法	如果有以下情况可进行分级：运用足够多的标准，某一方案超过其他方案	如果在某个准则上表现很差，就可能不考虑该方案，即使那些准则值可通过其他准则补偿	不考虑超过一个准则的值是否可以补偿另一个值；运算过于复杂，难以被决策者了解

资料来源：ODPM，2005。

多准则决策分析法（MCDA）理论所涉及的方法及其应用较多，具体应用实例详见 2.5.2 节中的相关文献资料。综合考虑，该方法论的优点在于设定了多个评价的准则（属性或指标），并采用不同决策分析方法（如 MAUT、AHP 等）实现多个准则（如风险、社会、经济、环境质量等）权重的分配，以此综合考虑最终的结果，在一定程度上能够支持海岸带区域规划优选方案的确定。

但多准则决策分析法也有不足：①它是基于筛选有代表性的有限准则或属性，利用这些有限的决策信息，通过一定的方式（准则或属性的权重等）对一组备选方案进行排序或择优。这种理论往往由于选择有限的指标（准则或属性）而片面地描述，甚至可能歪曲事实真相，从而得出错误的结果；②对数据要求较苛刻，一旦某个准则或属性数据缺失，则整个评价体系就崩溃，或不得不重新设定新的评价体系；③该理论所采用的模型、方法、权重等往往带有很大的人为性和随意性，不同决策制定者往往对同样的情况会产生不同的结果，从而无法很好地直接支持决策。

3.4.1.3 多维决策分析法（MDDA）

多维决策分析法（MDDA）是一种基于专家评判的，适合于海岸带区域规划的方法。MDDA 的基本思路见 3.3.2.1 节。风险作为多个维度中的一维以支持区域规划，它与风险矩阵法的相似之处在于也是采用专家评判法为主进行环境风险评价，并以此结果和结论直接支持区域规划过程。

MDDA 在分析过程中考虑所有与海岸带区域规划相关的维度（所有相关类型的属性或属性集），通过获取各维度中可能获得的所有信息数据进行各维度分析，从而获得各维度完整的、整体的、客观的评价结论，并以此作为基础再进行多维度的综合分析，以确保在海岸带区域规划过程中能考虑尽可能完整、准确的维度信息以及与海岸带区域规划相关的所有完整的维度信息用于决策，从而确保海岸带区域规划的科学性、准确性和可靠性。

由于各个维度以及各个维度中的各个指标或层级的量纲可能不同，难以进行归一化处理；而且各个维度及其指标均存在不确定因素，特别是与海岸带区域规划环境风险相关的指标或属性集的不确定因素更大，难以综合评判，因此 MDDA 建议采用多层次的专家评判法以解决不同量纲指标的归一化问题和各层级的不确定性问题，摒弃了基于权重的归一化法，克服了多准则决策分析法无法克服的主观判断和人为因素。

多维决策分析法（MDDA）模型是采用专家评判法对与海岸带区域规划相关的各个维度（环境维度矩阵）与海岸带区域规划备选方案（决策维度矩阵）之间的影响（Impact, *I*）、置信度（Confidence, *C*）和关系（Relationship, *R*）进行评分，得到MDDA模型［*I*, *C*; *R*］的评分结果。*I*、*C*、*R*的概念与取值范围如下。

*I*为“影响”，包括正面影响和负面影响。若要表达环境维度对备选方案的影响，“影响*I*”指各个维度对备选方案的支持程度（正面的影响）或限制作用（负面影响）；若要表达决策方案对维度的影响，“影响*I*”指今后实施备选方案对各维度的正面影响（有利影响）或负面影响（有害影响）。*I*的取值范围为｛-3, -2, -1, 0, 1, 2, 3｝。3、2、1和0分别表达影响的“大”“中”“小”和“没有影响”；“-”表示负面影响。只取整数，不取小数点。*I*是实际存在的作用，与区域特征有关。

*C*为“置信度”（即主观概率），用于衡量专家对所评判的“影响*I*”分值的确定程度，取值范围为（0, 1］。取值结果必须大于0，取值越大置信度越高，数值“1”为绝对肯定。

*R*为“关系（或关联性）”，表征环境维度与备选方案的关系强弱。取值范围为｛0, 1, 2, 3｝，1、2、3分别表征关系的“弱”“中”“强”，0表示没有关系；只取整数，不取小数点。若专家认为某个维度与某备选方案的关系较强（或某备选方案与某维度的关系较密切），则$R=3$；若认为关系较弱（或没关系）则$R=1$（或0）。*R*只表达两者之间关系的强弱，与区域无关。

将专家的［*I*, *C*; *R*］评判结果进行列表，分两类表格：环境维度对备选方案［*I*, *C*; *R*］评分表（表3-4）和备选方案对维度［*I*, *C*; *R*］评分表（表3-5）；在表3-4中，将某专家所有维度的*I*、*C*、*R*打分值相乘（$I \cdot C \cdot R$）后加总，得到该专家基于现状和回顾性评价对某一备选方案的评判值；表3-5也做同样处理，得到该专家预测某备选方案的未来发展对某维度的评判值；将某一专家的表3-4和表3-5的评判值相加，得到该专家对备选方案的最终评判值；将所有专家的最终评判值列表，计算所有专家评判结果总和，由评判结果总和作为决策的主要依据之一。其中计算所有专家评判结果的平均值，从环境风险的角度确定规划的优选方案。

表3-4 环境风险维度对各决策备选方案关系的［*I*, *C*; *R*］评分

专家	备选方案1 ［*I*, *C*; *R*］	备选方案2 ［*I*, *C*; *R*］	…	备选方案*n* ［*I*, *C*; *R*］
专家1	—	—	…	—
专家2	—	—	…	—
专家3	—	—	…	—

续表

专家	备选方案 1 [I, C; R]	备选方案 2 [I, C; R]	…	备选方案 n [I, C; R]
⋮	…	…	…	…
专家 n	—	—	…	—

表 3-5 各决策备选方案对环境风险维度关系的 [I, C; R] 评分

专家	备选方案 1 [I, C; R]	备选方案 2 [I, C; R]	…	备选方案 n [I, C; R]
专家 1	—	—	…	—
专家 2	—	—	…	—
专家 3	—	—	…	—
⋮	…	…	…	…
专家 n	—	—	…	—

MDDA 较好地克服了上述决策树分析法和 MCDA 中存在的问题，通过综合大量的有效信息，结合专家评判，应用 [I, C; R] 评分，避免了复杂的计算和评价准则权重分配等人为因素，从而得出相对科学和客观的结论，提高了区域规划的科学性。

这一技术路线与基于 MCDA 的 CRA 相比不同之处在于：①并不是利用在某一领域有限的几个指标去分析评价备选方案，而是基于所有相关的维度以及每个维度中所有相关的信息去考虑备选方案，能充分体现与区域规划相关的所有信息、属性，并以此为基础进行规划，避免规划的片面性，减小失误的可能性；②避免指标的选取、评价指标和权重的确定准则等人为因素的干扰，而是基于所有相关维度的所有信息（现状、历史），确保区域规划的科学性和可靠性；③综合多名专家的评判结果，对于难以准确定量的环境风险评价来说是最为科学和可靠的，特别是针对风险性和不确定性都特别高的海岸带区域规划来说优点尤为突出；④该方法可将风险评价直接融入区域规划过程中，从环境风险的角度支持海岸带区域规划。

3.4.1.4 小结

（1）目前海岸带区域规划环境风险评价可能涉及的方法包括了传统环境风险评价和决策环境风险评价的相关方法。其中传统环境风险评价涉及的相关方法主要有：回顾性评价和现状评价、专家评判法、情景分析法、故障树分析法、事件树分析法、综合风险指数法、模糊风险综合评价法、风险矩阵法、区域风险等级划分法和模型法。

（2）涉及决策环境风险评价的方法主要有 3 种：决策树法、基于 MCDA 的 CRA 以及 MDDA。

目前，海岸带区域规划环境风险评价涉及的主要方法优、缺点见表 3-6。

表 3-6　现有海岸带区域规划环境风险评价涉及的主要方法汇总和优、缺点比较

评价方法		优点	缺点
回顾性评价和现状评价	类比分析、现场调查和数据搜集	为后续预测性的环境风险评价工作提供风险识别、概率和影响估算的数据基础；解决了在数据缺乏的情况下难以定量的累积性风险的预测和估算	历史及现状数据和资料的不足将影响回顾性评价和现状评价的准确性
专家评判法	专家调查法、专家打分法	在缺乏足够统计数据和原始资料的情况下，对评价对象做出半定量的估计	对专家的组成合理性要求高，难以保证评价结果的客观和准确
情景分析法	—	定性描述和定量分析相结合，弥补了在未来环境不确定的情况下传统趋势预测的不足，考虑各种不确定因素及突发事件的可能性，利于未来风险的规避和预警	花费时间长、成本大、对决策愿景的依赖性强，预测的不确定性较大；需要其他相关评价数据的支持，否则无法进行定量的分析和预测，只能进行定性的描述
故障树分析法	—	通过逻辑分析，结合发生的风险事件找出导致风险各种原因事件的概率，从而得出顶上事件发生的概率	需要充分的数据资料，应用过程也较为复杂；评价的对象较为单一，过于注重原因事件及其具体概率的分析，对于包含多种风险类型的综合性风险评价不太适用
事件树分析法	—	可以定性地了解整个事件的变化过程，定量计算出各阶段的概率	对前期数据的需求量大，否则无法准确得出各阶段的风险概率；过于注重分析某单一风险因素产生的原因和途径，对于包含多种风险类型的综合性风险评价不太适用
综合风险指数法	脆弱性指数、危险性指数等	引进“比较风险”和“相对后果”的概念，简单、易行，通过数据归一化处理和权重分配将定性指标合理定量化	指标（指数）的选择和权重分配具有主观性
模糊风险综合评价法	—	利用模糊隶属度理论把定性指标进行合理的定量化，弱化主观因素的影响，在一定程度上消除不确定性	数据需求较大，计算过程较为复杂；隶属度函数的确定依照经验判断，主观性较大；权重的分配带有一定的主观性
风险矩阵法	—	可以利用专家评判的结果直接对风险进行表征（$R=P\cdot C$），简单、易懂	对于概率和后果的估计缺乏一个统一的评判标准
区域风险等级划分法	—	详细列出了应用于风险表征的各个评价指标（具体见上文）和评判的标准范围，利于风险的区划	数据需求量大，一些评价指标值难以准确定量，评价标准的范围比较模糊，影响表征结果的准确性
模型法	蒙特卡洛、暴露剂量-效应、贝叶斯统计、概率统计分析、损失-超越概率曲线、模糊数学评判、多指标综合	可以定量地预测出风险的概率和产生的后果；同时，有些模型可以通过数学的方法分配评价指标的权重并对其加以综合	数据量的需求大，模型的选择、参数的选取是难点和关键，同时对数据准确度的要求较高

续表

评价方法		优点	缺点
决策树法	—	列出了决策问题的全部可行方案和可能出现的各种自然状态，以及各可行方法在各种不同状态下的期望值，直观、明了、层次清晰	对数据的要求高，概率的确定主观性较强，使用范围有限，无法适用于一些不能用数量表示的决策
多准则决策分析法（MCDA）	MAUT、AHP、Out-striking	通过不同的决策分析方法综合考虑多个准则或指标进行评价，从而多角度地综合支持决策	准则设定的随意性和片面性；准则权重分配和综合的主观性与不确定性
多维决策分析法（MDDA）	专家评判、MDDA模型	考虑与决策相关的所有维度以及维度内可获得的所有指标；专家评判解决难以定量以及不确定性高等	对专家组成和评判合理性的要求较高

3.4.2 评价方法的遴选和方法体系的构建

3.4.2.1 海岸带区域规划环境风险评价方法的初步遴选

（1）鉴于本书主要研究海岸带区域规划的环境风险评价，根据海岸带区域的特点，所涉及的环境风险类型主要包括自然灾害风险、船舶溢油和油码头溢油风险、区域综合环境风险。因此，健康风险评价所涉及的模型和方法不适用于当前海岸带区域规划环境风险评价，健康风险评价相关的模型和方法将不予考虑。

（2）回顾性评价和现状评价是各种环境风险识别、环境风险预测、风险分析和表征的基础；该方法解决了区域规划环境风险评价中一些难以定量的累积性风险的预测和估算，提高了分析和预测的准确性和科学性。因此，在历史和现状数据资料较为充足的情况下，回顾性评价和现状评价法在一定的程度上能较好地适用于综合性与不确定较强的海岸带区域规划各个阶段的环境风险评价（包括所涉及的各种类型的风险评价）。

（3）专家评判法能够较好地解决数据缺乏情况下研究区域内一些难以定量的风险预测和评价，能适用于综合性和不确定性较强的海岸带区域规划各个阶段的环境风险评价（包括所涉及的各种类型的风险评价）。

（4）鉴于完整的情景分析法较为复杂，对决策愿景和相关评价数据的依赖性较强，预测的不确定性较大，因此，在海岸带区域规划环境风险评价中，如果评价的区域较小且相关的评价数据较为充分，那么情景分析法适用于支持区域规划备选方案形成前的风险识别及决策预警，或是区域规划确定过程中环境风险的预测性识别和分析（包括定性描述与定量分析的结合）；反之，如果评价区域较大、情况较复杂，且相关的数据在较缺乏的情况下，情景分析法只适合用于在区域规划备选方案形成之后对可能产生的环境风险进行简单的定性的预测性识别。

（5）在数据资料充分的情况下，故障树分析法适用于单一事故风险评价中或区域环境风险评价中某一事故风险要素的评价（如某种船舶类型溢油的概率）。在数据资料相对缺乏的情况下，鉴于区域规划环境风险评价具有较强的综合性（如海域内船舶的类型不同，导致溢油的原因事件及其概率也不尽相同）和不确定性，故障树分析法显得不太适用（肖景坤等，2002）；海岸带区域规划环境风险评价注重的是求出各种类型风险的整体结果，故障树分析法的分析过程不仅耗费大量的时间，而且没有实际应用意义，结果无法直接支持海岸带区域规划。

（6）事件树分析法适用于在数据资料充分的情况下，针对单一事故风险所开展的评价（或区域环境风险评价中某一事故风险要素的评价，如具体分析和评价导致油气泄漏的各原因事件的概率，并找出预防事故发生的途径），但却不适用于数据较为缺乏情况下的单一事故风险评价。鉴于区域规划环境风险评价注重的是求出各种类型风险的整体结果，而事件树的分析结果只是注重分析某单一风险因素产生的原因和途径，分析的结果对于区域规划环境风险评价而言没有实际意义，因此，事件树分析法的结果也无法直接支持区域规划。与故障树分析法相似，事件树分析法同样不适用于综合性较强的区域规划环境风险评价。

（7）综合风险指数法引进“比较风险”和“相对后果”的概念，简单、易行，通过数据归一化处理和权重分配将定性指标合理定量化，因此，在评价指标选择和权重分配相对合理的情况下，该方法适合应用于由于数据相对缺乏而导致某些风险因素无法准确定量的区域综合风险评价过程中，评价结果能较好地支持综合性和不确定性较高的海岸带区域规划中优选方案实施过程中的区域综合环境风险的预测评价和管理。值得一提的是，如果研究区域内各风险因素都能得以准确的定量，那么该方法的应用就无实际的意义。

（8）模糊风险综合评价法适用于数据资料相对缺乏而无法对风险进行准确定量的自然灾害风险脆弱性指数综合评价和区域多风险源的风险分析和风险区划过程中，评价结果在一定程度上能为区域规划实施过程中的区域综合环境风险的预测评价和管理提供数据基础和参考依据，但前提必须有大量的专家评判和经验数据以构造隶属度函数和分配指标权重，否则该方法无法得以开展。反之，如果研究区域数据资料充分，各风险因素的相应数值都能得以定量，则模糊风险综合评价法的应用就没有实际意义。因此，该方法评价过程中涉及的不确定性因素较多，在海岸带区域规划环境风险评价中的应用要慎重考虑。

（9）关于模型法在海岸带区域规划事故风险评价中的应用需要具体分析。①贝叶斯模型注重解决数据不足时风险评价中的不确定性，其中涉及很多相关参数的选择和确定，分析过程复杂，对于数据比较缺乏的局部海域风险分析而言具有一定程度的局限性（肖景坤，2002）。由于贝叶斯模型着重在于数据缺乏情况下单一风险因素不确定性的分析，因此对于海岸带区域规划而言，贝叶斯模型难以得到很好的应用，分析结果无法直接支持综合性和区域性特征较强的区域规划。②对于后果预测模型，贝叶斯模型的应用研究大部分都只集中在有毒有害化合物的污染事故、天然气泄漏等事故风险评价中，大部分的模型都集中在水污染和大气污染扩散预测模型，而海岸带区域主要的事故风险类型是船舶溢油和油码头溢油，而这一方面可应用的后果预测模型相对较少；此外，后果预测模型要依托大量的数据，结合计算机的模拟，计算过程比较复杂，所得出的结果也不能直接为管理提供一个明确的风险值，故该方法不适合海岸带区域事故风险评价。③在海岸带区域自然灾害风险评价中，综合风险指数模型、损失-超越概率曲线模型以及基于信息扩散的模糊数学评判模型这 3 种方法计算过程较为复杂，尤其是损失-超越概率曲线，一些损失的指标在较为复杂的海岸带区域一般难以有效确定，也难以直接量化；这 3 种方法主要应用于自然灾害危险性指数和承载体脆弱性指数的分析过程，所得到的评价结果较为单一，不能给出研究区域范围内自然灾害的风险数值，无法直接支持综合性和区域性较强的区域规划。综上所述，海岸带区域规划事故风险评价可采用的模型有模糊数学评判模型（见模糊综合评判法）和概率分析模型；海岸带区域规划自然灾害风险评价可采用的模型是概率统计模型。

（10）风险矩阵法和风险等级划分法都属于风险表征的方法。①前者无论在数据资料充足还是缺乏的情况下都能较好地应用于单因素风险和区域综合风险的半定量或定量的表征，分析结果在一定程度上能够为区域规划备选方案环境风险的表征和区域规划实施过程中环境风险的表征和管理提供数据基础和参考依据。但是，如果表征结果出现高概率而低破坏或低概率而高破坏的情况，风险矩阵法难以得到一个准确的结果，必须结合专家评判进行进一步判断；②后者只有在对各指标的评价数据充足的情况下，才能在区域综合风险表征和区划中得到较好的应用，分析结果在一定程度上能够为区域规划备选方案环境风险的表征和区域规划实施过程中环境风险的表征和管理提供数据基础和参考依据；如果相关评价数据缺乏，该方法则会由于评价指标难以准确量化而无法得出准确结果，不适用于综合性和不确定性较强的海岸带区域规划的环境风险评价。

（11）决策树法对数据的要求较高，只有在评价数据充足，对备选方案在未来风险出现的概率和期望值能够客观定量的基础上，才能较好地适用于海岸带区域规划备选方案的比较和优选方案的确定。而对于综合性和不确定性较强的海岸带区域规划环境风险评价而言，期望值的准确定量难以做到，所以决策树法不适合用于海岸带区域规划环境风险评价。

（12）多准则决策分析法（MCDA）评价过程复杂，指标选取和权重分配受人为影响严重，只有在各种评价的模型、准则或属性及其各自的权重都能够较为客观地选取和确定的情况下，MCDA 才能较好地应用于海岸带区域规划优选方案确定的过程；但鉴于海岸带区域规划环境风险评价的高综合性和高不确定性，该方法在海岸带区域规划的实际应用较为困难。

（13）多维决策分析法（MDDA）较好地克服了上述决策树法和 MCDA 中存在的问题，通过综合大量的有效信息，结合专家评判，应用［I，C；R］评分，避免了复杂的计算和评价准则权重的分配，从而得出相对科学和客观的结论，提高了区域规划的科学性，能较好地支持高综合性和高不确定性的海岸带区域规划备选方案环境风险的分析、比较和排序。

初步遴选的海岸带区域规划环境风险评价的相关方法见表3-7。

表3-7　海岸带区域规划环境风险评价方法的初步遴选及其适用条件

初步遴选后可采用的评价方法	适用的情况	不适用的情况	应用于海岸带区域规划环境风险评价的阶段
回顾性评价和现状评价法	历史和现状数据资料较为充分的情况下基本均适用	无法充分获取相关的历史和现状数据资料	均可应用于海岸带区域规划环境风险评价的3个阶段，着重应用于第一阶段中的风险识别和预警，可作为第二、三阶段的参考依据
专家评判法	在专家组成合理的情况下均适用	专家组成不合理，专家评判结果差异较大	均可应用于海岸带区域规划环境风险评价的3个阶段
情景分析法	评价区域简单且对相关评价数据（如未来的概率和后果）及决策目标充分定量和确定的情况下可进行定性的描述和定量评价	在评价区域复杂或评价数据不充分的情况下，只能进行简单的定性描述（即方案未来风险的预测性识别）	可应用于海岸带区域规划环境风险评价第一阶段的区域决策预警，以及第二、第三阶段的区域风险预测性识别与分析，数据不足时主要用于备选方案的预测性风险识别（定性）
概率统计分析法	历史和现状数据充足，模型和参数选择相对合理的情况（仍带有一定的不确定性）	历史和现状数据不充足的情况，但可以结合类比分析、回顾性评价、现状评价与专家评判弥补	可应用于海岸带区域规划环境风险评价第二、第三阶段中自然灾害风险与事故风险的预测与分析
综合风险指数法	评价区域范围内某些数据相对缺乏，一些评价指标无法得以准确定量	评价区域数据充足，相关评价指标均能定量	可应用于海岸带区域规划环境风险评价的第三阶段的区域综合环境风险分析
模糊数学评判或模糊综合评价法	评价区域范围内某些数据相对缺乏，一些评价指标无法得以准确定量	评价区域数据充足，相关评价指标均能定量	模糊数学评判模型应用于海岸带区域规划环境风险评价的第三阶段中的事故环境风险预测分析，模糊综合评价应用于第三阶段综合风险分析
风险矩阵法	一般情况均适用，若数据无法定量，可结合专家评判进行半定量的风险表征	在高概率低风险与低概率高风险的情况时，评判结果不准确	可应用于海岸带区域规划环境风险评价的第三阶段中的单一风险表征和区域综合风险表征
风险等级划分法	数据充分，所有评价指标均能在定量的情况下使用	数据缺乏，一些评价指标无法准确定量	可应用于海岸带区域规划环境风险评价的第三阶段中的风险表征和等级区划
MCDA 结合 CRA	评价准则两个以上，评价区域指标的选取较为全面和客观，各评价指标涉及的数据资料充分，在准则权重分配较合理的情况下（在海岸带区域，一般难以做到，因为主观性强）	评价区域涉及的指标和准则较多，不易选取具有代表性的指标；与评价指标相关的数据资料缺乏，无法进行定性或定量的判断（一般而言，海岸带区域较为复杂，这样的情况时常发生）	主要应用于海岸带区域规划环境风险评价第二阶段中备选方案的比较

续表

初步遴选后可采用的评价方法	适用的情况	不适用的情况	应用于海岸带区域规划环境风险评价的阶段
MDDA	相关的参考数据和资料较为充分，在保证专家的组成合理的情况下适用	数据资料极为缺乏，影响专家做出客观的判断；专家的组成不够合理	主要应用于海岸带区域规划环境风险评价第二阶段中备选方案的比较

3.4.2.2　海岸带区域规划制定前的环境风险评价方法遴选

根据3.4.1节中构建的技术路线，该阶段风险评价的主要目的是海岸带区域规划备选方案形成前的区域风险识别，即在区域规划备选方案形成之前，通过历史数据资料的搜集和分析，总结研究区域历史上发生的环境风险的概率和后果，识别和总结研究区域内可能存在的主要风险类型及其风险的大小，从而为区域规划备选方案的形成提供技术支持，并进行决策的预警，避免区域规划备选方案存在重大或不可逆的环境风险。由表3-7可知，海岸带区域规划环境风险评价阶段的风险识别和决策预警可采用的方法有回顾性评价和现状评价、专家评判法和情景分析法。

从表3-7中回顾性评价和现状评价法、专家评判法和情景分析法的比较可以看出：①对于一个比较复杂的特定区域，由于风险因素较多，使用情景分析法识别环境风险因子是一件十分烦琐的工作，不仅花费的时间较长，而且成本较高。情景分析法更适合用于战略决策备选方案形成之后风险的预测识别过程，对于该阶段的风险识别和决策预警并不适用；②相对而言，通过对区域内环境风险历史数据的回顾性评价和现状分析，结合专家评判法识别研究区域内可能存在的环境风险，分析和总结环境风险的历史概率、影响程度及其累积效应更为有效、方便，可靠性也相对较高。

因此，该阶段适合采用的评价方法是回顾性评价和现状评价，结合专家评判法进行风险识别，实现决策预警，支持海岸带区域规划备选方案的形成。

3.4.2.3　海岸带区域规划制定中的环境风险评价方法遴选

根据3.4.1节中构建的技术路线，该阶段评价的目的和内容是在海岸带区域规划备选方案形成之后，识别和预测各个海岸带决策备选方案可能存在的环境风险，对海岸带区域规划备选方案环境风险的大小进行比较和排序，并综合考虑社会、资源和经济等相关的维度，从环境风险维度支持最佳海岸带区域规划方案的确定。因此，该阶段的主要任务包括战略决策备选方案环境风险的识别和预测分析两个部分。根据表3-7初步遴选的结果可知，海岸带区域规划环境风险识别可采用的方法有回顾性评价和现状评价法、专家评判法和情景分析法；海岸带区域规划风险预测评价可采用的方法主要有基于MCDA的CRA和MDDA。

1）区域规划备选方案的环境风险识别

根据3.4.2.1节中区域规划环境风险识别方法，比较结果如下：①相对于回顾性评价和现状评价而言，情景分析法能重点考虑将来的变化，更加清楚地预测、识别区域规划备选方案在将来可能对环境造成的影响，因此它比回顾性评价和现状评价更适合应用于预测性风险识别；②值得注意的是，由于情景分析法在预测区域规划多个（两个以上）备选方案时，必须对区域规划的目标、愿景有一个十分清晰的认识，对相关评价数据（如未来的概率和后果）的要求较高。因此，如果必须对较大的海岸带地区的分海区进行评价，而分海区的数据资料又相对缺乏时，更应该充分利用上一阶段回顾性评价和现状评价与专家评判的结果作为该方法应用的参考依据，尽量减少情景分析过程的复杂性和不确定性。

所以，该阶段适用的方法是基于回顾性评价和现状评价的结果，采用情景分析法定性预测和识别由海岸带区域规划备选方案产生的相关环境风险（即发展过程的定性描述），并结合专家评判法。

2）区域规划备选方案比较、排序和选择

（1）对于基于MCDA的CRA而言，它通过设定多个评价准则（属性或指标），并采用不同决策分析方法（如MAUT、AHP、专家评判法等）和不确定性分析的方法（如蒙特卡洛模拟模型），以实现多个准则权重的分配和准则值（包括定量或定性）的综合，一定程度上克服了决策树法中对未来状态必须完全量化的缺点。但该方法对数据资料的需求很高，选择的指标往往有限，同时，所采用的一些模型、方法以及权重的分配等都带有很大的人为性和随意性，不同决策者往往对同样的情况会产生不同的决策结果。因此，该方法容易造成决策判断失误，尤其是当研究区域数据缺乏时，无法有效地直接支持高不确定性和高综合性的海岸带区域规划备选方案的比较和排序。

（2）MDDA较好地克服了上述MCDA存在的问题，通过综合大量的有效信息，结合专家评判，应用［I，C；R］评分，避免了复杂的计算和决策准则权重的分配，从而得出相对科学和客观的结论，提高了区域规划的科学性，能较好地支持海岸带区域规划备选方案风险分析、比较和排序，从而支持最优方案的确定。

所以，通过上述两个服务于管理或规划的环境风险评价方法（MCDA和MDDA）的比较可知，该阶段适合采用的方法主要是MDDM。虽然基于MCDA的CRA不能客观、科学、准确地支持海岸带区域规划风险评价，但它的思路和一些方法仍然值得借鉴，在具体的应用研究中也可根据实际的研究情况采用该方法进行相关的评价，并与MDDA的评价结果进行比较。

3.4.2.4　服务于风险管理的环境风险评价方法遴选

该阶段评价的主要目的和内容是，根据前两个步骤中的评价结果，特别是专家评判结果，对最佳方案确定后将来可能产生的环境风险进行预测性的识别，并借鉴区域综合环境风险评价的技术路线和目前常用的、经典的环境风险评价方法对上一步骤中识别出的区域内主要存在的环境风险分别进行逐一的预测分析和表征，比较和排序区域内存在的环境风险，确定区域范围内首要和次要的环境风险，并对区域内的环境综合风险进行表征，服务于区域环境风险管理措施的提出。

因此，该阶段环境风险评价的主要任务包括：优选方案环境风险的预测识别、区域单一环境风险的分析、区域单一和综合环境风险的表征。由表 3-7 可知，环境风险识别可采用的方法有回顾性评价和现状评价法、专家评判法和情景分析法；区域事故环境风险分析可采用的方法有专家评判法、概率统计分析法、模糊数学评判法或模糊综合评价法；区域自然灾害分析可采用的方法有概率统计分析法、专家评判法；区域综合环境风险分析可采用的方法主要有综合风险指数法、模糊综合评价法或模糊数学评判法；区域单一和综合风险表征可采用的方法主要有风险矩阵法和风险等级划分法等。

1）优选方案的环境风险识别

由于在第二阶段中已经对备选方案在未来产生的环境风险进行了预测性的识别，所以该阶段无须再次使用复杂的情景分析法对优选方案进行未来风险的预测识别，只需要在结合上述两个阶段环境风险回顾性评价和现状评价以及专家评判结果的基础上，描述区域规划的优选方案在未来可能造成的区域环境风险。采取此方法既简单又直接，既可以减少在数据缺乏时应用情景分析法所产生的不确定性，又可以减少风险预测识别判断中主观因素的影响，使优选方案风险识别的结果更为合理、可信。

2）优选方案单一风险的预测分析

（1）事故风险的预测分析

对于模糊数学评判法而言（与模糊综合评判法原理和计算相似），模糊数学评判模型对数据的需求很高，复杂的计算有时需要计算机才能得以完成，尤其是评价集 U 向决断集 V 转换时所涉及的隶属度函数的运算过程；模糊数学评判模型的建模过程需要涉及许多参数的选择，譬如评价集 U 中指标的选择，选用不同的参数（指标）往往得出不同的结果，如果参数（指标）选择不完整，那么评判的结果往往误差很大。因此，该阶段不适合采用模糊数学评判模型进行海岸带区域单一事故风险的评价，尤其是在数据较为缺乏的情况下。只有在研究区域数据资料足够充分，对各风险因素的隶属度函数能较好地确定的情况下，该方法才能得以很好的应用，而这一点在海岸带区域规划中一般很难做到。

相对于上述模糊数学评判的方法，概率统计分析法能根据相关的数据资料，通过相关数学模型的计算，量化具体事故风险的概率值，并根据事故所造成的后果或损失（一般用经济损失表示），得出海岸带区域事故风险的损失值（产生的后果）；当数据资料不足时，还可以结合类比分析法和专家评判法进行相关的计算，可以直接支持海岸带区域风险管理。

虽然，概率统计分析法中也涉及一些参数的选择和分析，存在不确定性，但由于区域规划环境风险评价的目的并不是开展具体事故的风险评价（那是项目工程环境影响评价和环境风险评价中必须要完成的任务，而不是区域规划环境风险评价需要完成的任务），只需得到一个大致的风险值以支持管理方案的形成，故在区域规划的环境风险评价中对于参数不确定性问题不做特别要求。

综上所述，本书建议采用概率统计分析法开展海岸带区域事故风险评价，结合专家评判法和类比分析开展评价。

（2）自然灾害风险的预测分析

由表 3-7 可知，海岸带区域自然灾害风险预测分析可采用的方法主要有概率统计分析法和专家评判法。概率统计分析法的应用特点在上述事故风险评价方法的选择中已做了相关描述，这里就不再赘述。但在自然灾害风险评价中，由于自然灾害风险发生的不确定性较大，无法像事故风险评价一样有具体的预测模型和公式，因此，利用概率统计分析法在预测自然灾害未来发生的概率时存在着一定的困难和不确定性。

专家评判法能够在缺乏足够统计数据和原始资料的情况下，应用专家的知识对研究区域内的自然灾害发生的概率做出半定量或定量的估计（主观概率），这样就解决了海岸带区域自然灾害环境风险评价中一些难以定量预测和估算的问题。因此，在数据充足的情况下首先采用概率统计分析开展海岸带区域自然灾害风险评价；如果数据缺乏或不足，尤其是未来的自然灾害概率难以预测的情况下，则采用专家评判法进行评价。

（3）区域综合环境风险的预测分析

模糊综合评判法的思路来源于模糊数学评判模型，虽然它可以通过模糊数学的模式在一定程度上弱化主观因素的影响，与其他风险因素分析法相比，模糊综合评价法在分析风险因素的影响程度时更详细，但鉴于模糊数学法参数的选择、隶属度函数的确定以及权重分配的人为性、运算的复杂性和对数据的高要求，在区域情况复杂、数据资料相对缺乏以及不确定性较高的海岸带区域规划环境风险评价中，模糊综合评判法很难得以较好的应用。

相对于模糊综合评判模型而言，综合风险指数法的应用较为简单明了，它通过引进“比较概率和相对后果”的概念，用风险综合指数表达区域内环境风险的综合大小，无须精确定量每一风险事件的发生概率或后果，回避了对随机事件发生机制的精确了解的困难，给出的成果易于在方案决策中使用（王志霞，2007），评价结果在一定程度上能为区域规划实施过程中的区域风险管理提供数据基础和参考依据。但该方法在风险指标权重的分配上仍存在着一定的不确定性和人为性（如应用 AHP 法计算权重）。

因此在海岸带区域综合环境风险评价中，如果一些区域评价的指标无法完全定量，那么可以采用专家评判与综合风险指数相结合的方法，一方面使无法定量的指标定量化；另一方面可以通过应用专家的知识，尽量在评价过程中减少权重分配和计算过程的不确定性，保证评价的结果更为客观、合理。

值得注意的是，如果区域内的评价指标均能得以定量（即都能算出相关的概率和后果)，应用综合风险指数就没有实际意义，只要直接引用上述事故风险或自然灾害风险概率统计分析的结果进行区域内风险的比较即可。

3）区域单一和综合环境风险的表征

由表3-7可知，区域单一与综合环境风险表征可采用的方法主要有两种：风险等级划分法和风险矩阵法。

风险等级划分法虽然给出了一些具体的风险表征和风险区划的指标和评判的标准（表3-2和表3-3)，在一定程度上可以支持海岸带区域综合环境风险评价和区域风险管理，但是这些指标值的确定对相关数据资料的要求很高，其中一些用于风险表征的指标值甚至难以准确地定量估计，应用过程十分复杂，因此风险等级划分法在一般的海岸带区域环境风险表征中难以很好地应用，尤其是在研究区域数据较缺乏、表征的指标值难以确定的情况下。

相对于风险等级划分法而言，风险矩阵法就较容易理解和应用，它的评判和表征的标准也相对简单，分析的结果在一定程度上能够直接为区域规划备选方案环境风险的表征和区域规划实施过程中环境风险的表征和管理提供数据基础和参考依据。但值得一提的是，风险矩阵法的理论基础是建立在 $R=P \cdot C$ 的基础上，所以在处理一些高概率、低影响或低概率、高影响的情况时，判断的结果就显得比较模糊。

综上所述，本书建议利用风险矩阵法以开展海岸带区域单一和综合环境风险的表征，如果碰到上述判断较为模糊的情况时，可以结合专家意见（专家评判）进行更为准确的判断。

3.4.2.5 方法体系的构建

根据上述海岸带区域规划各阶段环境风险评价方法的比较和遴选，综合各个阶段所适用的评价方法，本节构建了海岸带区域规划环境风险评价的方法体系（表3-8)。其中，某些评价阶段涉及不同的评价方法，这些方法具体的适用条件在表3-7中已经提及，这里就不再赘述。

表3-8 海岸带区域规划环境风险评价方法体系

环境风险评价介入海岸带区域规划阶段	评价内容与目的	适用的评价方法及其应用阶段
海岸带区域规划制定前的环境风险评价	对区域环境风险进行回顾性评价和现状评价，识别和判断出主要的风险源和风险等级，支持区域规划备选方案的形成	回顾性评价和现状评价法以及专家评判法（海岸带区域规划环境风险识别和预警阶段）

续表

环境风险评价介入海岸带区域规划阶段	评价内容与目的	适用的评价方法及其应用阶段
海岸带区域规划制定中的环境风险评价	对备选方案可能引起的环境风险进行评价，即对备选方案进行风险排序，从环境风险角度识别出最佳的方案，支持海岸带区域规划优选方案的确定	①情景分析法（海岸带区域规划备选方案的风险预测性识别阶段，数据不足时，要结合相关回顾性评价和现状评价、专家评判的结果）；②基于多准则决策分析的比较风险评价或基于专家评判的多维决策分析法（海岸带区域规划备选方案风险分析支持区域规划优选方案形成阶段）
服务于管理的环境风险评价	对海岸带区域规划优选方案进行详细的环境风险评价，识别研究区域内首要和次要的环境风险，为环境风险管理提供依据	①回顾性评价和现状评价法结合专家评判法用于海岸带区域规划优选方案风险的预测性识别；②事故风险的预测分析和表征：概率统计分析法（数据充分时）、类比分析和专家评判（数据缺乏时）、风险矩阵法；③自然灾害风险的预测分析和表征：概率统计分析法（数据充分时）、专家评判法和类比分析（数据缺乏时）、风险矩阵法；④区域综合环境风险的分析和表征：综合风险指数法（区域内一些评价指标无法无权定量时，结合专家评判和层次分析法）、风险矩阵法

3.5　小结

（1）规划不同于管理，它不仅具有决定全局性和整体性的特点，所产生的影响效果比管理更为长远（长期性），规划的过程具有更高的不确定性。

（2）海岸带区域由于特殊的自然环境和地理位置，使它比一般区域的自然属性与社会属性更加复杂，资源和生态环境比一般的区域更加脆弱，因此海岸带区域是环境风险的高发区。

（3）鉴于海岸带区域的特点，海岸带区域规划除了具有一般规划特点以外，与一般的规划相比，具有更高的复杂性、风险性和不确定性。因此，海岸带区域规划的环境风险不仅具有决定全局性和长期性的特点，与一般规划的环境风险相比，还具有更高的综合性、复杂性、重大危害性和不可逆性的特点。

（4）当前服务于管理或规划的环境风险评价存在的主要问题：①未见在区域规划中涉及环境风险评价；②环境风险评价的技术路线和方法未能直接支持区域规划；③环境风险评价在介入规划的时间上相对较晚，属于后评价的范畴；④环境风险评价的范围较为狭窄，缺乏考虑累积性的环境风险问题。因此，开展海岸带区域规划环境风险评价的目的在于建立一套能应用于海岸带区域规划的环境风险评价技术路线和方法，从而能够将环境风险评价融入区域规划中，在决策层面充分考虑海岸带区域规划实施可能带来的环境风险，从区域规划层面考虑的累积环境风险问题，并以此直接影响区域规划，避免区域规划失误所造成的重大、灾难性和不可逆的环境风险问题。

（5）通过对当前传统环境风险评价与服务于管理或规划的环境风险评价的比较，本书构建了基于 MDDA 的海岸带区域规划环境风险评价的技术路线，主要归纳为以下 3 个主要步骤，①区域规划制定前的环境风险评价：在海岸带区域规划目标和备选方案的形成过程中介入环境风险评价，以确保在规划目标和备选方案的形成时就避免重大环境风险存在的可能；②区域规划制定中的环境风险评价：在海岸带区域规划备选方案的比较和选择过程中介入环境风险评价，以确保形成最优的区域规划方案中环境风险相对较小；③为管理服务的环境风险评价：在海岸带区域规划优选方案确定后的环境风险评价，为管理措施的制定提供依据。该技术路线的特点在于，遵循区域规划的基本流程，充分考虑海岸带区域规划的内涵和特点，严格遵循预警预防原则，将环境风险评价融入整个区域规划制定过程中。该技术路线尽可能从源头上消除海岸带区域规划目标、规划方案和管理措施制定的缺陷而产生的环境风险，充分考虑了区域累积性综合风险，弥补了当前一般规划或管理环境风险评价的技术路线在支持区域规划过程中存在的局限性。

（6）通过对当前传统环境风险评价与服务于管理或规划的环境风险评价方法优缺点的比较和初步遴选，以及海岸带区域规划环境风险评价各阶段的评价目的和内容，构建了海岸带区域规划环境风险评价的方法体系。该体系包括：①在区域规划备选方案形成之前所适用的环境风险评价方法有回顾性评价和现状评价法，并结合专家评判法；②在区域规划备选方案比较和优选方案确定过程中所适用的环境风险评价方法有情景分析法（定性的风险预测性识别）、基于多准则决策分析法的比较风险评价或基于专家评判的多维决策分析法；③服务于管理的环境风险评价的适用方法有回顾性评价和现状评价法、专家评判法（风险预测识别）、概率统计分析法、风险矩阵法、综合风险指数法（主要用于区域风险评价指标难以定量的情况，其中包括专家评判法和层次分析法）。需要指出的是，在分析研究区域的综合风险时，若区域内各风险因素的大小都能准确定量，则无须采用综合风险指数法进行评价。

（7）本书所构建的技术路线和方法体系的创新点：①结合海岸带区域规划的内涵、特点和流程，提出了基于 MDDA 的海岸带区域规划环境风险评价的技术路线，探讨如何将环境风险评价融入海岸带区域规划全过程，并在此基础上提出了海岸带区域规划不同阶段（备选方案的形成、优选方案的确定以及区域规划的实施阶段）环境风险评价的技术路线和方法；②提出了基于 MDDA 的海岸带区域规划环境风险评价的方法体系，确定了各个阶段优选的环境风险评价方法；解决了现有环境风险评价难以解决的问题，如区域累积性综合风险问题，MCDA 中对指标选取的片面性、评价指标和权重确定的人为性和随意性问题，采用专家评判法较好地解决了 PCCRARM 和 USEPA 所提出的方法中回避的不确定性的问题，避免了 MCDA 法采取聚合模型或基于决策者对方案的风险偏好以支持决策等问题。

第4章　案例研究：海岸带主体功能区划的环境风险评价

4.1　海岸带主体功能区划研究课题概况

本节主要介绍了海岸带主体功能区划研究项目的项目背景、技术路线和方法，并在此基础上明确了环境风险评价在该项目中应用的具体内容与技术路线。

4.1.1　项目背景

海岸带主体功能区划的本质和内涵就是根据海域自然特征以及人类社会经济发展需要在不同的地区实施不同的发展战略和管理手段，最终实现海岸带地区社会、经济、环境的协调发展，它除了确定不同区块的主体功能以外，还对其开发强度也进行了规定（张冉，2011）。海岸带主体功能区划是国家宏观调控海岸带开发秩序、规范海岸带涉海开发活动的战略要求，也是促进海岸带生产力合理布局、集约利用海岸带海洋资源与保护海洋生态环境的客观需要，对于协调沿海地区人口、资源、环境和发展的关系，实现沿海地区可持续发展具有重要意义，属于海岸带区域规划的一种类型。

海岸带区域是经济最发达和最集中的地带，在我国社会经济发展中具有重要的地位。但是随着海岸带地区社会、经济的飞速发展，人类活动对海岸带生态环境产生了很大压力，如沿海地区海洋产业布局失衡、部分海洋资源开发过度和开发不足并存、环境承载力利用不合理、沿海陆地与海域开发建设失衡、近岸海域污染严重，主要污染物的80%来源于陆地、沿海开发建设向海洋扩张与海洋生态环境保护的矛盾较为突出等问题，都对海岸带区域的可持续发展提出了严峻的挑战（张冉，2011）。因此，这就迫切需要我们在海岸带区域，从海洋强国和海洋经济可持续发展的战略出发，陆海统筹，做好海岸带主体功能的划分，形成以海洋为牵引的海岸带发展空间战略新格局。

“主体功能区划”这一概念是由中国政府首先提出的，属于区域空间规划。但目前主要针对陆地区域，海岸带作为一个独特的区域尚未真正展开研究（Douvere，2008；Fang et al.，2011；张冉等，2011）。“海岸带主体功能区划分技术研究与示范”项目（项目编号：200905005）是2009年海洋公益性科研专项项目，该项目自2009年10月正式启动，至

2012年9月完成；项目由国家海洋环境监测中心（现为生态环境部国家海洋环境监测中心）负责，国家海洋局第一海洋研究所（现为自然资源部第一海洋研究所）、国家海洋局第三海洋研究所（现为自然资源部第三海洋研究所）、国家海洋局海洋发展战略研究所（现为自然资源部海洋发展战略研究所）、厦门大学、广东海洋大学六家单位共同完成。其中，厦门大学负责该项目的子任务“海岸带主体功能区划分技术体系框架研究与应用示范”，研究内容主要包括海岸带主体功能区划的定义和内涵等理论问题，建立海岸带主体功能区划的技术框架和方法，并通过示范区的应用确定有效的技术方法。厦门大学选取福建省厦门湾和罗源湾两个典型的海湾区域作为海湾型海岸带主体功能区划的应用示范。

4.1.2 项目的技术路线和方法

国际上目前较为推崇的类似“主体功能区划”的技术方法是“海洋空间规划（Marine Spacial Planning，MSP）”（Douvere，2008），美国提出“海洋与海岸带空间规划”（CMSP）（Fang et al.，2011；张冉等，2011）。而MSP（或CMSP）本质上仍属于管理决策（Douvere，2008），不是区域规划决策；因此，MSP的技术方法不能完全应用于海岸带主体功能区划（母容，2013）。

厦门大学课题组在“海岸带主体功能区划分技术体系框架研究与应用示范”课题的研究中，根据区域规划的特性以及海岸带的特点，研究开发了基于多维决策分析法（MDDA）的海岸带主体功能区划技术方法，技术路线如图4-1所示，主要包括以下步骤（母容，2013）：

（1）基于生态系统管理（EBM）原则划分海岸带主体功能区划范围；

（2）按照生态系统特征、基于EBM原则划分基本区划单元，海域按海域生态系统边界等自然属性划分，陆域按照海域单元的汇水区划分；

（3）基于MDDA，识别相关的维度，包括资源、社会、区位、经济、生态、环境和风险，开展研究区相关维度的现场调查和资料搜集；

（4）开展相关维度的回顾性评价和现状评价；

（5）通过SWOT（Strength-Weakness-Opportunity-Threaten）分析，对海湾海岸带地区存在的优势、劣势、机会、威胁等进行分析，初步确定海湾海岸带区域的发展策略（SO策略、WO策略、ST策略、WT策略）；

（6）基于7个维度的回顾性评价及现状评价获得的各维度综合评价结果，应用MDDA的［I，C；R］模型，以专家评判法评价拟定的几个主体功能备选方案与7个维度之间的关系作为决策的评判结果，将专家评判法的结果作为确定海岸带地区主体功能备选方案的主要依据；

（7）根据MDDA的分析结果，参考SWOT分析结果、维度偏好和公众参与结果最终确定海岸带地区的主体功能；

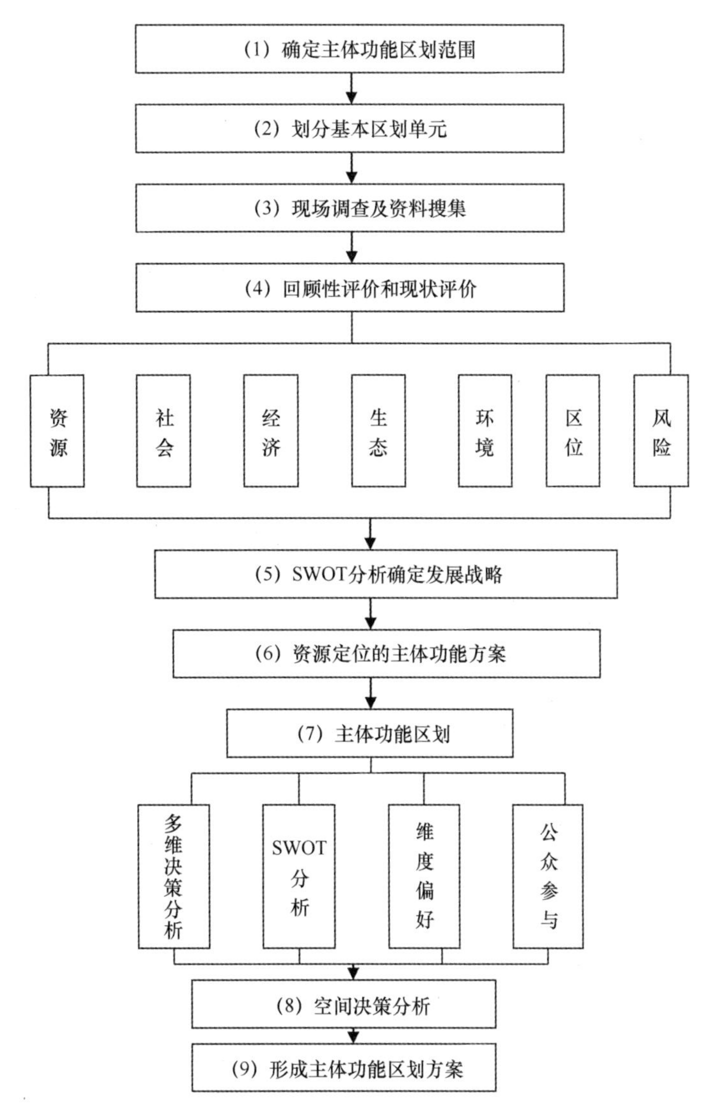

图 4-1　基于多维决策分析法的海岸带主体功能区划项目的技术路线

资料来源：母容，2013

(8) 空间决策分析，根据资源定位原则、多维决策分析法、公众参与结果、维度偏好和 SWOT 分析结果、GIS 空间决策分析等方法和手段确定各子单元的主导功能；

(9) 综合区域整体主体功能区划和各单元主导功能以及各自的开发强度要求，最终形成海岸带主体功能区划方案。

本书中海岸带主体功能区划技术路线以多维决策分析法（MDDA）为基础，包括多维决策分析法中相关维度识别、回顾性评价和现状评价、主体功能备选方案确定、主体功能最终方案的确定等步骤。该技术路线应用 SWOT 方法确定发展策略，综合应用多维决策分析法中的 [I，C；R] 模型评分、SWOT 分析、维度偏好和公众参与等方法综合确定区域规划的最终方案。技术路线中“空间决策分析”本质为确定各个评价单元主体功能的过程。

在海岸带主体功能区划研究中，根据以往的经验以及专家评判，选择“社会、经济、区位、资源、环境、生态、风险”7个与海岸带主体功能区划相关的维度。风险作为重要的维度之一，其评价结果直接为海岸带主体功能区划提供依据。

4.1.3 案例研究的内容和技术路线

4.1.3.1 主要内容

以厦门湾和罗源湾海岸带主体功能区划环境风险评价为研究案例，通过收集厦门湾和罗源湾海岸带区域历年来发生的环境风险事故（主要指自然灾害和事故风险），回顾性分析风险的特征（包括时空分布、损失等），识别厦门湾和罗源湾海岸带地区潜在的环境风险源、途径及其可能受到危害的终点受体，从整体上把握环境风险及其潜在的危害，并分析未来厦门湾和罗源湾产业发展与其可能造成的环境风险之间的关系，从而从环境风险层面为主体功能区划的制定提供支持。

4.1.3.2 案例研究的技术路线

根据3.3.2节中所构建的海岸带区域规划环境风险评价的技术路线，案例研究的技术路线见图4-2，主要分为以下4个部分。

1）主体功能区划制定前的环境风险评价

分别对海岸带区域开展环境风险评价的现场调查和资料搜集，在此基础上开展环境风险的回顾性评价和现状评价，识别研究区域存在的风险类型及其风险源、风险发生概率及其影响程度，并采用专家评判法判定海岸带区域的环境风险水平，以支持规划备选方案的形成。

海岸带主体功能区划备选方案基于资源定位原则，采用基于MDDA为主的决策分析方法（专家评判法），参考各个维度偏好和公众参与等多种途径及其结果进行综合决策，通过分析比较，确定海岸带主体功能区划备选方案（母容，2013）。

2）主体功能区划制定中的环境风险评价

（1）根据确定的海岸带主体功能区划备选方案，开展备选方案的环境风险预测评价（包括环境风险预测识别和风险预测评价）；根据备选方案环境风险预测评价结果，通过基于专家评判法的MDDA得出海岸带主体功能区划风险维度的专家评判结果，从环境风险角度支持最终方案的形成。

（2）综合各个维度MDDA的分析结果、其他维度的偏好和公众参与等结果进行综合决策，确定海岸带主体功能区划最终（优选）方案（母容，2013）。

（3）鉴于厦门湾较为复杂的地理环境条件（详见4.2.1节），基于生态系统管理

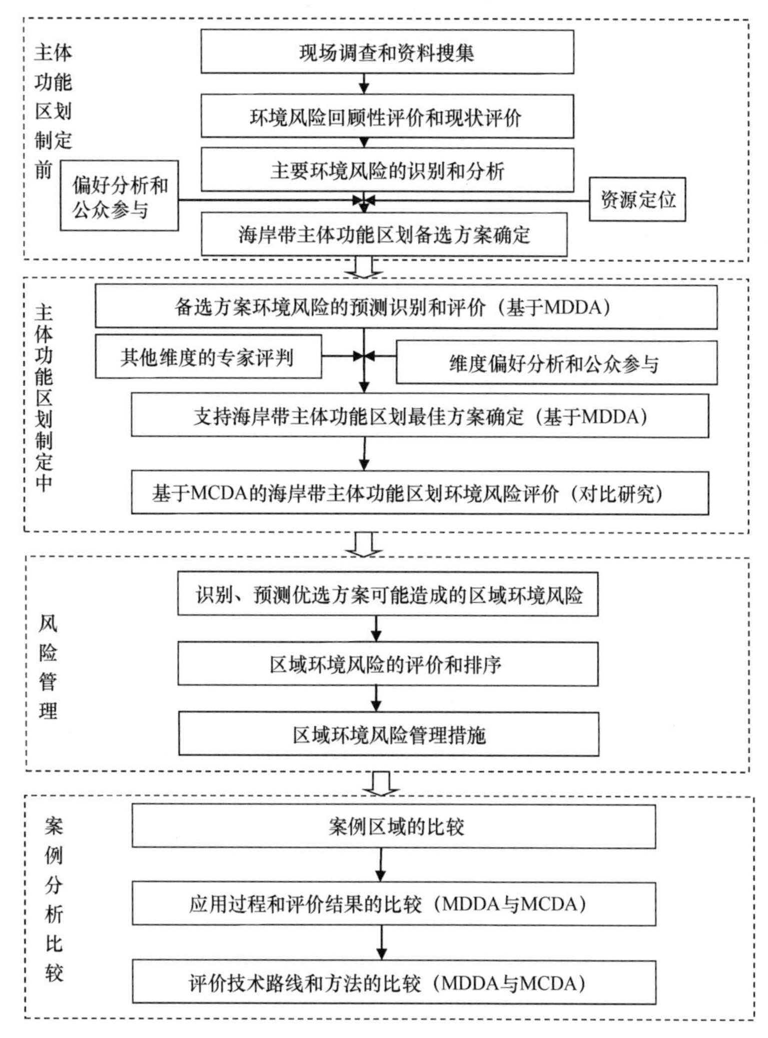

图4-2　案例研究的技术路线

（EBM）原则，对厦门湾还进行分海区的主体功能区划的风险维度的评价（技术方法同上），通过基于专家评判的MDDA、各个维度的偏好和公众参与等结果最终形成各个分海区的主体功能区划方案（主导功能及其允许兼顾功能）（母容，2013）。

（4）为了研究的需要，案例研究增加了目前国内外最为流行的基于多准则决策分析法（MCDA）的比较风险评价（CRA）的技术方法，以利于与MDDA进行对比研究。

3）主体功能区划制定后（为管理服务）的环境风险评价

借鉴区域综合环境风险评价的思路，根据已构建的方法体系，选取概率统计分析法、综合风险指数法、风险矩阵法等传统的环境风险评价的方法，在两个海岸带地区环境风险回顾性评价和现状评价的基础上，分别开展海岸带地区主体功能区划优选方案的环境风险预测评价，预测主体功能区划优选方案实施过程（或实施后）可能造成的区域环境风险，识别和评价区域内的主要和次要风险，并对风险值进行排序；根据预测的环境风险结果提出相应的风险管理措施。

4）案例分析比较

通过对两个海岸带研究区域的类型和环境条件的差异、资料和数据的问题以及主体功能区划的支持效果的比较分析，阐述两种不同的技术路线和方法（基于专家评判的 MDDA 和基于 MCDA 的 CRA）在海岸带区域规划环境风险评价中的优缺点、适用性和存在的问题。

4.2 厦门湾海岸带主体功能区划的环境风险评价

4.2.1 厦门湾概况

厦门湾位于福建省南部，台湾海峡西侧，地处九龙江河口，为一半封闭型海域。海湾内地形复杂，岛屿众多（包括厦门岛及金门诸岛）；有九龙江、同安双溪注入其中。厦门湾年平均气温 20.8℃。海域属于正规半日潮，最高潮位 3.98 m，最低潮位-3.32 m，平均潮差 3.99 m（陈则实，1993；林宙峰，2007）。

厦门湾海岸带区域包括九龙江河口区、西海域、东部海域、南部海域、同安湾、大嶝海域和围头湾 7 个海区及其邻近陆域汇水区（划分方法按照 4.1.2 节的技术方法，基于 EBM 原则）。厦门湾海岸带主体功能区划环境风险评价的具体范围及位置以及海区的划分如图 4-3 所示。

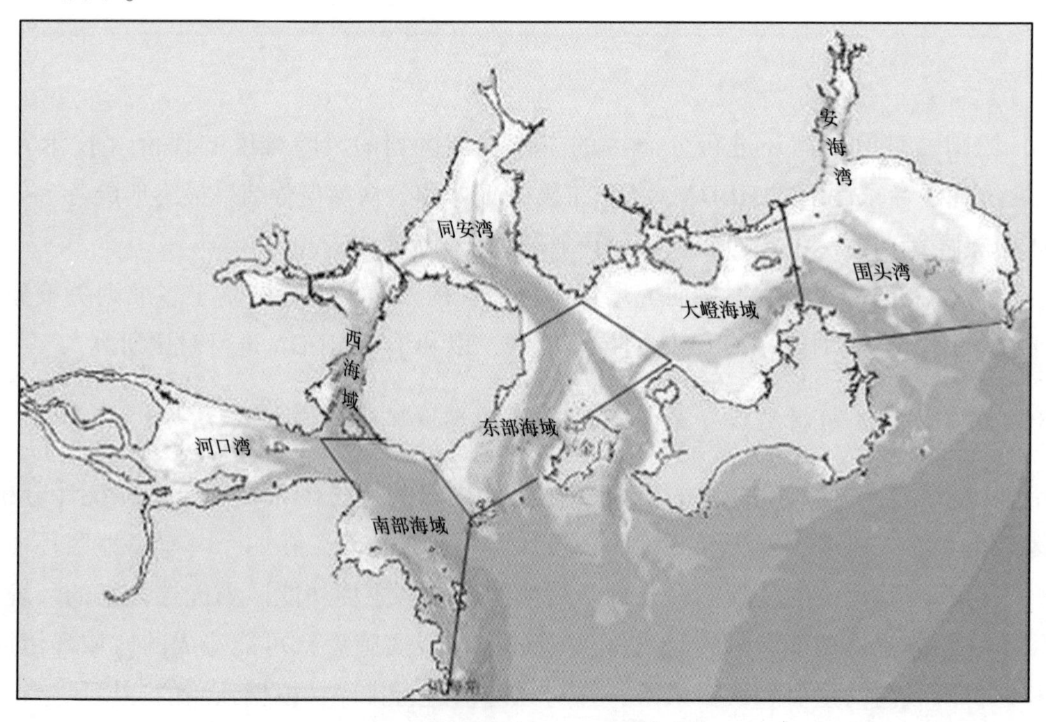

图 4-3 厦门湾海岸带区域研究范围

4.2.2　数据资料及来源

鉴于环境风险与生态风险评价的区别，本研究重点关注环境风险评价。经初步风险识别，厦门湾海岸带区域环境风险评价的对象主要包括自然灾害（以台风风暴潮为主）和环境事故风险两个方面。表 4-1 为案例研究区环境风险评价的重点指标，所需的数据均按此表内的指标进行搜集和分析。

表 4-1　厦门湾海岸带地区主体功能区划环境风险评价相关的指标

一级指标	二级指标	三级指标
台风风暴潮风险	台风风暴潮袭击的可能性	历史上台风风暴潮发生的次数、频率、主要集中的月份以及主要袭击的区域等
	岸滩的侵蚀与漫滩	水文、波浪、百年一遇高潮位、设计水位、平均波高、最大增水值、受影响岸滩的范围和面积等
	港口和海岸工程的破坏	如海堤、通信设施、泊位、港口公路的破坏程度等，以及这些破坏所造成的经济损失
环境事故风险	船舶溢油事故	港口和锚地的分布、进出的船舶数和类型；航道分布条件；历史事故数据发生的概率和造成的损失等
	油码头溢油风险	历史上发生溢油的次数、概率统计；分布情况及影响等

厦门湾海岸带区域的数据资料来自厦门大学编制的《海湾海岸带主体功能区研究总报告》①（即厦门大学承担的“海岸带主体功能区划分技术体系框架研究与应用示范”课题的研究报告）中的厦门湾专题部分。其中，台风风暴潮的数据主要引用自《福建省海湾数模与环境研究——厦门湾》（张珞平等，2009）、船舶溢油和油码头溢油的数据资料主要引用自《福建省海湾数模与环境研究——厦门湾》（张珞平等，2009）和《厦门海域溢油应急计划》②，历史数据年份为 1995—2005 年；围头湾海岸带区域的船舶溢油事故的数据资料引自《围头湾航道环评报告》（张珞平等，2009），历史数据年份为 1991—2004 年。

4.2.3　厦门湾海岸带主体功能区划制定前的环境风险评价

对厦门湾海岸带区域环境风险开展回顾性评价和现状评价，识别研究区域存在的环境风险类型和风险源、环境风险发生概率及其影响程度，并采用专家评判法判定厦门湾海岸带区域的环境风险水平，支持备选方案的形成。

① 海湾海岸带主体功能区划研究总报告．厦门大学环境与生态学院，海洋与海岸带发展研究院，2012.

② 厦门海域溢油应急计划．厦门海事局，2005.

4.2.3.1 环境风险的回顾性评价和现状评价

1）台风风暴潮

根据张珞平等（2009）的数据资料，1969—2003 年共有 171 次台风影响厦门，其中次数最多的是 1990 年，共有 11 次，最少的是 1993 年，仅有 1 次。从图 4-4 可以看出，从 20 世纪 60 年代起影响厦门的台风次数呈明显的周期性，并有稳步上升的趋势，峰值出现在 90 年代初。虽然从 2000 年开始厦门遭受台风风暴潮袭击的趋势有所减缓，但造成的风险和经济损失不容忽视，平均每年仍然有 40 亿元左右的经济损失（张珞平等，2009）。

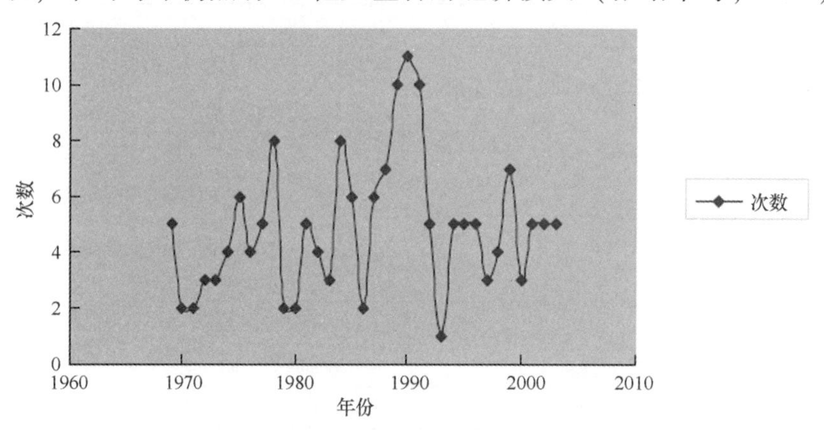

图 4-4 1969—2010 年影响厦门台风次数统计

资料来源：张珞平等，2009

1969—2003 年影响厦门的台风月份分布见表 4-2 和图 4-5。1969—2003 年 171 个影响厦门的台风中，大部分集中在 7—9 月，分别占 21.0%、27.5%和 28.0%。

表 4-2 1969—2003 年厦门台风月份分布

月份	4	5	6	7	8	9	10	11
次数	1	2	15	36	47	48	19	3

数据来源：张珞平等，2009。

台风风暴潮①也主要集中在每年的 7—9 月，平均每次持续的时间为 2 d。根据上述近 45 年时间厦门湾共有台风 171 次，平均一年 4 次，每次持续时间取 2 d，那么由此可知，厦门湾一年发生台风的天数平均为 8 d。故厦门湾海岸带地区台风风暴潮发生的平均概率为：$P=8/365=0.022$。

中华人民共和国成立以来影响厦门的典型台风风暴潮主要有：①编号：H01003，由于 5903 号台风在厦门以南登陆，在高潮和巨浪的共同影响下，厦门及其附近县受淹农田41×

① 台风会同时引起风暴潮，称为台风风暴潮，因此本书中用台风概率计算台风风暴潮概率。

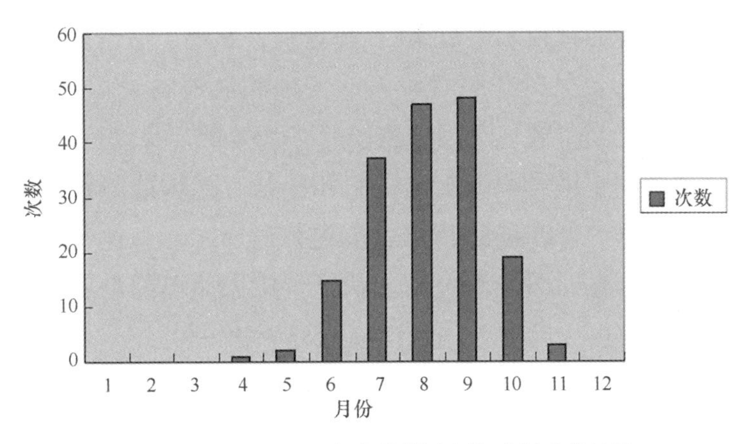

图 4-5　1969—2003 年各月影响厦门台风次数统计

资料来源：张珞平等，2009

10^4 hm^2，沉船 2 610 艘，冲毁海堤 1 713 处，倒塌房屋 17 874 间，死亡 583 人，直接经济损失 1 572 万元。②编号：H01050，1999 年 10 月 9 日上午 10：00，9914 号台风正面袭击厦门沿海，受风暴潮影响，福建省沿岸潮位普遍偏高，厦门站超过警戒水位 0.32 m，最大风暴潮增水 1.22 m，受风暴潮和巨浪的共同影响，厦门 10 多处海堤被冲毁，厦门市区街道多处受淹，水产养殖损失严重，9914 号台风风暴潮共造成 72 人死亡/失踪，经济损失高达 40 亿元（张珞平等，2009）。从上述典型台风风暴潮所造成的损失可以发现，虽然厦门湾当前台风风暴潮发生的概率并不高（$P=0.022$），但是，台风风暴潮对厦门湾造成的影响十分巨大，对人员和财产的破坏很严重。

由于厦门湾海岸带区域面积不大，因此可认为厦门湾各海域台风风暴潮风险发生的概率是一致的，但各海域遭受台风风暴潮袭击和破坏的可能性主要由各海域的地理位置决定。根据上述回顾性评价中的相关数据，并结合张珞平等（2009）中的相关资料和各海域的地理位置分析可知，厦门湾海域遭受台风风暴潮袭击和破坏的可能性由大到小依次为：东部海域、围头湾、南部海域、河口湾、大嶝海域、西海域、同安湾。

2）台风风暴潮造成的岸滩侵蚀和航道冲淤

根据林宙峰（2007）的相关数据资料显示，1999 年，厦门岛滨岸海滩在 9914 号台风大浪波动力的影响下，遭受剧烈变形与侵蚀。台风主要以偏东方向入侵，与之垂直的东岸海滩的横向冲淤变形最为强烈。海滩剖面变形特点为滩肩普遍蚀退，滩面呈上冲下淤，海滩剖面类型由滩肩式向沙坝式转变，反映海滩变形是在台风大浪波动力和潮位暴涨的双重作用下造成的。沙滩强烈冲淤，滩肩前沿、高潮带、中潮带上部均属于强烈冲刷，最大冲刷深度为 1.491 m，滩肩宽度变窄，坡度降缓，沙滩粗化、分选差。

厦门湾航道天然水深良好，自古有天然深水良港之称，以前航道属于天然航道，但自 20 世纪 50—70 年代末兴建高集、集杏等海堤和大规模围垦造地，使厦门湾东、西海域隔断，西海域纳潮面积减少 53%，当台风风暴潮来临时，东渡航道发生严重淤积，致使到目前为止，厦门港口航道建设的规模未超过10万吨级别，影响了厦门港口的发展建设。

从上述资料可以看出，台风风暴潮对海岸的侵蚀和航道的淤积造成的影响十分严重，其中一部分原因应当来源于当时规划决策的失误（如海堤的建设和围垦造地）。

当前厦门湾岸滩侵蚀和航道淤积的数据资料相当缺乏，因此，到目前为止发生此类风险的次数很少，而且目前国内外开展的相关风险评价尚属罕见，评价数据缺乏，评价方法还不成熟。因此，本书只是在回顾性评价和现状评价中做简单的论述，作为决策预警的一个参考，但对此不作为单一的风险类型进行详细的分析和评价。

3）船舶溢油事故风险

（1）厦门港船流密度

进出港船舶流量和密度对港口的船舶溢油风险有着重要的影响，尤其是油轮的流量。2005年厦门市海事局的数据资料显示，厦门港每年进出港船舶均超过23万艘，其中499 t以下的轮船最多，占了79.7%；2004年进出港船舶数量比2003年递增6.5%；大吨位的船舶进出日渐增多，2003年1 000 t以上进出港船舶4 410艘，2004年递增至4 784艘[①]。

厦门海事局相关的数据资料显示，2003—2004年，进出厦门港的油轮数量增长迅速，从2003年的1 859艘增长至2004年的3 425艘，增长率达84.2%。其中1 000~2 999吨级的油轮增长最为迅速，增加率达109.5%；500~999吨级的油轮的增长率也达到53.9%，并且出现了5万吨级以上的大型油轮。

随着厦门市和厦门港的进一步发展，进出厦门港的船舶数量还将持续增长。特别是油轮的数量还将大幅增长。繁忙的船舶运输和大型甚至巨型油轮的进出港是造成船舶溢油事故风险的主要因素之一。

（2）厦门海域船舶事故统计与回顾分析

表4-3是厦门海事局提供的1995—2005年厦门海域船舶交通事故统计表[②]。从表中可以看出，1995年至2005年9月近11年间，厦门海域的船舶交通事故总共发生133起。其中，西海域及河口湾93起，东海域及同安湾（包括围头湾）13起，其他海域23起，有4起事故发生位置未作统计。厦门海域的船舶事故主要集中于西海域及河口湾，占事故发生总数的69.9%。而且西海域及河口湾事故发生情况呈现逐年较快上升的趋势。

① 厦门海域溢油应急计划．厦门海事局，2005.

② 同①。

表 4-3　1995—2005 年厦门各海域船舶交通事故统计

年份	事故数量/起				损失金额/万元			
	西海域及河口湾	东海域及同安湾	其他海域	总计	西海域及河口湾	东海域及同安湾	其他海域	总计
1995	2	0	4	6	230	0	883	1 113
1996	4	0	2	6	533	0	126	659
1997	3	0	1	4	75. 9	0	22	97. 9
1998	1	1	2	4	25	44	220	289
1999	2	1	0	3	2 008. 5	5	0	2 013. 5
2000	7	0	4	11	79. 3	0	73	152. 3
2001	4	0	0	4	4 183	0	0	4 183
2002	6	3	3	12	172	40. 6	200	412. 6
2003	18	2	3	23	362. 8	65	420	847. 8
2004	27	4	1	32	747	40	300	1 087
2005	19	4	5	28	315. 03	250	516	1 081. 03
合计	93	5	25	133	8 731. 53	444. 6	2 760	11 936. 13

数据来源：《厦门海域溢油应急计划》，厦门海事局，2005。

从表 4-3 中还可以看出，1995—2005 年厦门海域船舶事故损失情况波动较为明显，但整体呈上升趋势，其中以 1999 年和 2001 年损失最为严重。特别是从 2001 年开始，厦门海域船舶事故发生呈现较快增长趋势，2001—2004 年船舶事故年均增长率超过 100%，其中西海域及河口湾的船舶事故增长最为明显，增长幅度几乎与厦门整个海域相同。

根据张珞平等（2009）中对上述表 4-3 中的数据分析研究结果，1995—2005 年厦门海域发生的 133 起事故中，有计入统计的事故的损失金额高达 11 936. 13 万元，其中在西海域及河口湾地区发生的事故损失达 8 731. 53 万元，占总事故损失金额的 73. 15%。在这 133 起事故中，油轮船舶发生交通事故的一共 6 起，非油轮交通事故 127 起；非油轮发生溢油事故的总数一共有 4 起。综合以上数据和从厦门海域船舶事故发生海域分析可以看出，西海域及河口湾是厦门海域船舶事故的多发区，而且大事故发生的风险性较大。

（3）厦门海域船舶溢油事故统计和回顾分析

①船舶溢油事故发生海域统计和回顾分析

1995—2005 年，厦门海域共发生油轮船舶溢油事故 6 起，溢出油量1 833. 01 t，损失 3 650万元。其中有 3 起发生于厦门西海域内，占船舶溢油总数的 50%，溢出油量 400. 01 t，占总溢出油量的 21. 8%，其中有一起事故损失未作统计，其余两起事故共损失 2 350 万元，占总损失的 64. 4%。在厦门海域发生的溢油事故中，西海域发生溢油事故的概率为 0. 5，虽然溢出的油量只占整个厦门及近海海域溢出油量的 21. 8%，但是造成的经济损失却很大，平均每起事故造成经济损失达 1 175 万元，远远高于在西海域内其他船舶交通事故的平均损失，即 65.2 万元/起，是后者的 18 倍。单位溢出油量经济损失为 5.875 万元。这与西海域内船流密度较高、港航情况以及水动力条件复杂关系密切（张珞平等，2009）。

厦门海域发生的船舶溢油事故占总事故数的 33.3%，溢出油量高达 1 053 t，占溢油总量的 64.4%。在厦门及近海海域发生的 6 起海上船舶溢油事故中，最大的一起就发生在厦门西海域，溢出油量高达 900 t（张珞平等，2009）。由于厦门及近海海域内环境敏感、资源丰富，这将对海域内的海洋生态环境、滨海旅游景点、海水养殖与海洋捕捞等环境敏感资源造成极大损害。

②船舶溢油事故发生趋势统计和回顾分析

1995—2005 年，厦门海域船舶溢油事故发生波动较为明显，平均年发生概率为 0.55 起，平均每起事故溢油量为 305 t。在 6 起船舶溢油事故中，有 5 起事故溢出油量超过 150 t，最大一起事故溢出油量高达 900 t。发生在西海域中的溢油事故的经济损失远高于其他海域溢油事故造成的经济损失（张珞平等，2009）。

133 起海上交通事故中，有 14 起事故的肇事船舶是 4 000 t 以上的大型非油轮，占事故总数的 11.52%，所占比例较高。据国际海事组织资料，这些大型非油轮都载有大量的燃料油（5 000 t 货轮载燃油 180~500 t）。虽然在非油轮船舶交通事故中只有 4 起事故溢油，但是非油轮船舶发生溢油事故的潜在风险却不可忽视（张珞平等，2009）。

2003—2004 年，进出厦门港的油轮数量增长迅速，目前厦门港进出港油轮以 500~4 999 t的中型油轮为主，占进出港总艘数的 77.2%，但大吨位油轮艘数增加明显，10 000~74 999 t 的大型油轮 2004 年进出港艘数比 2003 年增加了 100%（张珞平等，2009）。这种快速的增长趋势使发生溢油事故的风险也随之增大。

③船舶溢油事故发生概率统计和后果分析

1995—2005 年，厦门海域船舶溢油事故占船舶交通事故的 4.51%，即每 100 起船舶交通事故中就有将近 5 起事故发生溢油事件。厦门海域船舶交通事故中发生溢油事故的概率：西海域及河口湾为 0.032 3，东海域及同安湾为 0.076 9，厦门其他海域为 0.087 0（张珞平等，2009）。以上数据显示在船舶交通事故中发生溢油事故的风险性最高为厦门其他海域，东海域及同安湾次之，再次为西海域及河口湾。

但是，随着近年厦门的经济发展需要，厦门西海域的船流密度急剧增大，进出港油轮的数量也在快速增长，西海域已经成为厦门湾海岸带地区船舶交通事故及溢油事故发生的集中区。根据上述相关数据显示，虽然西海域在船舶交通事故中发生溢油的概率较小，但由于西海域和河口湾是船舶交通事故的多发地，且厦门湾航道及油库码头主要集中在西海域及河口湾附近，因此，综合分析，西海域发生溢油事故风险的可能性最大。据统计，厦门湾单位溢油事故造成的损失远高于一般交通事故（单位溢油事故损失为 730 万元/起，单位非溢油交通事故损失为 65.2 万元/起，为后者的 11.2 倍）。其中，西海域的单位溢油事故损失最高，为 1 175 万元/起（张珞平等，2009）。

4）油码头泄漏事故

厦门海域内的油库码头主要集中于西海域及河口湾内，厦门湾目前全海域共有油码头 6 处，其中有 5 处在厦门西海域内，总吨位为 16.84×10^4 t。

1997—2001 年，厦门西海域内油码头总共发生 9 起溢油事故，单位事故溢油量约为 2.07 t/起。同一时期厦门及近海海域发生两起船舶溢油事故，总溢油量为 200 t。相比海上船舶溢油事故，厦门西海域内油码头溢油事故溢油量虽小但发生频繁，发生溢油事故平均年概率为 1.8 起（张珞平等，2009）。西海域内发生溢油事故的风险不容忽视。

9 起码头溢油事故中，博坦码头发生的溢油事故有 4 起，平均年发生概率为 0.8 起。类比上述单位船舶溢油事故的损失（平均溢油 305 t/起，平均损失 730 万元/起），因此，每起油码头溢油事故的平均经济损失为 5 万元。博坦码头是厦门最大的油码头，靠泊量为 11×10^4 t，其岸边石油储罐与输油管道设施较多，且博坦码头处于嵩屿主航道旁，常有大型油轮靠泊。据厦门海事局资料，该码头 2000—2002 年一季度油品吞吐量为 250.9×10^4 t，占厦门港主要油码头吞吐总量（490.4×10^4 t）的 51%（张珞平等，2009）。

以上数据表明，博坦码头是厦门湾海域的主要油码头、溢油事故的多发点，而且一旦发生溢油事故将可能造成严重的后果。因此，博坦码头及岸边油品储运设施发生溢油事故的风险性也较高。

5）环境风险回顾性评价和现状评价小结

（1）影响厦门的台风风暴潮大部分集中在 7—9 月；平均概率为 0.022，平均年损失为 40 亿元。在台风风暴潮的情况下，厦门湾曾出现岸滩侵蚀和港航淤积现象，这一风险虽然发生很少，但也不容忽视。

（2）厦门海域发生船舶溢油事故风险的概率较高，年平均概率为 0.55 起。由于船舶溢油事故导致的溢油量较高，平均每起事故溢油量 305 t，平均损失 730 万元/起。溢油事故造成的损失远高于其他船舶交通事故造成的损失（65.2 万元/起）。

（3）厦门海域内的油库码头主要集中于西海域及河口湾内，目前共有油码头 6 处，其中有 5 处在西海域内。厦门西海域内油码头总共发生 9 起溢油事故，单位事故溢油量为 2.07 t。油码头溢油的平均年发生概率为 1.8 起。西海域的博坦码头占厦门港主要油码头吞吐总量的 51%，溢油事故平均年发生概率为 0.8 起，单位溢油事故的损失约为 5 万元/起。

（4）厦门海域船舶交通事故呈逐年上升趋势，而且近几年上升趋势加快。厦门西海域及河口湾是厦门海域船舶交通事故、船舶溢油事故以及油码头溢油事故多发区。

4.2.3.2　厦门湾海岸带区域环境风险识别和专家评判

综上分析，厦门湾海岸带区域当前可能面临的主要环境风险来源于以下 3 个方面：①厦门市位于我国沿海地区，故可能面临着台风风暴潮袭击的风险；②繁忙的船舶运输和大型甚至巨型油轮的进出港，以及厦门湾海域内船舶数量和密度的不断增长，使厦门湾面临着不断增加的船舶溢油事故风险；③厦门湾海岸带区域中的西海域及河口湾区域（尤其是西海域）的油码头溢油风险不容忽视。

该阶段主要采用专家评判法，根据上述回顾性评价和现状评价的结果，按照表4-1中的评价指标，制定厦门湾海岸带区域风险的专家评分表（表4-4），识别和半定量地表征厦门湾海岸带区域主要的环境风险，以期对厦门湾海岸带区域环境风险的类型和总体状况进行等级评判，即好=3、中=2、差=1。本次专家咨询中主要选取环境、海洋或生态等研究领域并对厦门湾较为熟悉的专家，包括国家海洋局第三海洋研究所（现自然资源部第三海洋研究所）、厦门大学海洋与地球学院、厦门大学环境与生态学院的7位专家进行专家评价（专家名单见附录1）。专家打分的结果如表4-5所示。

表4-4　厦门湾海岸带区域环境风险专家评分

风险类型	风险	回顾性评价和现状评价结果	专家判断评分	综合评分
自然灾害风险	台风风暴潮	近45年时间里，厦门湾共有台风风暴潮171次，平均一年4次，持续时间取2 d，$P=0.022$，每年一次台风风暴潮造成的平均经济损失约达40亿元		
环境事故风险	船舶溢油	厦门湾还未发生过超过300 t的溢油事故。发生船舶溢油事故年概率为0.55起。事故发生次数呈上升趋势，多集中于西海域和河口湾，平均每起事故损失达730万元		
	油码头溢油	厦门海域内的油库码头主要集中于西海域及河口湾内，厦门湾目前全海域共有油码头6处，年平均风险概率为1.8		

表4-5　厦门湾海岸带地区环境风险专家评分

专家		1	2	3	4	5	6	7	平均值
自然灾害风险 环境事故风险	台风风暴潮	2	2	2	2	2	1	2	2
	船舶溢油	2	2	2	2	2	2	2	2
	油码头溢油	2	3	3	3	3	3	3	3
综合评分		2	2	2	2	2	2	2	2

注：低=3；中=2；高=1。

根据表4-5专家评判结果，厦门湾海岸带区域环境风险的综合评分为2分，表明厦门湾海岸带地区全湾环境风险水平为中等；其中，台风风暴潮和船舶溢油的风险水平为中等（2分），相对较高；油码头溢油的风险水平相对较低（3分）。

4.2.3.3　厦门湾海岸带区域环境风险评价对备选方案的偏好

回顾性评价和现状评价的结果表明，厦门湾海岸带区域全湾环境风险水平不高，风险主要来源于台风风暴潮和船舶溢油风险。从环境风险评价结果考虑，比较支持旅游、水产养殖或渔业等功能，比较不支持港口功能。

4.2.4 厦门湾海岸带主体功能区划制定中的环境风险评价

综合考虑各个维度的回顾性评价和现状评价结果，基于资源定位原则，采用专家评判法、各个维度的偏好和公众参与结果进行综合决策，最终确定厦门湾海岸地区主体功能的备选方案为[①]：①旅游；②港口（母容，2013）。

根据3.3节中所构建的技术路线和方法体系，本阶段主要采用基于多维决策分析法（MDDA）的技术路线和方法开展厦门湾海岸带主体功能区划的环境风险评价研究，从环境风险的角度支持厦门湾海岸带主体功能的决策。

此外，本书拟开展基于多准则决策分析法（MCDA）以及比较风险评价（CRA）的技术方法进行厦门湾海岸带主体功能区划的环境风险评价研究，以期与基于MDDA的技术路线和方法进行对比研究。

4.2.4.1 基于多维决策分析法（MDDA）的环境风险评价

多维决策分析法（MDDA）是本课题研发的一种新的决策分析方法，可应用于海岸带区域规划。

根据4.2.3节回顾性评价和现状评价结果，所确定的厦门湾海岸带主体功能区划的备选方案为：旅游和港口。

1）备选方案环境风险预测识别

本节根据环境风险回顾性评价和现状评价的结果，采用情景分析法定性识别和预测两种备选方案（旅游和港口）在未来可能给厦门湾海岸带区域所带来的环境风险（图4-6）。

从图4-6中可以看出，如果厦门湾未来发展旅游，可能导致的环境风险是：①旅游的发展间接增加游艇和邮轮的数量，这样就间接地使船舶交通事故（主要指游艇和邮轮等非油轮船舶）发生的可能性增大，从而导致船舶溢油事故概率的增加；②台风来临时会对厦门湾海岸带区域海上观光旅游造成相应的环境风险。

如果厦门湾未来发展港口，那么面临的环境风险有：①港口的发展增加厦门湾海岸带地区发生船舶溢油风险的可能；②台风风暴潮来临时，增加了船舶溢油风险发生的可能，造成更大的损失；③台风风暴潮对港口造成破坏的风险。

值得一提的是，虽然在未来的发展规划中油码头的数量不会增加，但厦门湾海岸带区域无论今后发展旅游或是港口，厦门湾油码头溢油风险都是客观存在的，不受备选方案选择的影响，发生的概率不变，所以在后续环境风险评价时，油码头溢油风险都必须在两个

---

① 海湾海岸带主体功能区划研究总报告．厦门大学环境与生态学院，海洋与海岸带发展研究院，2012.

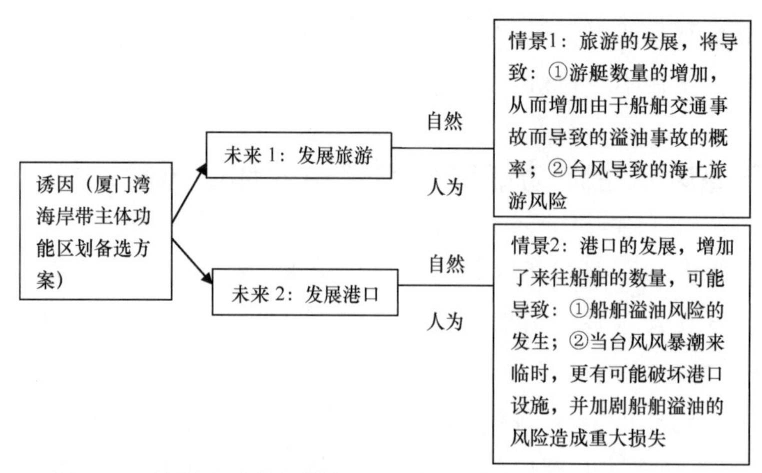

图 4-6　厦门湾海岸带主体功能区划备选方案环境风险的情景分析

备选方案中作为一个重要的环境风险因素进行考虑。

2）多维决策分析

根据 3.3.2 节与 3.4.1 节中 MDDA 的技术路线和具体的分析方法，基于厦门湾海岸带区域的环境风险总体状况回顾性评价和现状评价的结果，并结合生态风险评价的相关结论①，按照专家评判法进行厦门湾海岸带区域风险维度下（环境风险和生态风险作为一个整体进行打分）发展港口和旅游产业的评分。评分分为风险对备选方案的影响和决策备选方案对风险的影响两类（其中，备选方案对风险的影响已经包含了专家对备选方案可能造成的风险进行了预测和表征），在具体打分上分为影响、置信度和关系 3 个层次，将两类评分表中专家在 7 个维度对备选方案 $I \cdot C \cdot R$ 评分的总和与备选方案对 7 个维度 $I \cdot C \cdot R$ 评分的总和相加，从环境风险的角度，得到该专家对主体功能（产业）的最终评判值（表 4-6），从而支持最佳方案的形成。

表 4-6　厦门湾海岸带主体功能区划风险维度专家评分

备选方案	风险→备选方案 [I, C; R]					备选方案→风险 [I, C; R]				
	专家	I	C	R	$I \cdot C \cdot R$	专家	I	C	R	$I \cdot C \cdot R$
旅游	专家 1	−1	0.7	2	−1.4	专家 1	0	0.6	1	0
	专家 2	1	0.8	2	1.6	专家 2	0	0.6	1	0
	专家 3	−1	0.7	2	−1.4	专家 3	−1	0.6	1	−0.6
	专家 4	−1	0.7	2	−1.4	专家 4	−2	0.6	1	−1.2
	专家 5	−1	0.7	2	−1.4	专家 5	−1	0.6	1	−0.6
	专家 6	1	0.5	1	0.5	专家 6	0	0.8	0	0
	专家 7	−2	0.65	1	−1.3	专家 7	−2	0.6	1	−1.2
	$I \cdot C \cdot R$ 的算术均值				−0.7	$I \cdot C \cdot R$ 的算术均值				−0.5

① 海湾海岸带主体功能区划研究总报告．厦门大学环境与生态学院，海洋与海岸带发展研究院，2012.

续表

备选方案	风险→备选方案 [I, C; R]					备选方案→风险 [I, C; R]				
	专家	I	C	R	$I \cdot C \cdot R$	专家	I	C	R	$I \cdot C \cdot R$
港口	专家 1	−1	0.7	1	−0.7	专家 1	−2	0.6	2	−2.4
	专家 2	1	0.7	1	0.7	专家 2	−1	0.6	1	−0.6
	专家 3	−2	0.8	1	−1.6	专家 3	−2	0.6	2	−2.4
	专家 4	−1	0.6	1	−0.6	专家 4	−2	0.7	2	−2.8
	专家 5	−1	0.7	1	−0.7	专家 5	−2	0.6	2	−2.4
	专家 6	0	0.8	1	0	专家 6	−3	0.8	3	−7.2
	专家 7	−1	0.6	1	−0.6	专家 7	−1	0.6	2	−1.2
	$I \cdot C \cdot R$ 的算术均值				−0.5	$I \cdot C \cdot R$ 的算术均值				−2.7

注：I 为影响，包括正面的影响（支持程度）以及负面的影响。I 的取值范围为 {−3，−2，−1，0，1，2，3}，3、2、1、0 分别表达影响的“大”“中”“小”“没有影响”“−”表示负面影响；C 为置信度，表示评判专家对所评判的数值的置信程度，取值范围（0，1]。取值结果必须大于 0，取值越大置信度越高，数值“1”为绝对肯定；R 为关系，表征环境“维”与决策“维”的关系的强弱。取值范围 {0，1，2，3}，分别表征关系的“没有关系”“弱”“中”“强”。下同。

根据厦门湾海岸带区域 MDDA 风险维度的专家评判结果可知：

（1）厦门湾海岸带区域当前存在的风险对旅游和港口的支持和影响程度分别为−0.7 和−0.5，结果表明，风险对旅游造成的影响略大于港口。

（2）旅游和港口对厦门湾海岸带区域风险的支持和影响程度分别为−0.5 和−2.7，结果表明，港口功能对风险的影响（增加风险的可能和破坏）要远远大于旅游。

（3）综合考虑风险对备选方案的支持和影响，从备选方案对风险的支持和影响可知，旅游功能的环境风险维度综合分值为−0.7−0.5=−1.2，而港口功能的风险维度综合分值为−2.7−0.5=−3.2。由专家决策结果可见，从风险角度考虑，厦门湾海岸带区域的最佳主体功能应为旅游。

3）维度偏好分析

综上所述，厦门湾海岸带区域的环境风险水平为中等，而台风风暴潮、船舶溢油是该区域主要的环境风险类型，对比厦门湾海岸带主体功能区划的两种备选方案（旅游和港口）可知：

（1）当前厦门湾海岸带区域频发的台风风暴潮和船舶溢油事故可能对港口的发展造成巨大的负面影响，造成港口设施破坏和海水污染影响；相对而言，台风风暴潮会对海上观光旅游发展带来一定的影响，但只要及时采取管制措施，造成的破坏小于对港口的影响。

（2）从厦门湾海岸带主体功能区划的备选方案对未来环境风险产生的作用来看，港口发展会进一步加大厦门湾海岸带发生环境风险的可能性和破坏性，尤其是港口遭受台风破坏的风险和船舶溢油风险。相对而言，旅游发展可能会增加游艇溢油的风险和海上观光旅游的风险，但这些风险与港口发展造成的风险相比，更容易及时地采取相关的措施进行管理。

综合考虑，从环境风险的角度出发，旅游功能更适宜作为厦门湾海岸带区域的主体功能。

4）公众参与的结果分析

公众问卷调查结果风险部分的结论显示①，18.98%的公众认为厦门市应该采取经济高速发展与较高风险（如PX项目）的发展模式，38.50%的公众认为应该采取经济中速发展与中等风险的发展模式，40.11%的公众认为应该采取经济中速发展与较低风险的发展模式，2.41%的公众认为应该采取经济低速发展与较低风险的发展模式。结果表明，绝大部分的公众认为厦门市发展更适宜采取经济中速发展与中等或较低风险的发展模式。

5）风险（环境风险和生态风险）维度决策结果

综上所述，多维决策分析、公众参与以及维度偏好分析的结果均表明，从风险维度考虑，厦门湾海岸带的最佳主体功能应该为旅游。

此外，综合其他维度的评判结果表明，从经济、社会、区位、资源、环境以及生态各维度而言，其支持厦门湾海岸带区域最佳主体功能的结果为旅游①。

4.2.4.2 基于多准则决策分析法（MCDA）的环境风险评价

1）多准则决策分析法

多准则决策分析法（MCDA）是目前国内外最流行的一种决策分析方法，是本课题研究采用MDDA以外使用的另一种决策方法，目的是与MDDA在案例研究中进行应用效果比较。该方法从环境风险的角度，综合预测分析了厦门湾海岸带主体功能区划的备选方案在决策过程中未来可能导致的多种环境风险因素，并以这些环境风险因素作为重要的准则进行评价。其中，专家评价法为该方法核心方法之一（在各准则评价数据均能量化的情况下，主要进行各准则权重的打分）。根据2.5.5节中MCDA技术路线的介绍，MCDA在本案例研究中的具体步骤如下。

第一步：识别与厦门海岸带主体功能区划目标或问题相关的环境风险。在本次厦门湾海岸带主体功能区划研究中，我们识别了台风风暴潮、船舶溢油、油码头溢油风险，并将其作为多准则决策分析中的相关准则。

第二步：收集各准则可获得的所有评价指标（风险概率、风险后果，其中风险后果用直接的经济损失表示）及其数据，采用环境风险预测评价中的类比分析、概率统计分析等传统方法进行评价，得出各准则的评价结论。

---

① 海湾海岸带主体功能区划研究总报告．厦门大学环境与生态学院，海洋与海岸带发展研究院，2012.

第三步：基于所有环境风险准则的评价结论，构建决策矩阵，并赋予各准则最初的评价值。如果评价值的量纲不统一，则必须采用相关标准，进行归一化处理，即比较风险评价或相对风险评价。

第四步：采用层次分析法和专家评判法（专家名单和具体评判结果见附录2）对各准则进行权重分配（如果评价数据无法定量，则还需通过专家打分对准则进行赋值），得出各准则权重分配的结果，其中各准则相对重要度的标准见表4-7。

第五步：综合专家评判的结果，对决策矩阵的权重分配进行一致性分析，最终的评判结果将进行厦门湾海岸带主体功能区划优选方案的确定（环境风险最小者作为优选方案）。

表4-7　各环境风险准则层次分析两两比较标度

I因素比j因素相比的重要性	I因素比j因素相比的不重要性
1—I因素和j因素同等重要	
2—I因素比j因素稍微重要	1/2—I因素比j因素略微不重要
3—I因素比j因素较为重要	1/3—I因素比j因素比较不重要
4—I因素比j因素重要得多	1/4—I因素比j因素不重要得多
5—I因素比j因素极为重要	1/5—I因素比j因素极为不重要

2）厦门湾海岸带主体功能区划备选方案的环境风险预测识别

根据本书4.2.3.1节中环境风险回顾性评价和现状评价的内容可知，当前厦门湾海岸带区域主要存在的较大的环境风险有三类：台风风暴潮、船舶溢油和油码头溢油风险。

从4.2.3.2节中确定的备选方案（旅游和港口）未来环境风险预测性识别可以看出，厦门湾发展旅游在未来可能导致的环境风险是：①台风风暴潮对海上观光型旅游造成的风险；②旅游发展间接增加了游艇和邮轮的数量，这样增加了非油轮船舶发生交通事故而导致溢油事故的风险。其中，值得一提的是，如果厦门湾未来发展旅游，那么在船舶方面增加的是大量的游艇（非邮轮），当台风风暴潮来临时，出于旅客的安全考虑，海上游艇项目一般处于停止状态，所以，在发展旅游的情况下，不必考虑台风风暴潮所造成的船舶（游艇）溢油风险的增加（以下分海区同理）。

厦门湾海岸带区域港口发展在未来可能导致的环境风险：①台风风暴潮导致港口破坏的风险；②港口的发展增加了厦门湾海岸带区域发生船舶溢油风险的可能（这里港口指商港，因为邮轮母港和商港之间存在资源利用的冲突，邮轮母港和游艇的溢油风险不属于港口发展产生风险的范围）。其中，未来港口发展所导致的溢油风险还包括了当台风风暴潮来临时，将使船舶溢油风险发生的可能性增加，从而造成更加重大的损失。

与此同时，厦门湾西海域存在的油码头溢油事故在未来发展旅游和港口中造成的固有风险仍不容忽视。

3）厦门湾海岸带主体功能区划备选方案的主要环境风险预测分析

本小节将对当前厦门湾当前和未来可能存在的主要环境风险的预测和分析主要是根据 $R=P\cdot C$ 以确定其环境风险值，其中后果 C 以环境风险所造成的直接经济损失作为参考值，为下一阶段多准则分析中的相关环境风险（准则）赋值提供数据支持。

（1）厦门湾未来港口发展造成的环境风险预测分析

①台风风暴潮造成的港口破坏风险

由于台风风暴潮属于自然灾害风险，未来发生的概率难以准确地预测，除了气候变化这一影响因素外，其他的因素并不会影响台风风暴潮未来发生的概率。考虑到气候变化产生的影响需要漫长的过程，所以为了便于开展相关的评价，将采用 4.2.3.1 节中的历史概率为未来台风风暴潮发生概率的预测值，即厦门湾海岸带地区未来台风风暴潮发生的平均概率为 0.022。

根据福建省海洋渔业局所提供的《中国福建沿海风暴潮灾统计》资料[①]，福建省每年一次台风风暴潮造成的平均经济损失约达 40 亿元。由于当前缺乏关于厦门港在台风风暴潮中所遭受的港口损失的相关数据资料，本书将类比浙江象山港的数据资料，分析未来厦门湾港口发展在台风条件下可能造成的损失。

根据宁波市北仑区交通运输管理局以及浙江省海洋渔业局的相关报道可知，从 1949—2005 年，一共有 202 个台风袭击象山港，平均每年 3.6 个（发生的频率与厦门湾平均一年 4 个接近），每次台风造成的港口直接经济损失平均为 540 万元[②]，年平均损失 1 944 万元。根据浙江省宁波市北仑区交通运输管理局的《象山港港口群和岸线布局规划》可知，未来预计象山港的吞吐量将达 $3\ 690\times10^4$ t[③]，而厦门湾未来预计的吞吐量将达到 $22\ 500\times10^4$ t，那么通过类比分析可知，在台风发生频率相同的情况下，未来每年台风风暴潮对厦门湾港口所造成的年平均损失将达 13 170 万元。

根据上述台风风暴潮对厦门湾海岸带地区港口造成破坏的经济损失的预测可知，未来台风风暴潮造成港口设施破坏的风险损失值 $R_{港口破坏}$ 约为 1.3×10^8 元/a。

②港口发展导致的船舶溢油风险

根据《福建省海湾数模和环境容量研究——厦门湾》（张珞平等，2009）中的数据资料显示，厦门湾海岸带地区未来每天将有 260 000 艘次的船舶进出，因此，在未来 S 年中，进出厦门湾船舶的艘次为：$n=260\ 000\ S$。假设厦门湾海岸带地区不发生重大船舶事故的置信度为 95%，根据 3.4.1.1 中的概率统计分析法的式（3-2）可得：

$$P\ (k\geq1)\ =c_n^{\ k}p^k\ (1-p)^{n-k}\leq0.95 \tag{4-1}$$

将数据代入上述式（4-1）解得，$P=1.152\ 2\times10^{-5}/S$，即厦门湾海域内未来发生事故

① 中国福建省沿海风暴潮灾统计．福建省海洋与渔业厅，2010.

② 中国浙江省沿海风暴潮灾统计．浙江省海洋与渔业厅，2011.

③ 象山港港口群和岸线布局规划．浙江省宁波市北仑区交通运输管理局，2012.

概率基础值为 $1.1522\times10^{-5}/S$。

设进出海域船舶中油轮所占比例为 R，海域单位油轮事故溢油风险概率为油轮碰撞风险概率、油轮搁浅风险概率和油轮溢油风险概率之和，得出经验公式：

$$P（溢油｜油轮）=（18-3R）\times pR/16 \tag{4-2}$$

式中，P 为油轮发生事故溢油的风险概率，R 为油轮所占的比例，p 为每艘船舶发生事故的概率。

根据《福建省海湾数模和环境容量研究——厦门湾》（张珞平等，2009）中的统计资料显示，未来厦门湾海域的船舶中，油轮占2%，将数据代入式（4-2），那么，在未来 S 年中，厦门湾海域单位油轮溢油风险的概率为：P（溢油｜单位油轮）=（$18-3\times2\%$）$\times 1.1522\times10^{-5}/S\times2\%/16=2.58\times10^{-7}/S$。所以，在未来 S 年中，厦门湾海岸带地区油轮溢油的风险概率为：P（溢油｜油轮）$=260000S\times2.58\times10^{-7}/S\approx0.0671$ 起/a。

而非油轮事故引起的溢油也一样不容忽视，同理：

$$P（溢油｜非油轮）=n（非油轮数）\cdot p\cdot r_1 \tag{4-3}$$

式中，r_1 为非油轮发生的交通事故中由非油轮引起的溢油事故所占比例。

根据厦门海事局的数据资料，将相关数据代入式（4-3），可得：P（溢油｜非油轮）$=98\%\times260000S\times1.1522\times10^{-5}/S\times4/(133-7)\approx0.09$ 起/a。

因此，未来 S 年厦门湾海岸带区域在港口发展的情况下，海域船舶溢油的概率为：$P_{预测}=0.0672+0.09\approx0.16$，即每年大约发生0.16起的船舶溢油事故，所以，未来厦门湾海岸带区域由于船舶增加（港口发展）而导致的预测溢油风险的损失值为：$R_{预测溢油}=0.16$ 起/a$\times7.3\times10^{6}$元/起$\approx1.2\times10^{6}$元。

随着港口的发展、船舶数量的增加，厦门湾海岸带地区的台风风暴潮也会增加船舶溢油的风险。根据《海岸工程自然灾害环境风险评价研究》（林宙峰，2007）中的资料，港口建设（围填海建造港口）完成后，厦门湾油轮所占的比例将上升1%，即 $\Delta R=1\%$。台风风暴潮下船舶事故发生的概率将增加1%，即 $\Delta p=1\%$，根据式（4-2）：p（油轮溢油｜台风）=（$18-3\times3\%$）$\times1.01\times1.1522\times10^{-5}/S\times3\%/16=3.91\times10^{-7}/S$。

所以，厦门湾海岸带地区如果发展港口，那么在台风条件下油轮发生溢油风险的概率为：P（油轮溢油｜台风）$=260000S\times3.91\times10^{-7}/S=0.1016$ 起/a。那么在港口发展的条件下，由台风风暴潮带来的油轮溢油风险增加的概率为：$P_{增加}=0.1016-0.0672=0.0344$ 起/a。

因此，由台风风暴潮而增加的船舶溢油（指油轮）风险损失值为：$R_{台风增加的溢油}=3/100$ 起/a$\times7.3\times10^{6}$元/起$=2.2\times10^{5}$元/a。

综合上述的预测分析的数据可知，未来厦门湾港口发展造成船舶溢油的总的风险损失值：$R_{总溢油}=R_{台风增加的溢油}+R_{预测溢油}\approx1.4\times10^{6}$元/a。

③厦门湾固有的油码头溢油风险

由于厦门湾海岸带区域在未来的规划中并没有继续发展油码头的规划，所以油码头在未来发生的概率不变，参考厦门湾海岸带区域环境风险回顾性评价和现状评价中的相关数据（张珞平等，2009）可知，未来油码头溢油事故发生的地点主要是在西海域，发生的平均年概率 $P=1.8/a$，每起事故的损失为5万元。

（2）厦门湾未来发展旅游造成的环境风险预测分析

①台风风暴潮造成的海上观光旅游的风险

如果未来厦门湾发展旅游，那么当前厦门湾存在的台风风暴潮风险会对海上观光旅游产生一定的影响，造成一定的经济损失。由于具体数据资料的缺乏，考虑到台风风暴潮一般主要对海上旅游和观光造成较大的影响，所以将海上旅游和观光产生的经济收入作为台风风暴潮来临时造成经济损失的替代值。项目小组关于厦门湾发展旅游收益预测评价的数据资料表明[①]，厦门湾海岸带区域开展海上旅游和观光的地区主要集中在：南部海域的海上观光、西海域的环鼓浪屿游、东部海域的厦金水道观光。如果未来发展旅游，估计这些区域每年海上观光旅游的人数将分别达到：19.2万、30万和120万，总计169.2万，平均每天海上观光旅游的人数将达4 630人。台风风暴潮袭击厦门湾一年平均4次，每次持续2 d，那么一年中共有8 d的时间，海上观光旅游将会遭受台风风暴潮风险，其中一年受台风影响的海上旅游人数为4 630×8=37 040人。根据相关报道，厦门市2008—2010年平均每接待10万人次游客可创造旅游收入约为1亿元（张冉，2011），那么每年由于台风风暴潮来临所造成的海上旅游和观光的损失为 3.7×10^{7}元（假设未来每年海上旅游和观光收入基本不变）。因此，未来台风风暴潮对旅游发展产生的风险值 $R_{海上旅游}$ 为 3.7×10^{7}元/a。

②游艇和邮轮船舶的溢油风险

厦门湾未来旅游的发展会由于游艇和邮轮数量的增加而导致船舶事故溢油风险的增加。项目小组“专题3——经济分析”中的数据资料表明，未来规划厦门湾的游艇数每年将达到22 023艘；未来进出西海域邮轮数每年将达2 000艘。由于游艇和邮轮都属于非油轮船舶，故代入式（4-3）可得 P（溢油｜邮轮和游艇）= $24\ 023\times 260\ 000S\times1.152\ 2\times10^{-5}/S\times 4/(133-7)\approx 0.008\approx1/125$ 起/a。据统计，厦门海域单位船舶溢油事故的损失为 7.3×10^{6}元/起，故由于发展旅游而导致船舶（游艇和邮轮）溢油的风险值 $R_{游艇和邮轮}$ 为：1/125起/a×7.3×10^{6}元/起=6.0×10^{4}元/a。

③厦门湾固有的油码头溢油风险

根据上述分析的结果，油码头溢油的风险损失值为：$R_{油码头}=1.8$ 起/a×5.0×10^{4}元/起=9.0×10^{4}元/a（发展旅游前后的数值不变）。

4）厦门湾海岸带区域环境风险的多准则决策分析

根据上述厦门湾海岸带区域发展旅游或港口在未来造成的环境风险预测识别和分析的结果可知，旅游或港口发展所造成的环境风险中，属于台风风暴潮造成的风险有：海上观

① 海湾海岸带主体功能区划研究总报告．厦门大学环境与生态学院，海洋与海岸带发展研究院，2012.

光旅游的风险、港口破坏的风险；属于船舶溢油风险有：游艇和邮轮的增加造成的溢油风险、台风增加的船舶溢油风险、港口发展导致的船舶溢油风险。属于厦门湾固有的环境风险是油码头溢油风险。

基于案例研究的实际需要，在本次应用MCDA从环境风险的角度支持备选方案的过程中，将厦门湾海岸带区域的环境风险中台风风暴潮、船舶溢油和油码头溢油这3个重要的风险因素作为准则，结合上述环境风险预测分析和评价结果对其赋值，并应用专家评判法和MCDA中的层次分析法进行两个属性之间的权重分配和相关计算。

（1）首先，根据厦门湾海岸带主体功能区划的备选方案环境风险的预测识别和评价结果构建决策矩阵（表4-8）。鉴于各环境风险准则的值都可以具体量化，且量纲相同，故不采用比较风险（相对风险）评价中的向量归一化处理。

表4-8　厦门湾海岸带主体功能区划备选方案环境风险预测值　　单位：元/a

准则（属性）备选方案	台风风暴潮（B_1）	船舶溢油（B_2）	油码头溢油（B_3）
旅游（A_1）	3.7×10^7	6.0×10^4	9.0×10^4
港口（A_2）	1.3×10^8	1.4×10^6	9.0×10^4

（2）根据上述预测分析的结果（包括概率和后果）以及表4-8中的相关数据，通过专家评判法（专家名单见附录2），分别对两个备选方案［A_1（旅游）、A_2（港口）］中的3个准则进行权重打分，各专家打分的结果见表4-9和表4-10。

表4-9　厦门湾未来发展旅游环境风险权重判断矩阵专家评分汇总（A_1-B）

旅游（A_1）	台风风暴潮（B_1）					船舶溢油（B_2）					油码头溢油（B_3）				
台风风暴潮（B_1）	专家编号					专家编号					专家编号				
	1	2	3	4	5	1	2	3	4	5	1	2	3	4	5
	权重分配					权重分配					权重分配				
	1	1	1	1	1	1/3	2	1/2	5	5	3	1/3	1/3	3	1/3
船舶溢油（B_2）	专家编号					专家编号					专家编号				
	1	2	3	4	5	1	2	3	4	5					
	权重分配					权重分配					权重分配				
	3	1/2	2	1/5	1/5	1	1	1	1	1	5	1/4	1	1/3	1/4
油码头溢油（B_3）	专家编号					专家编号					专家编号				
	1	2	3	4	5						1	2	3	4	5
	权重分配					权重分配					权重分配				
	1/3	3	2	1/3	3	1/5	2	1	3	4	1	1	1	1	1

表 4-10　厦门湾未来港口发展环境风险权重判断矩阵专家评分汇总（A_2-B）

港口（A_2）	台风风暴潮（B_1）					船舶溢油（B_2）					油码头溢油（B_3）				
台风风暴潮（B_1）	专家编号					专家编号					专家编号				
	1	2	3	4	5	1	2	3	4	5	1	2	3	4	5
	权重分配					权重分配					权重分配				
	1	1	1	1	1	1/2	1	1/3	1/2	3	3	1/3	1/3	1/4	1/4
船舶溢油（B_2）	专家编号					专家编号					专家编号				
	1	2	3	4	5	1	2	3	4	5	1	2	3	4	5
	权重分配					权重分配					权重分配				
	2	1	3	2	1/3	1	1	1	1	1	4	2	1	1/2	1/4
油码头溢油（B_3）	专家编号					专家编号					专家编号				
	1	2	3	4	5	1	2	3	4	5	1	2	3	4	5
	权重分配					权重分配					权重分配				
	1/3	3	3	4	4	1/4	1/2	1	2	4	1	1	1	1	1

（3）应用层次分析法，求得各准则权重的判断矩阵（用方根法归一化处理权重），其中包括了权重向量的归一化处理、最大特征值的计算和权重判断矩阵的一致性检验。权重向量的归一化处理和最大特征值的计算具体步骤如下：①矩阵 A_1、A_2 的元素按行相乘；②所得的乘积开 N 次方，N 代表阶数；③将方根向量归一化得排序的权重 W；④计算矩阵的最大特征量：$\lambda_{max} = \sum (AW)_i/W_i$，其中 A 可用矩阵的阶数表示。

矩阵一致性检验的步骤如下：① 计算一致性指标 $CI = (\lambda_{max} - n)/n - 1$，$n$ 代表矩阵的阶数；② 计算一致性比例 $CR = CI/RI$，其中，RI 是平均随机一致性指标，具体可查表 4-11，具体分析结果见附录 3 中的表 1 至表 10。

表 4-11　评价矩阵随机一致性指标

阶数	1	2	3	4	5	6	7	8
RI	0	0	0. 52	0. 89	1. 22	1. 26	1. 36	1. 14

注：当 $CR<0.1$ 或在 0. 1 左右时，认为矩阵一致性可接受。

通过应用 Excel 对附录 3 中的表 1 至表 10 的数据处理和分析可以看出，这 10 个矩阵的阶数均为 3，根据表 4-11 可知，*RI* 均为 0. 52，结合其他矩阵的指标可知，除了附录 3 中表 9 和表 10 矩阵的 *CR* 略大于 0. 1 外，其他矩阵的 *CR* 都小于 0. 1，这说明专家评判的权重矩阵具有较满意的一致性。

（4）最后，根据上述步骤所求出的结果，取各准则的平均权重，乘以权重判断矩阵中（表 4-9 和表 4-10）相应的数值并加总求和，求得 3 个准则综合评价的决策值结果见表 4-12 和表 4-13。

表 4-12　厦门湾未来发展旅游环境风险决策矩阵（A_1-B）　　单位：元/a

评价的准则（旅游）	准则的平均权重	准则的风险值	综合决策值（旅游）
台风风暴潮	0.335 9	3.7×10^7	1.3×10^7
船舶溢油	0.278 5	6.0×10^4	
油码头溢油	0.385 6	9.0×10^4	

表 4-13　厦门湾未来港口发展环境风险决策矩阵（A_1-B）　　单位：元/a

评价的准则（港口）	准则的平均权重	准则的风险值	综合决策值（港口）
台风风暴潮	0.212 3	1.3×10^8	2.9×10^7
船舶溢油	0.353 1	1.4×10^6	
油码头溢油	0.428 7	9.0×10^4	

根据表 4-12 和表 4-13 的数据：如果厦门湾海岸带区域发展旅游，则环境风险综合决策值为 1.3×10^7 元/a；如果厦门湾海岸带区域未来发展港口，则环境风险综合决策值为 2.9×10^7元/a。可以看出，厦门湾港口发展的环境风险比发展旅游的环境风险稍大。

因此，从环境风险的角度出发，多准则决策分析法的结果支持旅游作为厦门湾海岸带主体功能，但旅游和港口的决策值差别不大。相对于多维决策分析法的结果，多准则决策分析法对厦门湾海岸带主体功能区划备选方案选择的支持效果不够显著。

4.2.4.3　厦门湾各分海区海岸带区域的环境风险评价

基于 EBM 原则，将厦门湾海岸带地区划分成 7 个基本单元，即九龙江河口区海岸带区域（以下简称“九龙江河口区”）、南部海域海岸带区域（以下简称“南部海域”）、西海域海岸带区域（以下简称“西海域”）、同安湾海岸带区域（以下简称“同安湾”）、东部海域海岸带区域（以下简称“东部海域”）、大嶝海域海岸带区域（以下简称“大嶝海域”）以及围头湾海岸带区域（以下简称“围头湾”）。

每个基本单元包括海域及其相关陆域两部分。海域单元的划分主要根据海域生态系统特征以及海底地形地貌特征、流场等进行划分；对应陆域单元的划分是根据汇入每个海区的汇水区的范围兼顾考虑行政区划。各区块的划分见图 4-3，具体汇水区所属的行政区见《海湾海岸带主体功能区划研究总报告》①。本节主要采用多维决策分析法，首先对各海区的风险进行回顾性评价和现状分析与评价并结合专家评判，得到各海区的风险水平；然后综合 MDDA 中的专家评分、维度偏好分析和公众意愿，从风险维度确定各海区的主导功能最佳方案。

① 海湾海岸带主体功能区划研究总报告．厦门大学环境与生态学院，海洋与海岸带发展研究院，2012.

1）九龙江河口区

（1）环境风险的回顾性评价和现状评价

九龙江河口区港航资源丰富，有天然的深水岸线和航道，已建有3个大型港区。根据张珞平等（2009）的相关数据显示，溢油事故在船舶交通事故中发生的概率：河口湾为0.032 3，目前还没有油码头溢油的相关数据。

九龙江河口区台风风暴潮风险同厦门湾海岸带区域台风风暴潮风险的评价结果。

（2）环境风险的专家评判

基于上述回顾性评价和现状评价的结果，制定九龙江河口区环境风险专家评分表，专家打分的结果如表4-14所示。

表4-14　九龙江河口区环境风险专家评分

专家		专家1	专家2	专家3	专家4	专家5	专家6	专家7	平均值
自然灾害风险	台风风暴潮	3	2	3	3	3	1	2	2
环境事故风险	船舶溢油	2	2	2	3	2	1	2	2
	油码头溢油	2	3	3	3	3	2	3	3
综合评分		2	3	3	3	3	2	2	3

注：低=3，中=2，高=1。

（3）风险维度决策

①多维决策分析

根据资源定位和SWOT分析的结果，初步将九龙江河口区主导功能的备选方案确定为：旅游；港口；渔业。基于上述的环境风险回顾性评价和现状评价结果，并结合生态风险评价的相关结论①，通过专家评判，得出九龙江河口区风险维度（综合环境风险和生态风险的评价结果）对备选方案的评判结果见表4-15，评价方法见3.4.1节。

① 海湾海岸带主体功能区划研究总报告．厦门大学环境与生态学院，海洋与海岸带发展研究院，2012.

表 4-15　九龙江河口区风险维度专家评分

备选方案	风险→产业 [I, C; R]					产业→风险 [I, C; R]				
	专家	I	C	R	$I\cdot C\cdot R$	专家	I	C	R	$I\cdot C\cdot R$
旅游	专家 1	-1	0.7	2	-1.4	专家 1	0	0.6	1	0
	专家 2	0	0.7	1	0	专家 2	0	0.6	1	0
	专家 3	-1	0.7	2	-1.4	专家 3	-1	0.6	1	-0.6
	专家 4	-1	0.7	2	-1.4	专家 4	-1	0.6	1	-0.6
	专家 5	-1	0.7	2	-1.4	专家 5	-1	0.6	1	-0.6
	专家 6	-1	0.6	1	-0.6	专家 6	0	0.8	0	0
	专家 7	-1	0.65	1	-0.65	专家 7	0	0.6	2	0
	$I\cdot C\cdot R$ 的算术均值				-1.0	$I\cdot C\cdot R$ 的算术均值				-0.3
港口	专家 1	-1	0.7	1	-0.7	专家 1	-2	0.8	2	-3.2
	专家 2	-1	0.7	1	-0.7	专家 2	-1	0.7	2	-1.4
	专家 3	-1	0.7	1	-0.7	专家 3	-2	0.7	2	-2.8
	专家 4	-1	0.7	1	-0.7	专家 4	-2	0.7	2	-2.8
	专家 5	-1	0.7	1	-0.7	专家 5	-2	0.7	2	-2.8
	专家 6	-1	0.7	1	-0.7	专家 6	-1	0.8	3	-2.4
	专家 7	-1	0.6	1	-0.6	专家 7	-2	0.6	2	-2.4
	$I\cdot C\cdot R$ 的算术均值				-0.7	$I\cdot C\cdot R$ 的算术均值				-2.5
渔业	专家 1	-2	0.7	2	-2.8	专家 1	-1	0.6	2	-1.2
	专家 2	-1	0.7	2	-1.4	专家 2	0	0.6	2	0
	专家 3	-2	0.7	2	-2.8	专家 3	-1	0.6	2	-1.2
	专家 4	-2	0.7	2	-2.8	专家 4	-1	0.6	2	-1.2
	专家 5	-2	0.7	2	-2.8	专家 5	-1	0.6	2	-1.2
	专家 6	-1	0.5	1	-0.5	专家 6	0	0.6	1	0
	专家 7	-1	0.6	1	-0.6	专家 7	-1	0.6	2	-1.2
	$I\cdot C\cdot R$ 的算术均值				-2.0	$I\cdot C\cdot R$ 的算术均值				-0.9

根据专家评判结果（表 4-15）可得：a. 九龙江河口区风险对旅游、港口和渔业功能的支持和影响程度分别为-1.0、-0.7、-2.0。结果表明，风险对渔业功能的制约作用要大于旅游和港口。b. 旅游、港口和渔业功能对九龙江河口区风险的支持和影响程度分别为-0.3、-2.5 和-0.9。结果表明，未来区域功能对风险的影响（增加风险的可能和破坏）从大到小依次为港口、渔业、旅游。c. 综合考虑风险对备选方案的支持和影响、备选方案对风险的支持和影响，旅游功能的风险维度综合分值为-1.0-0.3=-1.3，港口功能的风险维度综合分值为-0.7-2.5=-3.2，渔业功能的风险维度综合分值为-0.9-2.0=-2.9。由此可见，从风险维度考虑，九龙江河口区最佳主导功能应该为旅游。

②维度偏好分析

综合九龙江河口流域环境风险回顾性评价和现状评价的相关内容和专家打分的结果，九龙江河口区当前所面临的主要环境风险是台风风暴潮和船舶溢油风险。对比九龙江河口区的3种备选方案（旅游、港口和渔业）可得到以下结论：当前九龙江河口区频发的台风风暴潮和船舶溢油事故可能对港口的发展造成巨大的负面影响，造成港口设施破坏和港区海水污染的影响；相对而言，九龙江河口区只有台风风暴潮会对渔业养殖带来一定的影响；由于九龙江河口区不存在海上观光旅游的景点①，所以当前的环境风险不会对九龙江河口区的旅游产生影响。

从九龙江河口区主导功能备选方案对未来环境风险产生的作用来看，港口发展会进一步加大九龙江河口区发生环境风险的可能性和破坏性，尤其是港口破坏的风险和船舶溢油风险；渔业的发展，会增加台风袭击而造成渔业损失的风险；相对而言，由于九龙江河口区不存在海上观光旅游的景点，旅游发展不会增加以上任何的环境风险。综合考虑，从环境风险的角度出发，旅游功能更适宜作为九龙江河口区的主导功能。

③公众参与结果分析

本区域未进行公众参与调查，公众参与结果可参照厦门湾海岸带地区公众参与总体调查结果①。

④风险维度决策结果

综上分析，多维决策分析、公众参与和维度偏好分析的结果均表明，从风险维度（环境风险和生态风险）综合考虑，九龙江河口区的最佳主导功能为旅游。

2）南部海域

（1）环境风险的回顾性评价和现状评价

南部海域港航资源较丰富，有天然的深水岸线和航道，但无大型港区，目前暂无较大的船舶溢油和油码头溢油发生。台风风暴潮风险同厦门湾海岸带地区台风风暴潮风险的评价结果。

南部海域台风风暴潮风险同厦门湾海岸带区域台风风暴潮风险的评价结果。

（2）环境风险的专家评判

结合上述回顾性评价和现状评价的结果，制订南部海域环境风险专家评分表，其专家打分的结果如表4-16所示。

表4-16　南部海域环境风险专家评分

专家		专家1	专家2	专家3	专家4	专家5	专家6	专家7	平均值
自然灾害风险	台风风暴潮	2	2	2	2	2	1	2	2
环境事故风险	船舶溢油	2	3	3	3	3	3	3	3
	油码头溢油	3	3	3	3	3	3	3	3
综合评分		3	3	3	3	3	2	3	3

注：低=3，中=2，高=1。

① 海湾海岸带主体功能区划研究总报告．厦门大学环境与生态学院，海洋与海岸带发展研究院，2012.

表 4-16 的专家评分结果表明，南部海域的综合环境风险平均值为 3，表明该区域环境风险水平较低。从环境风险类型来看，南部海域的环境风险水平较高的是台风风暴潮风险，风险水平中等（2 分）。

（3）风险维度决策

①多维决策分析

根据资源定位和专家分析的结果，初步将南部海域主导功能的备选方案定位为：旅游；港口。基于上述环境风险评价的回顾性评价和现状评价结果，并考虑生态风险评价的相关结论①，通过专家评判，综合得出风险维度对备选方案的专家打分（包括环境风险和生态风险），评价方法见 3.4.1 节，专家评判结果如表 4-17 所示。

表 4-17　南部海域风险维度专家评分

备选方案	风险→产业［I，C；R］					产业→风险［I，C；R］				
	专家	I	C	R	I·C·R	专家	I	C	R	I·C·R
旅游	专家 1	-1	0.7	2	-1.4	专家 1	0	0.6	1	0
	专家 2	-1	0.8	2	-1.6	专家 2	0	0.6	1	0
	专家 3	-1	0.8	2	-1.6	专家 3	-1	0.6	1	-0.6
	专家 4	-2	0.7	2	-2.8	专家 4	-2	0.6	1	-1.2
	专家 5	-1	0.7	2	-1.4	专家 5	-1	0.6	1	-0.6
	专家 6	3	0.6	1	1.8	专家 6	0	0.8	0	0
	专家 7	-1	0.65	1	-0.65	专家 7	0	0.6	2	0
	I·C·R 的算术均值				-1.09	I·C·R 的算术均值				-0.34
港口	专家 1	-1	0.7	1	-0.7	专家 1	-2	0.7	2	-2.8
	专家 2	0	0.8	1	0	专家 2	-1	0.7	2	-1.4
	专家 3	-1	0.8	1	-0.8	专家 3	-1	0.7	2	-1.4
	专家 4	-1	0.7	1	-0.7	专家 4	-1	0.7	2	-1.4
	专家 5	-1	0.7	1	-0.7	专家 5	-1	0.7	2	-1.4
	专家 6	1	0.5	1	0.5	专家 6	-1	0.8	3	-2.4
	专家 7	0	0.6	1	0	专家 7	-1	0.6	2	-1.2
	I·C·R 的算术均值				-0.34	I·C·R 的算术均值				-1.9

根据专家评判结果（表 4-17）可得：a. 南部海域风险对旅游和港口功能的支持和影响程度分别为-1.09、-0.34，结果表明，风险对旅游功能的制约作用要大于港口功能。b. 旅游和港口功能对南部海域风险的支持和影响程度分别为-0.34 和-1.9，结果表明，未来功能对风险的影响（增加风险的可能和破坏）为港口大于旅游。c. 综合考虑风险对备选方案的支持和影响以及备选方案对风险的支持和影响可知，旅游功能的风险维度综合分值为-1.09-0.34=-1.43，港口功能的风险维度综合分值为-0.34-1.9=-2.24。由此可见，

① 海湾海岸带主体功能区划研究总报告．厦门大学环境与生态学院，海洋与海岸带发展研究院，2012.

从风险维度考虑，南部海域最佳主导功能为旅游。

②维度偏好分析

根据南部海域环境风险回顾性评价和现状评价的相关内容和专家打分的结果，南部海域当前所面临的主要环境风险是台风风暴潮风险。对比南部海域的两种备选方案（旅游和港口）可得到以下结论：由于南部海域直接面向外海，当前南部海域频发的台风风暴潮可能对港口的发展造成巨大的负面影响，造成港口设施破坏和对港区海水污染的影响；相对而言，南部海域只有台风风暴潮会对海上观光旅游发展带来一定的影响，但只要采取有效的管制措施，造成的破坏也小于对港口的影响。

从南部海域主导功能备选方案对未来环境风险产生的作用来看，港口发展会进一步加大南部海域发生环境风险的可能性和破坏性，尤其是港口破坏的风险和船舶溢油的风险；旅游的发展，会增加台风袭击而造成海上观光旅游的风险，但这一风险与港口发展造成的风险相比而言，更容易采取相关的措施进行管理。综合考虑，从环境风险的角度出发，旅游功能更适宜作为南部海域的主导功能。

③公众参与结果分析

公众参与调查结果显示[①]，多数公众认为应该采取“经济中速发展与中等风险或较低风险”的发展模式。

④风险维度决策结果

综上分析，多维决策分析、公众参与结果和维度偏好分析的结果均表明，从风险维度考虑，南部海域的最佳主导功能为旅游。

3）西海域

（1）环境风险的回顾性评价和现状评价

根据厦门市海事局的相关资料，厦门湾海域在1995—2005年发生的133起船舶交通事故中，有6起发生了溢油，平均发生的概率为0.55起/a，占船舶交通事故的4.51%，其中3起溢油事故在西海域。厦门湾目前全海域共有油码头6处，其中有5处在厦门西海域内，事故发生概率为0.032 3。迄今为止，厦门西海域内油码头总共发生9起溢油事故，总溢油量为2.07 t，相比海上船舶溢油事故，厦门西海域内油码头溢油事故溢油量虽小但发生频繁，发生溢油事故平均年概率为1.8/a。9起码头溢油事故中，博坦油码头发生的溢油事故有4起，占44%，平均年发生概率为0.8/a，可以看出，西海域船舶溢油和油码头溢油风险不容忽视。

西海域台风风暴潮风险参考厦门湾海岸带区域台风风暴潮风险的评价结果。

（2）环境风险的专家评判

根据上述回顾性评价和现状评价的结果，制定西海域环境风险专家评分表，专家打分

① 海湾海岸带主体功能区划研究总报告．厦门大学环境与生态学院，海洋与海岸带发展研究院，2012.

结果如表 4-18 所示。

表 4-18　西海域环境风险专家评分

专家		专家 1	专家 2	专家 3	专家 4	专家 5	专家 6	专家 7	平均值
自然灾害风险	台风风暴潮	2	2	2	2	2	3	2	2
环境事故风险	船舶溢油	3	1	1	1	1	1	1	2
	油码头溢油	3	1	1	1	1	1	1	2
综合评分		3	2	2	2	2	2	1	2

注：低=3，中=2，高=1。

表 4-18 的专家评判结果表明，西海域的综合环境风险平均值为 2，表明该区域环境风险水平中等。从环境风险类型来看，台风风暴潮、船舶溢油和油码头溢油的风险水平均较高（2 分）。

（3）风险维度决策

①多维决策分析

根据资源定位原则和 SWOT 分析结果，初步将西海域主导功能的备选方案确定为：旅游；港口；渔业。基于上述对西海域环境风险的回顾性评价和现状评价结果，结合生态风险评价的结果①，通过专家评判得出西海域风险维度对备选方案的打分结果见表4-19。

根据专家评判结果（表 4-19）可得：a. 西海域风险对旅游、港口和渔业功能的支持和影响程度分别为-0.71、-0.77、-1.8。结果表明，风险对渔业功能的制约作用要大于旅游和港口。b. 旅游、港口和渔业功能对西海域风险的支持和影响程度分别为-0.71、-4.3 和-1.1。分析结果表明，未来区域功能对风险的影响（增加风险的可能和破坏）由大到小依次为港口、渔业、旅游。c. 综合考虑风险对备选方案的支持和影响、备选方案对风险的支持和影响可得，旅游功能的风险维度综合分值为-0.71-0.71=-1.42，港口功能的风险维度综合分值为-0.77-4.3=-5.07，渔业功能的风险维度综合分值为-1.8-1.1=-2.9。由此可见，从风险维度考虑，西海域最佳的主导功能应该为旅游。

① 海湾海岸带主体功能区划研究总报告．厦门大学环境与生态学院，海洋与海岸带发展研究院，2012.

表 4-19　西海域风险维度专家评分

备选方案	风险→产业 [I, C; R]					产业→风险 [I, C; R]				
	专家	I	C	R	$I\cdot C\cdot R$	专家	I	C	R	$I\cdot C\cdot R$
旅游	专家 1	-2	0.7	2	-2.8	专家 1	0	0.6	2	0
	专家 2	1	0.7	2	1.4	专家 2	-1	0.6	1	-0.6
	专家 3	-1	0.7	2	-1.4	专家 3	-1	0.8	1	-0.8
	专家 4	-2	0.7	2	-2.8	专家 4	-1	0.6	1	-0.6
	专家 5	-1	0.7	2	-1.4	专家 5	-1	0.6	1	-0.6
	专家 6	3	0.9	1	2.7	专家 6	0	0.9	0	0
	专家 7	-1	0.65	1	-0.65	专家 7	-2	0.6	2	-2.4
	$I\cdot C\cdot R$ 的算术均值				-0.71	$I\cdot C\cdot R$ 的算术均值				-0.71
港口	专家 1	-1	0.7	1	-0.7	专家 1	-3	0.7	2	-4.2
	专家 2	-1	0.7	1	-0.7	专家 2	-3	0.7	2	-4.2
	专家 3	-1	0.7	1	-0.7	专家 3	-2	0.8	2	-3.2
	专家 4	-1	0.7	2	-1.4	专家 4	-3	0.7	2	-4.2
	专家 5	-1	0.7	1	-0.7	专家 5	-3	0.7	2	-4.2
	专家 6	0	0.8	1	0	专家 6	-2	0.8	3	-4.8
	专家 7	-2	0.6	1	-1.2	专家 7	-2	0.6	2	-2.4
	$I\cdot C\cdot R$ 的算术均值				-0.77	$I\cdot C\cdot R$ 的算术均值				-4.3
渔业	专家 1	-2	0.7	2	-2.8	专家 1	-1	0.6	2	-1.2
	专家 2	-1	0.6	1	-0.6	专家 2	-1	0.6	2	-1.2
	专家 3	-2	0.7	2	-2.8	专家 3	-1	0.8	2	-1.6
	专家 4	-2	0.7	2	-2.8	专家 4	-1	0.6	2	-1.2
	专家 5	-2	0.7	2	-2.8	专家 5	-1	0.6	2	-1.2
	专家 6	1	0.6	1	0.6	专家 6	0	0.6	1	0
	专家 7	-2	0.6	1	-1.2	专家 7	-1	0.6	2	-1.2
	$I\cdot C\cdot R$ 的算术均值				-1.8	$I\cdot C\cdot R$ 的算术均值				-1.1

②维度偏好分析

西海域当前所面临的主要环境风险是台风风暴潮风险、船舶溢油风险和油码头溢油风险。以下对比西海域的 3 种备选方案（旅游、港口和渔业）。当前西海域存在的台风风暴潮、船舶溢油事故可能对港口的发展造成巨大的负面影响，造成港口设施破坏和港区海水污染的影响；相对而言，西海域只有台风风暴潮会对海上观光旅游和渔业养殖带来一定的影响，但鉴于西海域的渔业养殖目前的规模已在逐渐缩小[①]，海上观光旅游风险可以通过采取有效的管理措施加以控制。综合来看，当前西海域所存在的主要环境风险对港口的影响要比渔业养殖和旅游大。所以，综合考虑，从环境风险的角度出发，旅游功能更适宜作为西海域的主导功能。

① 海湾海岸带主体功能区划研究总报告. 厦门大学环境与生态学院，海洋与海岸带发展研究院，2012.

③公众参与结果分析

公众参与风险部分的调查结果显示[①]，多数公众认为西海域应该采取“经济中速发展与中等风险或较低风险”的发展模式。

④风险维度决策结果

综上分析，多维决策分析、公众参与结果和维度偏好分析的结果均表明，从风险维度考虑，西海域的最佳主导功能应该为旅游。

4）同安湾

（1）环境风险的回顾性评价和现状评价

同安湾港航资源较丰富，有天然的深水岸线和航道，船舶事故发生的概率为 0.076 9，目前无油码头溢油风险的记录。

同安湾台风风暴潮风险参考厦门湾海岸带区域台风风暴潮风险的评价结果。

（2）环境风险的专家评判

根据环境风险回顾性评价和现状评价的结果，制定同安湾环境风险专家评分表，专家打分的结果如表 4-20 所示。

表 4-20　同安湾环境风险专家评分

专家		专家 1	专家 2	专家 3	专家 4	专家 5	专家 6	专家 7	平均值
自然灾害风险	台风风暴潮	2	2	2	2	2	3	2	2
环境事故风险	船舶溢油	2	2	2	2	2	3	2	2
	油码头溢油	3	3	3	3	3	3	3	3
综合评分		2	2	2	2	2	2	2	2

注：低=3，中=2，高=1。

表 4-20 的专家评判结果表明，同安湾的综合环境风险平均值为 2，表明该区域风险水平中等。从环境风险类型来看，同安湾风险水平较高的为台风风暴潮和船舶溢油风险，风险水平中等（2 分）。

（3）风险维度决策

①多维决策分析

根据资源定位和 SWOT 分析的结果，初步将同安湾主导功能的备选方案确定为：旅游；港口；渔业。基于上述对同安湾的环境风险回顾性评价和现状评价结果，结合生态风险评价的相关结论[②]，通过专家的评判，得出同安湾风险维度对备选方案的打分结果见表 4-21。

---

① 海湾海岸带主体功能区划研究总报告．厦门大学环境与生态学院，海洋与海岸带发展研究院，2012.

② 同①。

表 4-21 同安湾风险维度专家评分

备选方案	风险→产业 [I, C; R]					产业→风险 [I, C; R]				
	专家	I	C	R	$I \cdot C \cdot R$	专家	I	C	R	$I \cdot C \cdot R$
旅游	专家 1	-1	0.7	2	-1.4	专家 1	-1	0.6	1	-0.6
	专家 2	-1	0.7	2	-1.4	专家 2	-1	0.6	1	-0.6
	专家 3	-1	0.7	2	-1.4	专家 3	-1	0.7	1	-0.7
	专家 4	-1	0.8	2	-1.6	专家 4	-1	0.6	1	-0.6
	专家 5	-1	0.7	2	-1.4	专家 5	-1	0.6	1	-0.6
	专家 6	3	0.8	1	2.4	专家 6	0	0.8	0	0
	专家 7	-1	0.65	1	-0.65	专家 7	-1	0.6	2	-1.2
	$I \cdot C \cdot R$ 的算术均值				-0.78	$I \cdot C \cdot R$ 的算术均值				-0.61
港口	专家 1	-1	0.7	1	-0.7	专家 1	-2	0.7	2	-2.8
	专家 2	-1	0.7	1	-0.7	专家 2	-2	0.7	2	-2.8
	专家 3	-1	0.7	1	-0.7	专家 3	-2	0.8	2	-3.2
	专家 4	-1	0.7	1	-0.7	专家 4	-2	0.7	2	-2.8
	专家 5	-1	0.7	1	-0.7	专家 5	-2	0.7	2	-2.8
	专家 6	3	0.6	1	1.8	专家 6	-1	0.7	3	-2.1
	专家 7	-1	0.6	1	-0.6	专家 7	-1	0.6	2	-1.2
	$I \cdot C \cdot R$ 的算术均值				-0.33	$I \cdot C \cdot R$ 的算术均值				-2.08
渔业	专家 1	-2	0.7	2	-2.8	专家 1	-1	0.6	2	-1.2
	专家 2	-1	0.7	2	-1.4	专家 2	-1	0.6	2	-1.2
	专家 3	-2	0.7	2	-2.8	专家 3	-1	0.7	2	-1.4
	专家 4	-2	0.7	2	-2.8	专家 4	-1	0.6	2	-1.2
	专家 5	-2	0.7	2	-2.8	专家 5	-1	0.6	2	-1.2
	专家 6	3	0.5	1	1.5	专家 6	0	0.7	1	0
	专家 7	-1	0.6	1	-0.6	专家 7	-1	0.6	2	-1.2
	$I \cdot C \cdot R$ 的算术均值				-1.67	$I \cdot C \cdot R$ 的算术均值				-1.06

根据专家评判结果（表 4-21）可得：a. 同安湾风险对旅游、港口和渔业功能的支持和影响程度分别为-0.78、-0.33、-1.67。结果表明，风险对渔业功能的制约作用要大于旅游和港口功能。b. 旅游、港口和渔业功能对同安湾风险的支持和影响程度分别为-0.61、-2.08和-1.06。结果表明，未来主导功能发展对风险的影响（增加风险的可能和破坏）从大到小依次为港口、渔业、旅游。c. 综合考虑风险对备选方案的支持和影响以及备选方案对风险的支持和影响可得，旅游功能的风险维度综合分值为-0.78-0.61=-1.39，港口的风险维度综合分值为-0.33-2.08=-3.01，渔业的风险维度综合分值为-1.67-1.06=-2.73。由此可见，从风险维度考虑，同安湾最佳主导功能为旅游。

②维度偏好分析

根据同安湾环境风险回顾性评价和现状评价的相关内容和专家打分结果，同安湾当前所面临的主要环境风险是台风风暴潮风险和船舶溢油风险，对比同安湾主导功能的 3 种备选方案（旅游、港口和渔业）可得到以下结论：当前同安湾存在的台风风暴潮和船舶溢油事故可能会对港口的发展造成巨大的负面影响，造成港口设施破坏和港区海水污染影响；同安湾目前只有台风风暴潮会对渔业养殖带来一定的影响；由于同安湾不存在海上观光旅游的景点，所以当前的环境风险不会对同安湾的旅游产生影响。

从同安湾主导功能备选方案对未来环境风险产生的作用来看，港口发展会进一步加大同安湾发生环境风险的可能性和破坏性，尤其是港口和船舶溢油风险；渔业的发展，会增加台风袭击而造成渔业损失的风险；旅游的发展会增加同安湾旅游观光以及游艇或邮轮溢油的风险，但这个风险与港口和渔业发展造成的风险相比而言，更容易采取相关的措施进行管理。游艇属于非油轮船舶，溢油量也相对较小。综合考虑，从环境风险的角度出发，旅游功能更适宜作为同安湾的主导功能。

③公众参与结果分析

公众参与调查结果显示[①]，在被调查者中，多数公众认为同安湾应该采取“经济中速发展与中等风险或较低风险”的发展模式。

④风险维度决策结果

综上分析，多维决策分析、公众参与结果和维度偏好分析的结果均表明，从风险维度考虑，同安湾的最佳主导功能应该为旅游。

5）东部海域

（1）环境风险的回顾性评价和现状评价

东部海域水深较浅，无深水岸线，也没有港口作业区，目前暂无较大船舶溢油和油码头溢油事故发生。

东部海域台风风暴潮风险参考厦门湾海岸带区域台风风暴潮风险的评价结果。

（2）环境风险的专家评判

根据环境风险回顾性评价和现状评价结果，制定东部海域环境风险的专家评分表，专家打分结果如表 4-22 所示。

表 4-22 的专家评判结果表明，东部海域的综合环境风险的平均值为 3，表明该区域环境风险水平较低。从环境风险类型来看，东部海域环境风险水平相对较高的为台风风暴潮风险（2 分）。

表 4-22　东部海域环境风险专家评分

专家		专家 1	专家 2	专家 3	专家 4	专家 5	专家 6	专家 7	平均值
自然灾害风险	台风风暴潮	2	2	2	2	2	1	2	2
环境事故风险	船舶溢油	3	3	3	3	3	3	3	3
	油码头溢油	3	3	3	3	3	3	3	3

① 海湾海岸带主体功能区划研究总报告．厦门大学环境与生态学院，海洋与海岸带发展研究院，2012.

续表

专家	专家1	专家2	专家3	专家4	专家5	专家6	专家7	平均值
综合评分	2	3	3	3	3	3	3	3

注：低=3，中=2，高=1。

(3) 风险维度决策

①多维决策分析

根据资源定位原则和专家分析结果，初步将东部海域主导功能的备选方案定位为：旅游；港口。根据上述相关环境风险的回顾性评价和现状评价结果，结合生态风险评价的相关结论①，通过专家评判得出东部海域风险维度对备选方案的专家打分结果（表4-23）。

表4-23 东部海域风险维度专家评分

备选方案	风险→产业 [I, C; R]					产业→风险 [I, C; R]				
	专家	I	C	R	I·C·R	专家	I	C	R	I·C·R
旅游	专家1	1	0.7	2	1.4	专家1	0	0.6	1	0.6
	专家2	-1	0.7	2	-1.4	专家2	-1	0.6	1	-0.6
	专家3	-1	0.7	2	-1.4	专家3	-1	0.7	1	-0.7
	专家4	-1	0.7	2	-1.4	专家4	-1	0.6	1	-0.6
	专家5	-1	0.7	2	-1.4	专家5	-1	0.6	1	-0.6
	专家6	3	0.9	1	2.7	专家6	0	0.8	0	0
	专家7	0	0.65	1	0	专家7	0	0.6	2	0
	I·C·R的算术均值				-0.22	I·C·R的算术均值				-0.27
港口	专家1	1	0.7	1	0.7	专家1	-1	0.6	2	-1.2
	专家2	-1	0.7	1	-0.7	专家2	-1	0.6	2	-1.2
	专家3	-1	0.7	1	-0.7	专家3	-1	0.7	2	-1.4
	专家4	-1	0.7	2	-1.4	专家4	-1	0.7	2	-1.4
	专家5	-1	0.7	1	-0.7	专家5	-1	0.6	2	-1.2
	专家6	0	0.8	1	0	专家6	-2	0.7	3	-4.2
	专家7	0	0.6	1	0	专家7	-1	0.6	2	-1.2
	I·C·R的算术均值				-0.4	I·C·R的算术均值				-1.83

根据专家评判结果（表4-23）可得：a. 东部海域风险对旅游和港口功能的支持和影响程度分别为-0.22和-0.4。结果表明，风险对港口功能的制约作用要大于旅游。b. 旅游和港口功能对东部海域风险的支持和影响程度分别为-0.27、-1.83。结果表明，未来发展对风险的影响（增加风险的可能和破坏）为港口大于旅游。c. 综合考虑风险对备选方案的支持和影响以及备选方案对风险的支持和影响可知，旅游功能的风险维度综合分值为-0.22-0.27=-0.49，港口功能的风险维度综合分值为-0.4-1.83=-2.23。由此可见，从

① 海湾海岸带主体功能区划研究总报告．厦门大学环境与生态学院，海洋与海岸带发展研究院，2012.

风险维度考虑，东部海域最佳主导功能应该为旅游。

②维度偏好分析

根据东部海域环境风险回顾性评价和现状评价的相关内容和专家打分结果，东部海域当前所面临的主要环境风险是台风风暴潮风险。对比东部海域的两种备选方案（旅游和港口）可得：由于东部海域直接面向外海，当前东部海域频发的台风风暴潮可能对港口的发展造成巨大的负面影响，造成港口设施的破坏和港区海水污染影响；相对而言，东部海域只有台风风暴潮会对海上观光旅游发展带来一定的影响，但只要采取有效的管制措施即可避免重大的影响。

从东部海域主导功能备选方案对未来环境风险产生的作用来看，港口发展会进一步加大东部海域发生环境风险的可能性和破坏性，尤其是港口破坏的风险和船舶溢油风险；旅游的发展会增加海上观光旅游的风险以及游艇溢油风险，但这两种风险与港口发展造成的风险相比而言，更容易采取相关的措施进行管理，且东部海域未来游艇规划的规模较小①，而且游艇属于非油轮船舶，溢油量很小。综合考虑，从环境风险的角度出发，旅游功能更适宜作为东部海域的主导功能。

③公众参与结果分析

公众参与调查结果显示①，在被调查者中多数公众认为东部海域应该采取“经济中速发展与中等风险或较低风险”的发展模式。

④风险维度决策结果

综上分析，多维决策分析、公众参与结果和维度偏好分析的结果均表明，从风险维度考虑，东部海域的最佳主导功能为旅游。

6）大嶝海域

（1）环境风险的回顾性评价和现状评价

大嶝海域水深较浅，无深水岸线且无大型商业港口作业区，目前暂无较大船舶溢油和油码头溢油事故发生。

大嶝海域台风风暴潮风险参考厦门湾海岸带区域台风风暴潮风险的评价结果。

（2）环境风险的专家评判

根据上述环境风险回顾性评价和现状评价的结果，制订大嶝海域环境风险专家评分表，专家打分结果如表 4-24 所示。表 4-24 的专家评判结果表明，大嶝海域的综合环境风险平均值为 3，表明该区域环境风险水平较低。从环境风险类型来看，大嶝海域环境风险水平相对较高的为台风风暴潮风险（2 分）。

---

① 海湾海岸带主体功能区划研究总报告．厦门大学环境与生态学院，海洋与海岸带发展研究院，2012.

表 4-24 大嶝海域环境风险专家评分

专家		专家1	专家2	专家3	专家4	专家5	专家6	专家7	平均值
自然灾害风险	台风风暴潮	2	2	2	2	2	2	2	2
环境事故风险	船舶溢油	3	3	3	3	3	2	3	3
	油码头溢油	3	3	3	3	3	2	3	3
综合评分		3	3	3	3	3	2	3	3

注：低=3，中=2，高=1。

（3）风险维度决策

①多维决策分析

根据资源定位和SWOT分析结果，初步将大嶝海域主导功能的备选方案确定为：旅游；港口；渔业。根据大嶝海域环境风险的回顾性评价和现状评价结果，结合生态风险评价的相关结论①，通过专家的评判，得出大嶝海域风险维度对备选方案的打分结果（表4-25）。

根据专家评判结果（表4-25）可得：a. 大嶝海域风险对旅游、港口和渔业功能的支持和影响程度分别为-0.41、-0.5、-1.83。结果表明，风险对渔业功能的制约作用要大于旅游和港口。b. 旅游、港口和渔业功能对大嶝海域风险的支持和影响程度分别为-0.51、-1.54和-0.96。结果表明，未来区域发展对风险的影响（增加风险的可能和破坏）从大到小依次为：港口、渔业、旅游。c. 综合考虑风险对备选方案的支持和影响以及备选方案对风险的支持和影响可得，旅游功能的风险维度综合分值为-0.41-0.51=-0.92，港口的风险维度综合分值为-0.5-1.54=-2.06，渔业的风险维度综合分值为-1.83-0.96=-2.77。由此可见，从风险维度考虑，大嶝海域最佳主导功能应该为旅游。

表 4-25 大嶝海域风险维度专家评分

备选方案	风险→产业 [*I*, *C*; *R*]					产业→风险 [*I*, *C*; *R*]				
	专家	*I*	*C*	*R*	*I*·*C*·*R*	专家	*I*	*C*	*R*	*I*·*C*·*R*
旅游	专家1	0	0.7	2	0	专家1	0	0.6	1	0
	专家2	-1	0.7	2	-1.4	专家2	-1	0.6	1	-0.6
	专家3	-1	0.7	2	-1.4	专家3	-1	0.6	1	-0.6
	专家4	-1	0.7	2	-1.4	专家4	-1	0.6	1	-0.6
	专家5	-1	0.7	2	-1.4	专家5	-1	0.6	1	-0.6
	专家6	3	0.9	1	2.7	专家6	0	0.8	0	0
	专家7	0	0.65	1	0	专家7	-1	0.6	2	-1.2
	I·*C*·*R*的算术均值				-0.41	*I*·*C*·*R*的算术均值				-0.51

① 海湾海岸带主体功能区划研究总报告．厦门大学环境与生态学院，海洋与海岸带发展研究院，2012.

续表

备选方案	风险→产业 [I, C; R]					产业→风险 [I, C; R]				
	专家	I	C	R	I·C·R	专家	I	C	R	I·C·R
港口	专家1	0	0.7	1	0	专家1	-1	0.7	2	-1.4
	专家2	-1	0.7	1	-0.7	专家2	-1	0.7	2	-1.4
	专家3	-1	0.8	1	-0.8	专家3	-1	0.7	2	-1.4
	专家4	-1	0.7	1	-0.7	专家4	-1	0.7	2	-1.4
	专家5	-1	0.7	1	-0.7	专家5	-1	0.7	2	-1.4
	专家6	-1	0.6	1	-0.6	专家6	-1	0.9	3	-2.7
	专家7	0	0.6	1	0	专家7	-1	0.6	2	-1.2
	I·C·R的算术均值				-0.5	I·C·R的算术均值				-1.54
渔业	专家1	-2	0.7	2	-2.8	专家1	0	0.6	2	0
	专家2	-2	0.7	2	-2.8	专家2	-1	0.6	2	-1.2
	专家3	-2	0.7	2	-2.8	专家3	-1	0.6	2	-1.2
	专家4	-2	0.7	2	-2.8	专家4	-1	0.9	2	-1.8
	专家5	-2	0.7	2	-2.8	专家5	-1	0.6	2	-1.2
	专家6	3	0.6	1	1.8	专家6	0	0.8	1	0
	专家7	-1	0.6	1	-0.6	专家7	-1	0.6	2	-1.2
	I·C·R的算术均值				-1.83	I·C·R的算术均值				-0.96

②维度偏好分析

当前大嶝海域频发的台风风暴潮风险可能会对港口的发展造成巨大的负面影响，造成港口设施的破坏；同时，台风风暴潮也会对渔业养殖带来一定的影响；由于大嶝海域不存在海上观光旅游的景点①，所以当前的环境风险不会对大嶝海域的旅游产生影响。

从大嶝海域主导功能备选方案对未来环境风险产生的作用来看，港口发展会进一步加大大嶝海域发生环境风险的可能性和破坏性，尤其是台风对港口破坏的风险和船舶溢油的风险；渔业的发展会增加台风袭击而造成渔业损失的风险；旅游的发展会增加大嶝海域游艇溢油的风险，但游艇属于非油轮船舶，溢油量很小。综合考虑，从环境风险的角度出发，旅游功能更适宜作为大嶝海域的主导功能。

③公众参与结果分析

本区域未进行公众参与调查，公众参与结果可参照厦门湾海岸带区域总体调查结果②。

④风险维度决策结果

多维决策分析、公众参与结果和维度偏好分析的结果表明，其都支持大嶝海域的主导功能为旅游。因此，风险维度最终支持将旅游作为大嶝海域的主导功能。

① 海湾海岸带主体功能区划研究总报告．厦门大学环境与生态学院，海洋与海岸带发展研究院，2012.

② 同①。

7）围头湾

（1）环境风险的回顾性评价和现状评价

围头湾有深水岸线且已建有多个港区，天然条件良好的航道和众多的锚地有利于港口业的开发。2009 年泉州市港务局的《围头湾航道工程环评报告》[①] 中的数据表明，在金井围填区域的偏西南方向是围头湾的主要航道（大致从石井码头至围头角），乘潮可通航 50 000吨级的船舶。上述资料表明，1991—2004 年发生在泉州围头湾海域的船舶交通事故共 17 起，其中发生船舶溢油事故 11 起，溢油事故发生的概率为 0. 647。

围头湾台风风暴潮风险参考厦门湾海岸带区域台风风暴潮风险的评价结果。

（2）环境风险专家评判

根据上述环境风险回顾性评价和现状评价的结果，制订围头湾环境风险专家评分表，专家打分结果如表 4-26 所示。表 4-26 的专家评判结果表明，围头湾的综合环境风险平均值为 3，表明该区域环境风险水平较低。从环境风险类型来看，围头湾环境风险水平较高的为台风风暴潮和船舶溢油风险（均为 2 分）。

表 4-26　围头湾风险专家评分

专家		1	2	3	4	5	6	7	平均值
自然灾害风险	台风风暴潮	2	2	2	2	2	2	2	2
环境事故风险	船舶溢油	2	3	3	3	3	2	2	2
	油码头溢油	3	3	3	3	3	2	3	3
综合评分		2	3	3	3	3	2	2	3

注：低=3，中=2，高=1。

（3）风险维度决策

①多维决策分析

根据资源定位和 SWOT 分析结果，初步将围头湾主导功能的备选方案确定为：旅游；港口；渔业。基于上述对围头湾环境风险的回顾性评价和现状评价结果，结合生态风险评价的相关结论[②]，通过专家的评判，得出围头湾风险维度对备选方案的打分结果如表 4-27 所示。

① 围头湾航道工程环评报告．泉州市港务局，2009.

② 海湾海岸带主体功能区划研究总报告．厦门大学环境与生态学院，海洋与海岸带发展研究院，2012.

表 4-27　围头湾风险维度专家评分

备选方案	风险→产业 [I, C; R]					产业→风险 [I, C; R]				
	专家	I	C	R	I·C·R	专家	I	C	R	I·C·R
旅游	专家1	-1	0.7	2	-1.4	专家1	0	0.6	1	0
	专家2	-1	0.7	2	-1.4	专家2	-1	0.7	1	-0.7
	专家3	-1	0.7	2	-1.4	专家3	-1	0.7	1	-0.7
	专家4	-1	0.7	2	-1.4	专家4	-1	0.6	1	-0.6
	专家5	-1	0.7	2	-1.4	专家5	-1	0.6	1	-0.6
	专家6	1	0.5	1	0.5	专家6	0	0.5	0	0
	专家7	-1	0.65	1	-0.65	专家7	0	0.6	2	0
	I·C·R的算术均值				-1.02	I·C·R的算术均值				-0.37
港口	专家1	-1	0.7	1	-0.7	专家1	-2	0.7	2	-2.8
	专家2	-1	0.7	1	-0.7	专家2	-1	0.7	2	-1.4
	专家3	-1	0.7	1	-0.7	专家3	-1	0.8	2	-1.6
	专家4	-1	0.7	1	-0.7	专家4	-1	0.8	2	-1.6
	专家5	-1	0.7	1	-0.7	专家5	-1	0.7	2	-1.4
	专家6	0	0.8	1	0	专家6	-1	0.8	3	-2.4
	专家7	-1	0.6	1	-0.6	专家7	-1	0.6	2	-1.2
	I·C·R的算术均值				-0.59	I·C·R的算术均值				-1.77
渔业	专家1	-1	0.7	2	-1.4	专家1	0	0.6	2	0
	专家2	-1	0.7	2	-1.4	专家2	-1	0.6	2	-1.2
	专家3	-2	0.7	2	-2.8	专家3	-1	0.6	2	-1.2
	专家4	-2	0.7	2	-2.8	专家4	-1	0.7	2	-1.4
	专家5	-2	0.7	2	-2.8	专家5	-1	0.6	2	-1.2
	专家6	0	0.5	1	0	专家6	0	0.6	1	0
	专家7	-1	0.6	1	-0.6	专家7	-1	0.6	2	-1.2
	I·C·R的算术均值				-1.66	I·C·R的算术均值				-0.89

根据专家评判结果（表4-27）可得：a. 围头湾风险对旅游、港口和渔业功能的支持和影响程度分别为-1.02、-0.59、-1.66。结果表明，风险对渔业功能的制约作用要大于旅游和港口功能。b. 旅游、港口和渔业功能对围头湾环境风险的支持和影响程度分别为-0.37、-1.77和-0.89。结果表明，未来区域发展对风险的影响（增加风险的可能和破坏）从大到小依次为：港口、渔业、旅游。c. 综合考虑风险对备选方案的支持和影响以及备选方案对风险的支持和影响可知，旅游功能的风险维度综合分值为-1.02-0.37=-1.39，港口的风险维度综合分值为-0.59-1.77=-2.36，渔业的风险维度综合分值为-1.66-0.89=-2.55。由此可见，从风险维度考虑，围头湾最佳主导功能为旅游。

②维度偏好分析

由于围头湾面对外海，当前围头湾频发的台风风暴潮和船舶溢油风险可能会对港口的发展造成巨大的负面影响，造成港口设施破坏和港区环境污染；台风风暴潮也会对围头湾渔业养殖带来一定的影响；由于围头湾不存在海上观光旅游景点，不适合发展游艇娱乐行业[①]，所以当前的环境风险不会对围头湾的旅游产生影响。

从围头湾主导功能备选方案对未来环境风险产生的作用来看，港口发展会进一步加大围头湾发生环境风险的可能性和破坏性，尤其是对港口破坏的风险和船舶溢油风险；渔业的发展，会增加台风袭击而造成渔业损失的风险；由于围头湾不存在海上观光旅游景点，不适合发展游艇娱乐行业，所以围头湾的旅游发展不会增加以上任何环境风险。综合考虑，从环境风险的角度出发，旅游功能更适宜作为围头湾的主导功能。

③公众参与结果分析

本区域未进行公众参与调查，公众参与结果可参照厦门湾海岸带区域总体调查结果[①]。

④风险维度决策结果

多维决策分析、公众参与结果和维度偏好分析的结果表明，其都支持大嶝海域的主导功能为旅游。因此，风险维度最终支持将旅游作为围头湾的主导功能。

4.2.4.4 小结

（1）当前厦门湾存在的主要风险有台风风暴潮风险、船舶溢油风险；此外，厦门西海域也可能面临油码头溢油事故的风险。

（2）通过环境风险回顾性评价和现状评价可知，厦门湾综合环境风险水平为中等，根据环境风险与决策备选方案之间的多维决策专家打分的结果可知，从风险维度考虑，厦门湾海岸带区域适合以发展旅游作为主体功能。

（3）通过各海区回顾性评价和现状评价可知，其中九龙江河口区、南部海域、东部海域、围头湾以及大嶝海域的环境风险值较低，西海域和同安湾海域环境风险值中等。从各海区环境风险与主体功能区划备选方案之间的多维决策专家打分的结果可得，从风险的维度考虑，各海岸带区域均支持以旅游作为其主导功能，因为旅游所产生的风险要比渔业或港口作为主导功能小。

（4）公众参与的分析结果表明，厦门市应在经济中速发展的同时，风险水平应控制在中等及以下，其中发展旅游符合大部分公众的意见，与专家评分的结果基本一致。

（5）风险维度偏好分析的结果表明：无论是从厦门湾海岸带区域或是从各分区域的角度而言，研究人员均偏向于将旅游作为厦门湾海岸带区域的主体功能以及各海区的主导功能。

（6）厦门湾海岸带主体功能区划风险评价（环境风险和生态风险）最终结果为：从风险维度而言，厦门湾海岸带区域的主体功能应为旅游，厦门湾各海区的主导功能也应为旅游。

---

① 海湾海岸带主体功能区划研究总报告．厦门大学环境与生态学院，海洋与海岸带发展研究院，2012.

4.2.5　厦门湾海岸带主体功能区划制定后（为管理服务）的环境风险评价（风险管理）

综合厦门湾海岸带区域 7 个维度（资源、社会、区位、经济、环境、生态和风险）综合分析的结果，厦门湾海岸带区域的主体功能为旅游；在厦门湾各分海区中，九龙江河口区和围头湾的主导功能偏向港口，其余海区的主导功能均为旅游。厦门湾海岸带区域的主体功能和兼顾功能，区域各分海区的主导功能和兼顾功能及其开发强度详见表 4-28①。

表 4-28　厦门湾海岸带区域及其 7 个分海区功能与开发强度的确定

区域名称	主体/主导功能	主体/主导功能开发强度	兼顾功能	兼顾功能开发强度
厦门湾海岸带区域	旅游	重点开发	港口	限制开发
西海域	旅游	优化开发	港口	限制开发
九龙江河口区	港口	重点开发	旅游 渔业	限制开发 限制开发
南部海域	旅游	重点开发	港口	限制开发
东部海域	旅游	重点开发	—	—
同安湾	旅游	重点开发	港口	限制开发
大嶝海域	旅游	重点开发	渔业	限制开发
围头湾	港口	优化开发	旅游 渔业	限制开发 限制开发

本节在参照表 4-28 相关结论的基础上，按照 3. 3. 2 节与 3. 4. 2 节中关于区域规划制定后环境风险评价的技术路线和区域综合环境风险评价的相关方法（在风险均能定量的情况下，主要是概率统计分析法和风险矩阵法），识别由海岸带区域规划优选方案（表 4-28）中已确定的厦门湾海岸带区域的主体功能和各分海区的主导功能在实施阶段可能产生的各种环境风险，比较和排序区域内（或各个海区）存在的环境风险，确定区域范围内（或各分海区）首要和次要的环境风险，以此作为相应风险管理措施提出的参考依据，为厦门湾海岸带区域的风险管理服务。

4. 2. 5. 1　厦门湾海岸带主体功能区划及各分海区主导功能优选方案的环境风险预测识别

鉴于 4. 2. 3. 2 节中已经对厦门湾海岸带区域以及各分海区的环境风险开展了回顾性评价和现状评价，故本阶段将根据 3. 4. 2 节中所构建的方法体系，参考前两个步骤中（4. 2. 3. 2 节和 4. 2. 4 节）的评价结果，特别是专家评判结果，对区域规划最佳方案确定后将来可能产生的区域环境风险进行预测性识别。

① 海湾海岸带主体功能区划研究总报告. 厦门大学环境与生态学院，海洋与海岸带发展研究院，2012.

根据表 4-28 和前两个步骤中评价的相关结果可得出以下结论。

（1）厦门湾海岸带区域的主体功能是旅游，兼顾功能为港口。发展旅游在未来所面临的环境风险是：台风风暴潮所造成的海上观光旅游的风险和游艇数量增加而导致的船舶溢油风险。港口发展在未来所面临的环境风险是：船舶数量增加导致船舶溢油风险增大；台风风暴潮导致船舶溢油事故增加以及台风风暴潮造成的港口破坏。

（2）九龙江河口区的主导功能是港口，兼顾功能是旅游和渔业。港口发展在未来所面临的环境风险同上述 3 种风险：即船舶数量增加导致船舶溢油风险增大；台风风暴潮导致船舶溢油事故增加以及台风风暴潮造成港口破坏。由于九龙江河口区不存在海上观光旅游项目[①]，所以未来九龙江河口区兼顾功能产生的环境风险主要在于渔业风险：台风造成的渔业损失风险和渔船溢油的风险。

（3）南部海域的主导功能是旅游，兼顾功能是港口（主要是航道和锚地，少量港口）。由于该区域不适合发展游艇娱乐和邮轮母港，故旅游以度假型和海上观光型旅游为主[①]。因此，该区域发展旅游可能产生的环境风险是台风风暴潮所导致的海上旅游和观光（快艇游和海上看金门）的风险。航道和锚地给这一区域带来的环境风险同上述港口的 3 种风险：①船舶数量增加导致船舶溢油风险增大；②台风风暴潮导致船舶溢油事故增加；③台风风暴潮造成港口破坏。

（4）西海域的主导功能是旅游，兼顾功能是港口（邮轮母港，且西海域是油码头集中区）。该区域不仅适合发展海上观光旅游，而且还具备发展游艇娱乐和邮轮母港的条件[①]。因此，该区域发展旅游所面临的环境风险是台风风暴潮所导致的海上旅游和观光的风险（环鼓浪屿游）以及由于游艇和邮轮数量的增加而导致船舶溢油事故增加的风险。兼顾功能港口给这一区域带来的环境风险同上述港口的 3 种风险：①船舶数量增加导致船舶溢油风险增大；②台风风暴潮导致船舶溢油事故增加；③台风风暴潮造成港口破坏。

（5）同安湾的主导功能是旅游，兼顾功能是港口（商港）。该区域不仅适合发展观光旅游，而且还具备发展游艇娱乐的条件。但是，由于同安湾的观光旅游少量集中在周边的岛屿，大部分都集中在陆地，如小坪水库、莲花溪、五缘湾湿地公园等[①]，因此，该区域发展旅游所面临的主要环境风险则是：游艇数量增加而导致船舶溢油事故增加的风险。兼顾功能港口（商港）给这一区域带来的环境风险同上述港口的 3 种风险：①船舶数量增加导致船舶溢油风险增大；②台风风暴潮导致船舶溢油事故增加；③台风风暴潮造成港口破坏。

（6）东部海域的主导功能是旅游，没有兼顾功能。该区域不仅适合发展海上观光旅游（厦金航线观光游），而且还具备发展游艇娱乐的条件[①]。因此，该区域发展旅游所面临的主要环境风险是：台风风暴潮所导致的海上观光旅游的风险和游艇数量的增加导致船舶溢油事故的风险。

① 海湾海岸带主体功能区划研究总报告．厦门大学环境与生态学院，海洋与海岸带发展研究院，2012.

（7）大嶝海域的主导功能是旅游，兼顾功能是渔业。该区域不仅适合发展观光旅游，而且还具备发展游艇娱乐的条件。大嶝海域的观光旅游主要集中在附近的岛屿和陆地上，所以此类旅游相对于海上观光游而言受台风的影响很小。因此，该区域发展旅游所面临的主要环境风险是游艇数量的增加而导致船舶溢油的风险。兼顾渔业所面临的另两个环境风险是：①台风风暴潮所导致渔业养殖的巨大损失风险；②渔船溢油的风险。

（8）围头湾的主导功能是港口，兼顾功能是旅游和渔业。港口发展所面临的环境风险同上述港口的 3 种风险：①船舶数量增加导致船舶溢油风险增大；②台风风暴潮导致船舶溢油事故增加；③台风风暴潮造成港口破坏。由于围头湾不适合发展游艇娱乐和邮轮母港，观光型旅游主要集中于陆地上，且旅游发展规模很小，所以发展旅游并给围头湾带来相关的环境风险很小，在此不做考虑。围头湾兼顾发展渔业，那么面临的另一个环境风险则是台风风暴潮所导致渔业养殖的巨大损失。

综上所述，厦门湾海岸带区域的主体功能及其各分海区未来在发展各自主导功能和兼顾功能的情况下所面临的环境风险如表 4-29 所示。

表 4-29　厦门湾海岸带区域的主体功能及其 7 个分海区主导功能与兼顾功能未来存在的潜在的环境风险

区域名称	主导功能及其未来所导致的环境风险		兼顾功能及其未来所导致的环境风险		区域所面临的所有环境风险
厦门湾海岸带区域	旅游	台风风暴潮所造成的海上观光旅游的风险 游艇数量增加而导致的船舶溢油风险	港口	船舶数量增加导致船舶溢油风险增大 台风风暴潮导致船舶溢油事故增加 台风风暴潮造成港口破坏	海上旅游风险 船舶溢油风险 港口破坏风险
九龙江河口区	港口	船舶溢油风险（包含台风条件下增加的溢油风险） 台风导致港口破坏风险	旅游	（无旅游资源，风险可忽略）	船舶（包含渔船）溢油风险 渔业损失风险
			渔业	渔业损失风险 渔船溢油风险	
西海域	旅游	海上旅游风险和船舶（游艇和邮轮）溢油风险	港口	船舶溢油风险（包含台风条件下增加的溢油风险） 台风导致港口破坏风险 油码头溢油风险	海上旅游风险 港口破坏风险 船舶溢油风险 油码头溢油
南部海域	旅游	海上旅游风险	港口	船舶溢油风险（包含台风条件下增加的溢油风险） 台风导致港口破坏风险	海上旅游风险 船舶溢油风险 港口破坏风险
东部海域	旅游	海上旅游风险和船舶（游艇）溢油风险		无兼顾功能	海上旅游风险和船舶（游艇）溢油风险
同安湾	旅游	船舶（游艇）溢油	港口	船舶溢油风险（包含台风条件下增加的溢油风险） 台风导致港口破坏风险	船舶(包含游艇)溢油风险 港口破坏风险

续表

<table>
<tr><th>区域名称</th><th colspan="2">主导功能及其未来所导致的环境风险</th><th colspan="2">兼顾功能及其未来所导致的环境风险</th><th>区域所面临的所有环境风险</th></tr>
<tr><td>大嶝海域</td><td>旅游</td><td>船舶（游艇）溢油</td><td>渔业</td><td>渔业的损失风险
渔船溢油风险</td><td>海上旅游风险
船舶（游艇）溢油风险
渔业损失风险</td></tr>
<tr><td rowspan="2">围头湾</td><td rowspan="2">港口</td><td rowspan="2">船舶溢油风险（包含台风条件下增加的溢油风险）
港口破坏风险</td><td>旅游</td><td>无兼顾功能</td><td rowspan="2">船舶(包含渔船)溢油风险
港口破坏风险</td></tr>
<tr><td>渔业</td><td>渔业的损失风险
渔船溢油风险</td></tr>
</table>

从表4-29可以看出，由于厦门湾海岸带区域的主体功能和兼顾功能，以及各分海区主导功能和兼顾功能的不同，未来所可能导致的环境风险也不尽相同。总而言之，如果案例研究区域未来考虑到港口发展（无论是主导功能或是兼顾功能），其可能导致的环境风险主要是3种类型：①船舶数量增加导致的船舶溢油风险增大；②台风风暴潮导致船舶溢油事故增加；③台风风暴潮造成港口破坏。其中船舶溢油的风险包含了未来港口发展导致的溢油风险以及台风造成溢油增加的风险；如果研究区域未来考虑到发展旅游，可能导致的环境风险主要有两种类型（根据旅游资源的情况而定）：海上观光旅游风险，或者游艇数量增加而导致船舶溢油风险。如果研究区未来考虑发展到渔业，可能导致的环境风险主要是：台风造成的渔业损失风险。

4.2.5.2 厦门湾海岸带主体功能区划优选方案的环境风险预测分析与表征

根据厦门湾海岸带区域及其各分海区环境风险预测性识别的结论（表4-29），对各个分海区主导功能优选方案的环境风险进行预测分析，然后采用风险矩阵法以表征厦门湾海岸带区域及其各分海区在主体（导）功能优选方案的情况下所产生的各种环境风险的大小，为厦门湾海岸带区域及其各分海区环境风险的管理提供参考依据。

鉴于当前国内外对于风险发生可能性（或概率）的等级评判并没有一个统一的标准，本书参考相关文献（林宙峰，2007）中关于风险发生可能性的5种等级划分：①罕见：仅在特殊情况下，可能发生，其余情况基本不发生；②不太可能发生：一般估计不会发生；③也许发生：在一些时候，可能发生；④可能发生在绝大多数环境下，预计会发生；⑤几乎一定发生：绝大多数环境下，预计发生。在以下的研究中，这些评判标准必须结合实际情况，包括风险相关的概率值和未来发展的具体情况综合考虑确定。

各种环境风险类型后果（即风险值）的确定参考林宙峰（2007）中关于环境风险后果的评判标准进行等级划分。风险损失忽略不计为损失甚微，$0\sim10^4$元/a为较小损失，$10^4\sim10^6$元/a为一般损失，$10^6\sim10^7$元/a为重大损失，10^7元/a以上为灾难性损失。

综上所述，根据3.4.1节中的图3-4得出环境风险评估的标准矩阵（表4-30），其中E代表极度风险，需要立即采取处理措施；H代表高度风险，不可接受，必须关注并采取措施；*M* 代表中度风险，可接受，但必须制定风险管理的职责；*L* 代表低度风险，可接受，按常规程序进行管理。鉴于 4. 2. 4. 2 节中对厦门湾海岸带主体功能区划的两个备选方案在未来产生的环境风险已经进行了预测评价，所以本小节将不再赘述。

表 4-30　海岸带环境风险表征的标准矩阵

风险发生的可能性	风险的后果（风险值）				
	甚微	较小	一般	重大	灾难
几乎一定发生	H	H	E	E	E
可能发生	M	H	H	E	E
也许发生	L	M	H	E	E
不太可能发生	L	L	M	H	E
罕见	L	L	M	H	H

根据表 4-29 的风险识别结果和 4. 2. 4. 2 节中的预测分析数据可得，厦门湾未来以旅游为主体功能，产生的环境风险为：①台风风暴潮造成的海上旅游风险，风险值为 3.7×10^{7} 元/a；②游艇或邮轮数量的增加所导致的船舶溢油风险为 6.0×10^{4} 元/a。

厦门湾未来还兼顾发展港口，那么产生的环境风险为：①台风风暴潮对港口破坏的风险，风险值为 1.3×10^{8} 元/a；②台风风暴潮所增加的船舶溢油风险，风险值为 2.2×10^{5} 元/a；③未来港口发展导致的船舶溢油风险，风险值为 1.2×10^{6} 元/a，因此，厦门湾未来港口发展导致的船舶溢油总风险值是 1.4×10^{6} 元/a。厦门湾固有的油码头溢油风险值发展前后不变，为 9.0×10^{4} 元/a。综上所述，厦门湾海岸带主体功能区划优选方案未来环境风险排序见表 4-31。

表 4-31　厦门湾海岸带主体功能区划优选方案未来环境风险排序

环境风险类别	风险值（元/a）	风险排序
海上旅游风险（台风造成）	3.7×10^{7}	2
游艇或邮轮溢油风险	6.0×10^{4}	5
港口破坏风险（台风造成）	1.3×10^{8}	1
未来港口的船舶溢油风险（包含台风增加的溢油）	1.4×10^{6}	3
油码头溢油风险	9.0×10^{4}	4

根据表 4-31 中的相关评价结果，依据上述风险的可能性及其后果的评判标准（表 4-30），得出厦门湾海岸带主体功能区划优选方案未来环境风险等级及接受水平划分（表 4-32）。其中，根据上述风险概率的值以及未来厦门湾发展的实际情况可知，由于厦门湾未来主体发展旅游，港口发展为限制开发，加之游艇或邮轮发生的概率很小，为 0. 002，所以在船舶溢油风险方面，其发生的可能性是也许。而台风风暴潮几乎每年都可能会影响到厦门，油码头溢油的概率达到 1. 8 起/a，所以这两类风险的可能性级别为可能。

表 4-32 厦门湾海岸带主体功能区划优选方案未来环境风险等级及其接受水平划分

风险类别	发生可能性	后果	风险等级	是否可以接受
海上旅游风险（台风造成）	可能	重大	E	极度风险，不可接受
游艇或邮轮溢油风险	也许	一般	M	中度风险，可接受
港口破坏风险（台风造成）	可能	灾难	E	极度风险，不可接受
未来港口船舶溢油风险（包含台风增加的溢油）	也许	重大	E	极度风险，不可接受
油码头溢油风险	可能	较小	H	高度风险，不可接受

从表 4-32 可以看出，厦门湾海岸带区域在以旅游为主体功能，港口为兼顾功能的情况下，港口遭受台风破坏的风险、未来港口船舶溢油风险以及海上旅游风险（台风造成）的水平均属于极度风险，不可接受；油码头溢油风险属于高度风险，不可接受；游艇或邮轮造成的溢油风险属于中度风险，可以接受。

4.2.5.3 厦门湾各分海区主导功能优选方案的环境风险预测分析与表征

1）九龙江河口区

（1）九龙江河口区未来环境风险的预测分析

根据表 4-29 中九龙江河口区未来主导功能优选方案环境风险的预测识别结果，未来九龙江河口区的主要环境风险是：港口发展导致的船舶溢油风险（包括台风增加的油轮溢油）；台风风暴潮造成的港口破坏风险；台风造成的渔业损失风险；渔船溢油风险。

①港口发展导致的船舶溢油风险

由于缺乏九龙江河口区未来 S 年进出的船舶数量，本节将类比厦门湾的相关数据进行分析。预测资料表明，未来厦门湾的年吞吐量将达 $22\,500\times10^4$ t，九龙江河口区的年吞吐量将达 $8\,764\times10^4$ t[①]，可以推算出未来 S 年内进出九龙江河口区的船只约为 101 273 S 艘次。由于油轮的比例不变（参考厦门湾全湾的数据为 2%），单位船舶溢油的概率不变，为 $1.1522\times10^{-5}/S$（参考厦门湾全湾的数据）。根据式（4-2）和式（4-3）可以得出：未来 S 年内九龙江河口区港口发展而产生的油轮溢油风险概率为：$101\,273\,S\times(18-3\times2\%)/16\times1.152\,2\times10^{-5}/S\times2\%=0.027\approx3/100$ 起/a，非油轮溢油的概率为：$101\,273\,S\times98\%\times1.152\,2\times10^{-5}/S\times4/(133-7)=0.037\approx1/25$ 起/a。所以，九龙江河口区船舶增加（港口发展）的预测溢油风险损失值 $R_{预测溢油}=(3/100$ 起/a$+1/25$ 起/a$)\times730$ 万元/起$=4.7\times10^5$ 元/a。

台风风暴潮也会导致港口船舶（油轮）溢油事故风险的增加。参考厦门湾港口发展风险预测的数据，九龙江河口区未来油轮所占的比例与厦门湾全湾相同，将上升 1%，即 $\Delta R=1\%$。台风风暴潮下船舶事故发生的概率与厦门湾全湾相同，将增加 1%，即 $\Delta p=1\%$，根

① 海湾海岸带主体功能区划研究总报告．厦门大学环境与生态学院，海洋与海岸带发展研究院，2012.

据式（4-2），可以求出未来在港口发展的条件下，由于台风所导致的单位油轮溢油概率为：（18-3×3%）/16×1.01×1.152 2×10^{-5}/S×101 273S＝0.041。因此，未来九龙江河口区由于台风所导致的油轮溢油增加的概率为：0.041－0.024＝0.017≈1/50 起/a。所以，$R_{台风增加的溢油}$＝1/50 起/a×730 万元/起＝1.4×10^5元/a。

综上所述，九龙江河口区港口发展所导致的船舶溢油总的风险损失值 $R_{总}$＝$R_{台风增加的溢油}$＋$R_{预测溢油}$＝6.1×10^5元/a。

②台风风暴潮造成的港口破坏风险

类比 4.2.3.2 节中厦门湾的结果，未来港口在台风风暴潮下的年平均损失为 13 170 万元，对比厦门湾海岸带区域与九龙江河口区未来的吞吐量，未来九龙江河口区港口发展遭受台风风暴潮的年损失将达 5 144 万元。假设台风风暴潮未来概率不变，那么 $R_{港口破坏}$约为 5.1×10^7元/a。

③台风造成的渔业损失风险

鉴于目前缺乏厦门湾海岸带区域和九龙江河口区因台风而造成的渔业损失统计资料，因此类比罗源湾相关的数据资料，未来罗源湾渔业养殖面积将达到 3 760 hm^2，由于台风风暴潮造成的平均损失达 1 亿元/a①。九龙江河口区的养殖面积达 590 hm^2，因此可以推算九龙江河口区渔业养殖因为台风而造成的年平均损失约为 1 570 万元，假设台风风暴潮未来概率不变，那么 $R_{渔业损失}$约为 1.6×10^7元/a。

④渔船的溢油风险

由于缺乏九龙江河口区渔船数量的相关统计资料，故类比厦门湾海岸带区域的数据进行预测分析。根据相关数据，2009 年未来进出厦门湾海岸带区域的渔船数量将达到每年 3 400艘，渔业养殖面积达到 2 040 hm^2（由于未来厦门湾渔业不再发展，故可用作相应的预测数据），九龙江河口区的养殖面积达 590 hm^2；由此类比推算出九龙江河口区未来的渔船数可达 980 艘左右，代入非油轮溢油预测模型（4.2.4.2 节）中的式（4-3）中可得：$P_{渔船溢油}$＝980/101 273×101 273 S×1.152 2×10^{-5}/S×4/（133-7）＝3.6×10^{-4}，平均单位溢油损失取 730 万元/起，可得：$R_{渔船溢油}$＝2 628 元/a。

综上所述，九龙江河口区主导功能优选方案未来的环境风险排序见表 4-33。

表 4-33　九龙江河口区主导功能和兼顾功能优选方案未来环境风险排序

环境风险类别	风险值/（元/a）	风险排序
渔业损失的风险（台风造成）	1.6×10^7	2
渔船溢油的风险	2 628	4
港口破坏风险（台风造成）	5.1×10^7	1
未来港口的船舶溢油风险（包含台风增加的溢油）	6.1×10^5	3

① 罗源县海洋与渔业局 2012 年工作总结．罗源县海洋与渔业局，2012.

(2) 九龙江河口区未来环境风险的预测表征

根据表 4-33 的评价结果，依据表 4-30 的风险可能性及其后果的评判标准得出未来九龙江河口区主导功能优选方案环境风险等级及其接受水平见表 4-34。根据风险概率以及未来九龙江河口区的地理位置以及未来发展的实际情况，由于九龙江河口区靠近南部海域(外海)，加之台风风暴潮历年都袭击厦门，所以在台风风暴潮造成的渔业损失和港口破坏的风险发生的可能性级别定为“可能发生”。由于九龙江河口区重点发展港口，所以今后由于台风风暴潮增加的油轮溢油风险和船舶溢油风险发生的可能性级别也属于“可能发生”。鉴于九龙江河口区兼顾发展渔业，渔船溢油发生的客观概率很小（10^{-4}级别)，渔船数量相对较少，所以未来九龙江河口区渔船溢油风险发生的可能性级别为“不太可能”。

表 4-34　九龙江河口区主导功能和兼顾功能优选方案未来环境风险等级及接受水平划分

风险类别	发生可能性	后果	风险等级	是否可以接受
港口破坏风险（台风造成）	可能	重大	E	极度风险，不可接受
未来港口的船舶溢油风险（包含台风增加的溢油）	可能	一般	H	高度风险，不可接受
渔业损失风险（台风造成）	可能	重大	E	极度风险，不可接受
渔船溢油的风险	不太可能	较小	L	低度风险，可接受

从表 4-34 可以看出，九龙江河口区在以港口为主导功能，旅游和渔业为兼顾功能的情况下，渔业遭受台风破坏的风险水平和港口遭受台风破坏的风险属于极度风险，不可接受；未来港口船舶溢油的风险属于高度风险，不可接受；而未来渔业发展所导致的渔船溢油的风险值很低，属于低度风险，可以接受。

2) 南部海域

(1) 南部海域未来环境风险的预测分析

根据表 4-29 中南部海域未来主导功能优选方案环境风险的预测识别，未来南部海域主要的环境风险是：台风所造成的海上观光旅游风险；港口发展导致的船舶溢油风险（包括台风风暴潮导致船舶溢油事故增加)；台风风暴潮造成的港口破坏风险。

①台风造成的海上观光旅游风险

根据预测，未来南部海域每年海上观光旅游的人数将达 19.2 万人次①，平均每天海上观光旅游的人数将达 526 人。台风风暴潮袭击南部海域一年平均 4 次，每次持续 2 d，那么一年中共有 8 d 的时间使南部海域海上观光旅游遭受台风风暴潮风险。因此，南部海域一年内受台风影响的海上观光旅游人数为 526×8 = 4 208 人。其中每接待 10 万人次的游客产生的经济收益为 1 亿元，所以未来南部海域海上观光旅游的年收益约为 420 万元。在台风风暴潮未来发生的客观概率不变的情况下，由台风风暴潮造成海上观光旅游的风险值 $R_{海上旅游}$

① 海湾海岸带主体功能区划研究总报告．厦门大学环境与生态学院，海洋与海岸带发展研究院，2012.

约为 4.2×10^6 元/a。

②港口发展导致的船舶溢油风险

由于缺乏南部海域未来 S 年进出的船舶数量，本节将类比厦门湾海岸带区域的相关数据进行分析。预测资料表明，未来厦门湾的年吞吐量将达 $22\,500\times10^4$ t，南部海域的年吞吐量将达 $5\,884\times10^4$ t，那么可以类比推算出未来 S 年内进出南部海域的船只约为 67 991 S 艘次。由于油轮的比例不变，为 2%，单位船舶溢油的概率不变，为 $1.15\times10^{-5}/S$（参考厦门湾海岸带区域的数据），根据式（4-2）和式（4-3）可以得出：未来 S 年内南部海域港口发展而产生的油轮溢油风险概率为：$67\,991S\times(18-3\times2\%)/16\times1.152\,2\times10^{-5}/S\times2\%=0.018\approx1/50$ 起/a，非油轮溢油的概率为：$67\,991S\times98\%\times1.152\,2\times10^{-5}/S\times4/(133-7)=0.025\approx1/40$ 起/a。所以，南部海域船舶增加（港口发展）的预测溢油风险损失值 $R_{预测溢油}$ =（1/50 起/a+1/40 起/a）× 730 万元/起 = 3.1×10^5 元/a。

台风风暴潮也会导致船舶（油轮）溢油事故增加的风险。参考厦门湾港口发展风险预测的相关数据可得，南部海域未来油轮所占的比例与厦门湾海岸带区域相同，将上升 1%，即 $\Delta R=1\%$。台风风暴潮下船舶事故发生的概率与厦门湾海岸带区域增加的比例相同，即增加 1%，$\Delta p=1\%$，根据式（4-2）可以求出未来在港口发展的条件下，由于台风所导致的油轮溢油概率为：$(18-3\times3\%)/16\times1.01\times1.152\,2\times10^{-5}/S\times67\,991S=0.028$。因此，未来南部海域由于台风所导致的油轮溢油增加的概率为：$0.028-0.018=0.01\approx1/100$ 起/a。所以，$R_{台风增加的溢油}=1/100$ 起/a×730 万元/起 = 7.3×10^4 元/a。

综上所述南部海域港口发展所导致的船舶溢油总的风险损失值 $R_{总}=R_{台风增加的溢油}+R_{预测溢油}=3.8\times10^5$ 元/a。

③台风风暴潮造成的港口破坏风险

类比 4.2.4.2 节中厦门湾未来港口在台风风暴潮下的年平均损失为 11 853 万元，对比厦门湾全湾与南部海域未来的吞吐量可得，未来南部海域港口发展遭受台风风暴潮的年损失将达 3 099 万元。假设台风风暴潮未来概率不变，那么 $R_{港口破坏}$ 约为 3.1×10^7 元/a。

综上所述，南部海域主导功能优选方案未来环境风险排序见表 4-35。

表 4-35　南部海域主导功能和兼顾功能优选方案未来环境风险排序

环境风险类别	风险值/（元/a）	风险排序
海上旅游的风险（台风造成）	4.2×10^6	2
港口破坏风险（台风造成）	3.1×10^7	1
未来港口的船舶溢油风险（包含台风增加的溢油）	3.8×10^5	3

（2）南部海域未来环境风险的预测表征

根据表 4-35 中的评价结果，依据表 4-30 的风险可能性及后果的评判标准，得出南部海域主导功能优选方案未来环境风险等级及接受水平划分（表 4-36）。根据上述风险概率值以及未来南部海域的地理位置以及未来发展的实际情况可得，由于南部海域面对外海，台风风暴潮历年都袭击厦门，所以台风风暴潮造成的海上旅游风险和港口破坏风险发生的可能性级别定为“可能发生”。由于南部海域未来兼顾港口发展，属于限制开发，所以今后由于台风风暴潮增加的油轮溢油风险和船舶溢油风险发生的可能性级别属于“也许”。

表 4-36　南部海域主导功能和兼顾功能优选方案未来环境风险等级及接受水平划分

风险类别	发生可能性	后果	风险等级	是否可以接受
海上观光旅游风险	可能	重大	E	极度风险，不可接受
港口破坏风险（台风造成）	可能	灾难	E	极度风险，不可接受
未来港口的船舶溢油风险（包含台风增加的溢油）	也许	一般	H	高度风险，不可接受

从表 4-36 可以看出，南部海域在以旅游为主导功能，港口为兼顾功能的情况下，海上观光旅游风险、港口遭受台风破坏的风险均为极度风险，不可接受；未来港口船舶溢油的风险属于高度风险，不可接受。

3）西海域

（1）西海域未来环境风险的预测分析

根据表 4-29 西海域未来主导功能优选方案环境风险的预测识别，未来西海域主要的环境风险是：台风造成的海上观光旅游风险；旅游造成的游艇和邮轮溢油风险；港口发展造成的船舶溢油风险（包括台风增加的油轮溢油）；台风风暴潮造成的港口破坏风险；油码头溢油风险。

①台风造成的海上观光旅游风险

预测结果表明，未来西海域每年海上观光旅游的人数将达 30 万人次①，平均每天海上观光旅游的人数将达 822 人。台风风暴潮袭击西海域一年平均 4 次，每次持续 2 d，那么，一年中共有 8 d 的时间使西海域海上观光旅游遭受台风风暴潮风险。因此，西海域一年内受台风影响的海上观光旅游人数为 822×8＝6 576 人次。其中每接待 10 万人次的游客产生的经济收益为 1 亿元，所以未来西海域海上观光旅游的年收益为 6 576 000 元。若台风风暴潮未来发生的客观概率不变，由台风风暴潮造成海上观光旅游的风险值 $R_{海上旅游}$ 约为 6.6×10^6 元/a。

②旅游造成的游艇与邮轮溢油风险

预测结果表明，未来规划西海域平均每年的游艇数将达到 6 600 艘②。未来邮轮数平均每年将达 2 000 艘（因为厦门湾只有西海域发展邮轮母港，故参照厦门湾海岸带区域的数

① 海湾海岸带主体功能区划研究总报告．厦门大学环境与生态学院，海洋与海岸带发展研究院，2012.
② 同①。

据）。

由于游艇和邮轮都属于非油轮船舶，故代入式（4-3）可得，P（溢油｜邮轮和游艇）=（8 600/83 200S）× 83 200S×1. 152 2×10^{-5}/S×4/（133-7）= 0. 003≈3/1 000 起/a。据统计，厦门海域单位船舶溢油事故的损失为 7. 3×10^{6}元/起，故由于发展旅游而导致船舶（游艇或邮轮）溢油的风险值 $R_{游艇或邮轮}$为：3/1 000 起/年×7. 3×10^{6}元/起 = 2. 2×10^{4}元/a。

③港口发展导致的船舶溢油风险

由于缺乏西海域未来 S 年进出的船舶数量，本节将类比厦门湾的数据进行分析。预测结果表明，未来厦门湾的年吞吐量将达 22 500×10^{4} t，西海域的年吞吐量将达 7 199×10^{4} t，可以类比推算出未来 S 年内进出西海域的船只约为 83 200 S 艘。西海域油轮的比例不变，为 2%（参考厦门湾海岸带区域的数据），单位船舶溢油的基础概率不变，为 1. 152 2×10^{-5}/S（参考厦门湾海岸带区域的数据），根据式（4-2）和式（4-3）可以得出：未来 S 年内西海域港口发展而产生的油轮溢油风险概率为：83 200S ×（18-3×2%）/16×1. 152 2×10^{-5}/S×2% = 0. 022≈1/50 起/a，非油轮溢油的概率为：83 200 S×98%×1. 152 2×10^{-5}/S×4/（133-7）= 0. 03≈3/100 起/a。所以，西海域船舶增加（港口发展）的预测溢油风险损失值 $R_{预测溢油}$ =（1/50 起/a+3/100 起/a）× 730 万元/起 = 3. 7×10^{5}元/a。

台风风暴潮也会导致船舶（油轮）溢油事故增加。参考厦门湾港口发展风险预测的相关数据，西海域未来油轮所占的比例与厦门湾全湾相同，将上升 1%，即 ΔR = 1%。台风风暴潮下船舶事故发生的概率与厦门湾全湾增加的比例相同，即增加 1%，Δp = 1%，根据式（4-2）可以求出未来在港口发展的条件下，由于台风所导致的单位油轮溢油概率为：（18-3×3%）/16×1. 01×1. 152 2×10^{-5}/S×83 200S = 0. 034。因此，未来西海域由于台风所导致的油轮溢油增加的概率为：0. 034 - 0. 022 = 0. 012 ≈ 1/100 起/a。所以，$R_{台风增加的溢油}$ = 1/100 起/a×730 万元/起 = 7. 3×10^{4}元/a。

综上所述，西海域港口发展所导致的船舶溢油总的风险损失值 $R_{总}$ = $R_{台风增加的溢油}$ + $R_{预测溢油}$ = 4. 4×10^{5}元/a。

④台风风暴潮造成的港口破坏风险

类比 4. 2. 4. 2 节中厦门湾未来港口在台风风暴潮下的年平均损失为 11 853 万元，对比厦门湾海岸带区域与西海域未来的吞吐量可得，未来西海域港口发展遭受台风风暴潮的年损失将达 3 793 万元。假设台风风暴潮未来概率不变，那么 $R_{港口破坏}$约为 3. 8×10^{7}元/a。

⑤油码头溢油风险

由于厦门湾的油码头集中在西海域，故以下分析参照厦门湾海岸带区域的数据。参考厦门湾海岸带区域环境风险回顾性评价和现状评价中的相关数据（张珞平等，2009），未来油码头溢油事故发生的地点主要是在西海域（以后不再规划发展），发生的平均年概率 P = 1. 8/a，每起事故的损失为 730 万元/起，即 7. 3×10^{6}元/起。$R_{油码头溢油}$ = 1. 8 起/a×5×10^{4}元/起 = 9. 0×10^{4}元/a。

综上所述，西海域主导功能优选方案未来环境风险排序见表 4-37。

表 4-37　西海域主导功能和兼顾功能优选方案未来环境风险排序

环境风险类别	风险值/（元/a）	风险排序
海上旅游的风险（台风造成）	6.6×10^{6}	2
游艇和邮轮溢油的风险	2.2×10^{4}	5
港口破坏风险（台风造成）	3.8×10^{7}	1
未来港口的船舶溢油风险（包含台风增加的溢油）	4.4×10^{5}	3
油码头溢油风险	9.0×10^{4}	4

（2）西海域未来环境风险的预测表征

根据表 4-37 的评价结果，依据表 4-30 风险可能性及后果的评判标准，西海域主导功能优选方案未来环境风险等级及接受水平划分见表 4-38。其中，根据上述风险概率的值和未来西海域的地理位置以及未来发展的实际情况，由于西海域旅游的范围位于内海，所以在台风风暴潮造成的海上旅游风险和港口破坏风险发生的可能性级别定为“也许发生”。虽然西海域未来以旅游为主导功能，大力发展游艇行业，但由于游艇和邮轮发生溢油的概率较小（0.003），所以综合考虑，游艇和邮轮溢油风险发生的可能性级别定为“也许”；由于西海域未来兼顾发展港口，属于限制开发，所以今后由于台风风暴潮增加的油轮溢油风险和船舶溢油风险发生的可能性级别属于“也许”；在油码头溢油风险方面，由于厦门油码头集中在西海域，是油码头溢油风险的高发区，故西海域油码头溢油风险的可能性级别定为“可能”。

从表 4-38 中可以看出，西海域在以旅游为主导功能，港口为兼顾功能的情况下，海上观光旅游风险、港口遭受台风破坏的风险属于极度风险，不可接受；油码头溢油风险、未来港口船舶溢油的风险均属于高度风险，不可接受；游艇和邮轮溢油的风险等级较低，属于中度风险，可以接受。

表 4-38　西海域主导功能优选方案未来环境风险等级及接受水平划分

风险类别	发生可能性	后果	风险等级	是否可以接受
海上观光旅游风险	也许	重大	E	极度风险，不可接受
游艇和邮轮溢油	也许	一般	M	中度风险，可接受
港口破坏风险（台风造成）	也许	灾难	E	极度风险，不可接受
未来港口的船舶溢油风险（包含台风增加的溢油）	也许	一般	H	高度风险，不可接受
油码头溢油风险	可能	一般	H	高度风险，不可接受

4）东部海域

（1）东部海域未来环境风险的预测分析

根据表 4-29 东部海域未来主导功能优选方案环境风险的预测识别，未来东部海域主要的环境风险是：台风造成的海上观光旅游风险；旅游造成的游艇和邮轮溢油风险。

①台风造成的海上观光旅游风险

预测结果表明，未来东部海域每年海上观光旅游的人数将达 120 万人次[①]，平均每天海上观光旅游的人数将达 3 287 人。台风风暴潮袭击南部海域一年平均 4 次，每次持续 2 d，那么，一年中共有 8 d 的时间使东部海域海上观光旅游遭受台风风暴潮风险。因此，东部海域一年内受台风影响的海上观光旅游人数为 3 287×8＝26 301 人次。其中每接待 10 万人次的游客产生的经济收益为 1 亿元，所以未来东部海域海上观光旅游的年收益为 2 630 万元。在台风风暴潮未来发生的客观概率不变的情况下，由台风风暴潮造成海上观光旅游的风险值 $R_{海上旅游}$ 约为 2.6×10^7 元/a。

②游艇与邮轮溢油风险

预测结果表明，未来规划东部海域的游艇数每年将达到 705 艘次[①]。由于游艇和邮轮都属于非油轮船舶（比例参照厦门湾海岸带区域数据），代入式（4-3）可知，P（溢油｜游艇）＝ $705S\times 1.15\times 10^{-5}/S\times 98\%\times 4/(133-7)\approx 0.0003\approx 3/10\,000$ 起/a。据统计，厦门海域单位船舶溢油事故的损失为 7.3×10^6 元/起，则由于发展旅游而导致船舶（游艇或邮轮）溢油的风险值 $R_{游艇或邮轮}$ 为：3/10 000 起/a×7.3×10^6 元/起＝2.2×10^3 元/a。

综上所述，东部海域主导功能区划优选方案未来环境风险排序见表 4-39。

表 4-39　东部海域主导功能优选方案未来环境风险排序

环境风险类别	风险值/（元/a）	风险排序
海上旅游的风险（台风造成）	2.6×10^7	1
游艇和邮轮溢油的风险	2.2×10^3	2

（2）东部海域未来环境风险的预测表征

根据表 4-39 中的相关评价结果，依据表 4-30 风险可能性及后果的评判标准，得出东部海域主导功能优选方案未来环境风险等级及接受水平划分（表 4-40）。根据上述风险概率值以及未来东部海域的地理位置以及未来发展的实际情况，由于东部海域直接面向外海，所以台风风暴潮造成的海上旅游风险和港口破坏风险发生的可能性级别确定为“可能”。虽然东部海域未来以旅游为主导功能，大力发展游艇行业，但由于游艇的数量相对较小，游艇溢油的概率值相对较小，所以游艇溢油风险发生的可能性级别为“也许”。

表 4-40　东部海域主导功能优选方案未来环境风险等级及接受水平划分

环境风险类别	发生可能性	后果	风险等级	是否可以接受
海上观光旅游风险	可能	灾难	E	极度风险，不可接受
游艇溢油风险	也许	较小	M	中度风险，可接受

① 海湾海岸带主体功能区划研究总报告．厦门大学环境与生态学院，海洋与海岸带发展研究院，2012.

从表 4-40 中可以看出，东部海域在以旅游为主导功能的情况下，海上观光旅游风险级别较高，属于极度风险，不可接受；游艇和邮轮溢油的风险等级较低，属于中度风险，可以接受。

5）同安湾

（1）同安湾未来环境风险的预测分析

根据表 4-29 同安湾未来主导功能优选方案环境风险的预测识别，未来同安湾主要的环境风险是：①游艇业的发展导致的游艇溢油；②港口发展导致的船舶溢油（包括台风风暴潮导致船舶溢油事故增加）；③ 台风风暴潮造成的港口破坏。

①游艇溢油的风险

预测结果表明，未来规划同安湾的游艇数每年将达到 12 718 艘[①]。由于游艇和邮轮都属于非油轮船舶，代入式（4-2）可得，P（溢油｜邮轮和游艇）= 12 718S×1. 152 2×10^{-5}/S×98%×4/（133-7）≈ 0. 005≈1/200 起/a。据统计，厦门海域单位船舶溢油事故的损失为 7. 3×10^6元/起，故由于发展旅游而导致船舶（游艇或邮轮）溢油的风险值 $R_{游艇或邮轮}$为：1/200起/a×7. 3×10^6元/起 = 3. 7×10^4元/a。

②港口发展导致的船舶溢油风险

由于缺乏同安湾未来 S 年进出的船舶数量，类比厦门湾的相关数据进行分析。预测结果表明，未来厦门湾的年吞吐量将达 22 500×10^4 t，同安湾的年吞吐量将达 4 319×10^4 t[①]，类比推算出未来 S 年内进出同安湾的船只约为 49 904S 艘次。假设油轮的比例不变，为 2%（参考厦门湾全湾的数据），单位船舶溢油的概率不变，为 1. 152 2×10^{-5}/S（参考厦门湾全湾的数据），则根据式（4-2）和式（4-3）可以得出：未来 S 年内同安湾港口发展而产生的油轮溢油风险概率为：49 904 S×（18-3×2%）/16×1. 152 2×10^{-5}/S×2% = 0. 013≈1/100 起/a，非油轮溢油的概率为：49 904 S×98%×1. 1522×10^{-5}/S×4/（133-7）= 0. 018≈1/50 起/a。所以，同安湾船舶增加（港口发展）的预测溢油风险损失值 $R_{预测溢油}$ =（1/50 起/a+1/50 起/a）× 730 万元/起 = 3×10^5元/a。

台风风暴潮也会导致船舶（油轮）溢油事故增加的风险。参考厦门湾港口发展的风险预测，同安湾未来油轮所占的比例与厦门湾海岸带区域相同，将上升 1%，即 ΔR = 1%。台风风暴潮下船舶事故发生的概率与厦门湾海岸带区域增加的比例相同，即增加 1%，Δp = 1%，根据式（4-2）可以求出未来在港口发展的条件下，台风所导致的单位油轮溢油概率为：（18-3×3%）/16×1. 01×1. 152 2×10^{-5}/S×49 904 S = 0. 021。因此，未来同安湾由于台风所导致的油轮溢油增加的概率为：0. 021 - 0. 018 = 0. 003 ≈ 3/1 000 起/a。所以，$R_{台风增加的溢油}$ = 3/1 000 起/a×730 万元/起 = 2. 2×10^4元/a。

综上所述，同安湾港口发展所导致的船舶溢油总的风险损失值 $R_{总} = R_{台风增加的溢油} + R_{预测溢油}$

① 海湾海岸带主体功能区划研究总报告．厦门大学环境与生态学院，海洋与海岸带发展研究院，2012.

$=3.2\times10^5$元/a。

③台风风暴潮造成的港口破坏风险

类比 4.2.4.2 节中厦门湾未来港口在台风风暴潮下的年平均损失为 11 853 万元，对比厦门湾海岸带区域与同安湾未来的吞吐量可得，未来同安湾港口发展遭受台风风暴潮的年损失将达 2 532 万元。假设台风风暴潮未来概率不变，那么，$R_{港口破坏}=0.022\times2\ 532$ 万元/a $=5.6\times10^5$元/a。

综上所述，同安湾主导功能区划优选方案未来环境风险排序见表 4-41。

表 4-41　同安湾主导功能优选方案未来环境风险排序

环境风险类别	风险值/（元/a）	风险排序
游艇和邮轮溢油的风险	3.7×10^4	3
港口破坏风险（台风造成）	5.6×10^5	1
未来港口的船舶溢油风险（包含台风增加的溢油）	3.2×10^5	2

（2）同安湾未来环境风险的预测表征

根据表 4-41 的相关评价结果，依据表 4-30 风险可能性及后果的评判标准，得出同安湾主导功能优选方案未来环境风险等级及接受水平划分（表 4-42）。由于同安湾位于内海，所以在台风风暴潮造成的港口破坏风险发生的可能性级别定为“也许”。虽然同安湾内的游艇数目较多，但发生溢油概率相对较小，溢油量也较小，所以游艇溢油风险的可能性级别为“也许”；由于同安湾未来兼顾发展港口，属于限制开发，所以今后由于港口船舶溢油风险（包括台风增加的船舶溢油）发生的可能性级别定为“也许”。

从表 4-42 中可以看出，同安湾在以旅游为主导功能，港口为兼顾功能的情况下，游艇和邮轮溢油的风险、港口遭受台风破坏的风险、台风所导致的船舶（指油轮）溢油风险以及未来港口船舶溢油的风险均属于高度风险，不可接受。

表 4-42　同安湾主导功能优选方案未来环境风险等级及接受水平划分

风险类别	发生可能性	后果	风险等级	是否可以接受
游艇溢油风险	也许	一般	H	高度风险，不可接受
港口破坏风险（台风造成）	也许	一般	H	高度风险，不可接受
未来港口的船舶溢油风险（包含台风增加的溢油）	也许	一般	H	高度风险，不可接受

6）大嶝海域

根据表 4-29 大嶝海域未来主导功能优选方案环境风险的预测识别，未来大嶝海域主要的环境风险是：①游艇溢油风险；②渔业遭受台风袭击损失的风险；③ 渔船溢油风险。

(1) 大嶝海域未来环境风险的预测分析

①游艇溢油风险

预测结果表明，未来规划大嶝海域的游艇数每年将达到2 000艘①。由于游艇和邮轮都属于非油轮船舶，代入式(4-3)可知，P(溢油｜邮轮和游艇) = 2 000 S×1.152 2×10^{-5}/S×98%×4/(133-7) ≈ 0.000 7≈7/10 000起/a。据统计，厦门海域单位船舶溢油事故的损失为7.3×10^{6}元/起，故由于发展旅游而导致船舶(游艇或邮轮)溢油的风险值$R_{游艇或邮轮}$为：7/10 000起/a×7.3×10^{6}元/起=5.1×10^{3}元/a。

②台风造成的渔业损失风险

目前缺乏厦门湾和大嶝海域因台风而造成的渔业损失统计资料。因此，类比罗源湾的数据资料②，未来罗源湾渔业养殖面积将达到3 760 hm^2，由于台风风暴潮造成的平均损失达1亿元/a，大嶝海域的养殖面积达1 096 hm^2，因此可以推算大嶝海域渔业养殖因为台风而造成的年平均损失约为2 900万元，假设台风风暴潮未来概率不变，那么$R_{渔业损失}$为2.9×10^{7}元/a。

③渔船的溢油风险

由于缺乏大嶝海域渔船数量的相关统计资料，故类比厦门湾海岸带区域的数据进行预测分析。相关报道显示③，2009年进出厦门湾海岸带区域的渔船数量将达到每年3 400艘，渔业养殖面积达到2 040 hm^2(由于未来厦门湾渔业不再发展，故可用作相应的预测数据)，大嶝海域的养殖面积达1 096 hm^2，由此类比推算出每年进出大嶝海域渔船数可达约1 800艘左右，代入4.2.4.2节中的式(4-3)中可得：$P_{渔船溢油}$=1 800S×1.1522×10^{-5}/S×98%×4/(133-7) = 6.4×10^{-4}，平均单位溢油损失取730万元/起，可得：$R_{渔船溢油}$=4 672元/a。

综上所述，大嶝海域主导功能优选方案未来环境风险排序见表4-43。

表4-43 大嶝海域主导功能优选方案未来环境风险排序

环境风险类别	风险值/(元/a)	风险排序
渔业损失的风险(台风造成)	2.9×10^{7}	1
渔船溢油的风险	4 672	3
游艇溢油风险	5.1×10^{3}	2

(2) 大嶝海域未来环境风险的预测表征

根据表4-43的评价结果，依据表4-30风险可能性及其后果的评判标准，得出大嶝海域主导功能优选方案未来环境风险等级及接受水平划分(表4-44)。由于大嶝海域靠近外海，所以在台风风暴潮造成的港口破坏风险和渔业损失风险发生的可能性级别定为“可能”；由于游艇溢油量小，风险概率较小，游艇的数目相对较少，所以游艇溢油风险发生的

---

① 海湾海岸带主体功能区划研究总报告．厦门大学环境与生态学院，海洋与海岸带发展研究院，2012.

② 罗源县海洋与渔业局2012年工作总结．罗源县海洋与渔业局，2012.

③ 中国经济社会发展统计数据库——厦门市．国家统计局，2009.

可能性为“也许”；由于渔船溢油风险的概率很低，因此渔船溢油风险发生的可能性级别为“不太可能”。

表 4-44　大嶝海域主导功能优选方案未来环境风险等级及接受水平划分

风险类别	发生可能性	后果	风险等级	是否可以接受
游艇溢油风险	也许	较小	M	中度风险，可接受
渔业损失风险（台风造成）	可能	灾难	E	极度风险，不可接受
渔船溢油的风险	不太可能	较小	L	低度风险，可接受

从表 4-44 中可以看出，大嶝海域在以旅游为主导功能，在港口为兼顾功能的情况下，渔船的溢油风险属于低度风险，可接受；游艇的风险属于中度风险，可接受；台风的渔业损失属于极度风险，不可接受。

7）围头湾

（1）围头湾未来环境风险的预测分析

根据表 4-29 围头湾未来主导功能优选方案环境风险的预测识别，未来围头湾主要环境风险是：港口发展导致的船舶溢油风险（包括台风造成的船舶溢油风险增加）；台风风暴潮造成的港口破坏风险；台风造成的渔业损失风险；渔船溢油风险。

①港口发展导致的船舶溢油风险

由于缺乏围头湾海域未来 S 年进出的船舶数量，类比厦门湾海岸带区域的数据进行分析。预测结果表明，未来厦门湾的年吞吐量将达 22 500×10^4 t，围头湾年吞吐量将达 2 191×10^4 t[①]，类比推算出未来 S 年内进出围头湾的船只约为 26 000 S 艘。假设油轮的比例不变，为 2%（参考厦门湾全湾的数据），单位船舶溢油的概率不变，为 11 522×$10^{-5}S$（参考厦门湾全湾的数据），根据式（4-2）和式（4-3）可以得出：未来 S 年内围头湾区域港口发展而产生的油轮溢油风险概率为：26 000 S ×（18-3×2%）/16×1. 152 2×$10^{-5}/S$×2% = 0. 007 ≈7/1 000 起/a，非油轮溢油的概率为：26 000 S×98%×1. 152 2×$10^{-5}/S$×4/（133-7）= 0. 009≈1/1 000 起/a。所以，围头湾港口发展预测溢油风险损失值 $R_{预测溢油}$ =（3/100 起/a+1/25 起/a）× 730 万元/起 = 1. 2×10^5元/a。

台风风暴潮会导致港口船舶（油轮）溢油事故增加的风险。参考厦门湾港口发展风险预测的数据，假设围头湾未来油轮所占的比例与厦门湾海岸带区域相同，将上升 1%，即 ΔR = 1%。台风风暴潮下船舶事故发生的概率与厦门湾海岸带区域相同，将增加 1%，即 Δp = 1%，根据式（4-2），可以求出未来在港口发展的条件下，由于台风所导致的单位油轮溢油概率为：（18-3×3%）/16×1. 01×1. 152 2×$10^{-5}/S$×26 000 S = 0. 01。因此，未来围头湾由于台风所导致的油轮溢油增加的概率为：0. 01 - 0. 007 = 0. 003 ≈ 3/1 000 起/a。所以，

① 海湾海岸带主体功能区划研究总报告 . 厦门大学环境与生态学院，海洋与海岸带发展研究院，2012.

$R_{台风增加的溢油}=3/1\ 000起/a\times730\ 万元/起=2.2\times10^{4}元/a$。

综上所述，围头湾港口发展所导致的船舶溢油总的风险损失值 $R_{总}=R_{台风增加的溢油}+R_{预测溢油}=1.4\times10^{5}元/a$。

②台风风暴潮造成的港口破坏风险

类比4.2.4.2节中厦门湾未来港口在台风风暴潮下的年平均损失为11 853万元，对比厦门湾海岸带区域与围头湾未来的吞吐量可得，未来围头湾港口发展遭受台风风暴潮的年损失将达1 185万元。假设台风风暴潮未来概率不变，那么 $R_{港口破坏}$ 约为 1.2×10^{7}元/a。

③台风造成的渔业损失风险

目前，缺乏厦门湾海岸带区域和围头湾因台风而造成的渔业损失统计资料，类比罗源湾的数据资料，未来罗源湾渔业养殖面积将达到3 760 hm^2，由台风风暴潮造成的平均损失达1亿元/a①。围头湾的养殖面积达590 hm^2，因此，可以推算围头湾渔业养殖因为台风而造成的年平均损失约为1 570万元，假设台风风暴潮未来概率不变，那么 $R_{渔业损失}$ 约 1.6×10^{7}元/a。

④渔船的溢油风险

由于缺乏围头湾渔船数量的相关统计资料，类比厦门湾海岸带区域的数据进行预测分析。相关报道显示②，2009年进出厦门湾海岸带区域的渔船数量将达到每年3 400艘，渔业养殖面积达到2 040 hm^2（由于未来厦门湾渔业不再发展，故可用作相应的预测数据），围头湾养殖面积达590 hm^2，由此类比推算出围头湾未来的渔船数可达约980艘，代入式（4-3）中可得：$P_{渔船溢油}=980/26\ 000\times26\ 000\ S\times1.152\ 2\times10^{-5}/S\times4/(133-7)=3.6\times10^{-4}$，平均单位溢油损失取730万元/起，代入式（4-3）可得：$R_{渔船溢油}=2\ 628$ 元/a。

综上所述，围头湾主导功能优选方案未来环境风险排序见表4-45。

表4-45 围头湾主导功能优选方案未来环境风险排序

环境风险类别	风险值/（元·a^{-1}）	风险排序
渔业损失的风险（台风造成）	1.6×10^{7}	1
渔船溢油的风险	2 628	4
港口破坏风险（台风造成）	1.2×10^{7}	2
未来港口的船舶溢油风险（包含台风增加的溢油）	1.4×10^{5}	3

（2）围头湾未来环境风险的预测表征

根据表4-45的评价结果，依据表4-30风险可能性及其后果的评判标准，得出围头湾主导功能优选方案未来环境风险等级及其接受水平划分（表4-46）。由于围头湾海域直接面向外海，所以在台风风暴潮造成的渔业损失和港口破坏风险发生的可能性级别定为“可能发生”。由于围头湾是重点发展港口，所以今后由于台风风暴潮增加的油轮溢油风险和船

① 《罗源县海洋与渔业局2012年工作总结》. 罗源县海洋与渔业局，2012.

② 《中国经济社会发展统计数据库——厦门市》. 国家统计局，2009.

舶溢油风险发生的可能性级别也定为“可能发生”。鉴于围头湾只是兼顾发展渔业，同时渔船溢油发生的客观概率很小（10^{-4}级别），渔船数相对较少，所以未来围头湾渔船溢油风险发生的可能性级别定为“不太可能”。

表 4-46　围头湾主导功能优选方案未来环境风险等级及接受水平划分

风险类别	发生可能性	后果	风险等级	是否可以接受
港口破坏风险（台风造成）	可能	灾难	E	极度风险，不可接受
未来港口的船舶溢油风险（包含台风增加的溢油）	可能	一般	H	高度风险，不可接受
渔业损失风险（台风造成）	可能	灾难	E	极度风险，不可接受
渔船溢油的风险	不太可能	较小	L	低度风险，可接受

从表 4-46 中可以看出，围头湾海域在以港口为主导功能，旅游和渔业为兼顾功能的情况下，渔业遭受台风破坏的风险水平和港口遭受台风破坏的风险均属于极度风险，不可接受；未来发展港口所可能导致的船舶溢油风险属于高度风险，不可接受；未来渔业发展所导致的渔船溢油的风险值很低，属于低度风险，可以接受。

4.2.5.4　环境风险评价小结

厦门湾海岸带区域以及各分海区主体（导）功能的优选方案确定之后的环境风险预测分析和表征结果（风险排序表和等级划分表）总结如下。

（1）厦门湾海岸带区域未来在以旅游为主导功能，港口为兼顾功能的情况下，海上旅游风险、台风造成的港口破坏风险、港口发展导致的船舶溢油风险（包含台风影响）属于极度风险，以上风险均不可接受。其中，台风造成的港口破坏风险最大，海上旅游风险次之；油码头溢油风险属于高度风险，不可接受；游艇和邮轮溢油的风险属于中度风险，可接受。

（2）九龙江河口区未来在以港口为主导功能，渔业和旅游为兼顾功能的情况下，台风造成的港口破坏风险、渔业损失的风险（台风造成）均属于极度风险，以上风险均不可接受，其中台风造成的港口破坏风险最大，渔业损失风险次之；港口发展导致的船舶溢油风险属于高度风险，不可接受；渔船溢油的风险属于低度风险，可接受。

（3）南部海域未来在以旅游为主导功能，港口为兼顾功能的情况下，台风造成的港口破坏风险、海上旅游的风险均属于极度风险，以上风险均不可接受；其中，台风造成的港口破坏风险最大，海上旅游风险次之；港口发展导致的船舶溢油风险属于高度风险，不可接受。

（4）西海域未来在以旅游为主导功能，港口为兼顾功能的情况下，台风造成的港口破坏风险、海上旅游风险属于极度风险，均不可接受。其中，港口遭受台风破坏的风险最大，海上旅游的风险次之；发展港口导致的船舶溢油风险、油码头溢油风险属于高度风险，风险均不可接受。其中，港口导致的船舶溢油风险较油码头溢油风险高；游艇和邮轮溢油风险属于中度风险，可接受。

（5）东部海域未来在以旅游为主导功能（无兼顾功能）的情况下，海上观光旅游的风险属于极度风险，不可接受；游艇溢油的风险属于低度风险，可接受。

（6）同安湾未来在以旅游为主导功能，港口为兼顾功能的情况下，台风造成的港口破坏风险、港口发展导致的船舶溢油风险（包含台风影响）以及游艇溢油的风险均是属于高度风险，均不可接受。其中，港口遭受台风破坏的风险较高，港口发展导致的船舶溢油风险次之，游艇溢油风险最低。

（7）大嶝海域未来在以旅游为主导功能，渔业为兼顾功能的情况下，渔业遭受台风袭击损失的风险最高，属于极度风险，不可接受；游艇溢油风险次之，为中度风险，可接受；渔船溢油的风险最小，为低度风险，可接受。

（8）围头湾未来在以港口为主导功能，渔业和旅游为兼顾功能的情况下，台风造成的港口破坏风险、渔业损失的风险均属于极度风险，风险均不可接受。其中，渔业损失的风险最高，台风造成的港口破坏风险次之；港口发展导致的船舶溢油风险属于高度风险，不可接受；渔船溢油的风险属于低度风险，可接受。

4.2.5.5 环境风险管理措施

根据上述评价结果，厦门湾海岸带区域以及各个分海区的主体（导）功能等实际情况，在未来的发展过程中（主体功能优选方案的情况下）应采取的相应风险管理措施。

（1）对于厦门湾海岸带区域而言，①在未来大力发展旅游的同时，尽可能限制港口的发展，尽量降低由于港口发展所导致的环境风险的级别；②在厦门湾油码头、航道集中的海域（主要指西海域），不得再继续开发相关的港口和油码头设施，尽量减少溢油风险；③做好台风的预警工作，制定有序的出航时间表，尽量避免游艇和邮轮溢油事故的发生。

（2）台风来临期间，停止所有海上观光旅游活动，禁止所有的游艇、邮轮和游客在台风来临期间出航，减少不必要的人员伤亡。

（3）加强港口防台风基础设施建设，减少台风对港口设施造成的严重破坏。

（4）在九龙江河口区和围头湾的油轮及油码头附近要尽量布设围油栅；一旦出现溢油事故，立即采取相关的溢油应急预案和应急计划。

（5）做好九龙江河口区、大嶝海域和围头湾海域渔业养殖防范台风的应急预案，减少不必要的人员伤亡和经济损失。

（6）在海岸带主体功能区划环境风险评价的指导下，按照国家环境影响评价法，切实做好各个行业规划及其相关项目的环境影响评价。

4.2.6 研究结果及其讨论

（1）根据 4.2.3.1 节中厦门湾海岸带区域回顾性评价和现状评价以及专家评判结果，

厦门湾海岸带区域环境风险水平为中等；其中，台风风暴潮、船舶溢油的风险水平为中等（2 分），相对较高；油码头溢油的风险水平相对较低。

（2）根据 4.2.4.1 节中的多维决策分析的结果，从环境风险角度而言，厦门湾海岸带主体功能区划最佳的主体功能应该是旅游；采用多准则决策分析的结果（4.2.4.2 节）也表明，从环境风险的角度而言，厦门湾海岸带主体功能区划最佳的主体功能应该是旅游。两种决策方法的分析结果一致。

（3）根据 4.2.4.3 节中厦门湾海岸带区域各分海区的回顾性评价和现状评价结果以及专家评判结果，西海域与同安湾的环境风险综合水平中等（2 分），其他海域的环境风险综合水平较低（3 分）。其中，油码头溢油风险主要集中在西海域，风险值较高（2 分）；台风风暴潮的风险水平在各分海区中都相对较高（2 分）；九龙江、西海域、同安湾和围头湾海域中，船舶溢油的风险水平相对较高（2 分）。

（4）根据 4.2.4.3 节中多维决策分析结果表明，从环境风险角度考虑，厦门湾海岸带区域各分海区都应该以旅游作为各自最佳的主导功能。鉴于分海区内的预测数据缺乏，故分海区不采用多准则决策分析法进行评价。

（5）根据 4.2.5 节中为风险管理服务的环境风险评价结果，未来厦门湾在主体发展旅游的同时，应该限制港口的发展，减缓或避免由此导致的船舶溢油风险以及台风造成的港口破坏风险（属于极度风险或高度风险）；做好台风预警及其应急预案，在台风来临期间，禁止一切海上旅游活动，积极采取 4.2.5.5 节中相关的管理措施，减缓或避免环境风险可能造成的影响。

（6）从 4.2.5 节中的评价结果还可以发现，环境风险存在一定的累积性效应。例如，南部海域、九龙江河口区、西海域、同安湾、围头湾的船舶溢油风险分别都是“高度风险”级别，但累积到厦门湾海岸带区域的风险级别就都变成了“极度风险”（灾难性风险）级别。因此，在未来的厦门湾海岸带区域和各分海区的发展过程中，一定要重视累积性效应的后果，尽量避免由于较小风险的累积造成巨大的影响后果。

（7）由于数据资料缺乏，无法预测由于台风风暴潮等极端天气条件所造成的岸滩侵蚀与航道淤积的环境风险水平，但根据 4.2.3.1 节中回顾性评价和现状评价的相关数据可知，未来厦门湾此类风险发生的可能性虽然很小，但是一旦发生，造成的后果是十分严重的，甚至会导致海岸与港航资源的严重退化，这类风险在厦门湾海岸带区域规划的过程中仍然不能忽视（除了自然因素之外，围填海工程等人为因素也是造成此类风险发生的重要因素）。因此，厦门湾未来在发展旅游和港口的同时，有关部门应重视厦门湾海岸与航道资源合理的规划与利用，尽量减少围填工程，降低在极端天气条件下此类风险的发生。

4.3 罗源湾海岸带主体功能区划的环境风险评价

4.3.1 罗源湾概况

罗源湾地处福建省东北部，北邻三都澳，南隔黄岐半岛与闽江口连接，湾北侧、西北侧为罗源县，西侧、南侧为连江县。罗源湾口小腹大，形似倒葫芦状，由鉴江半岛和黄岐半岛环抱而成，湾口可门水道是出海的唯一通道[①]（图 4-7）。

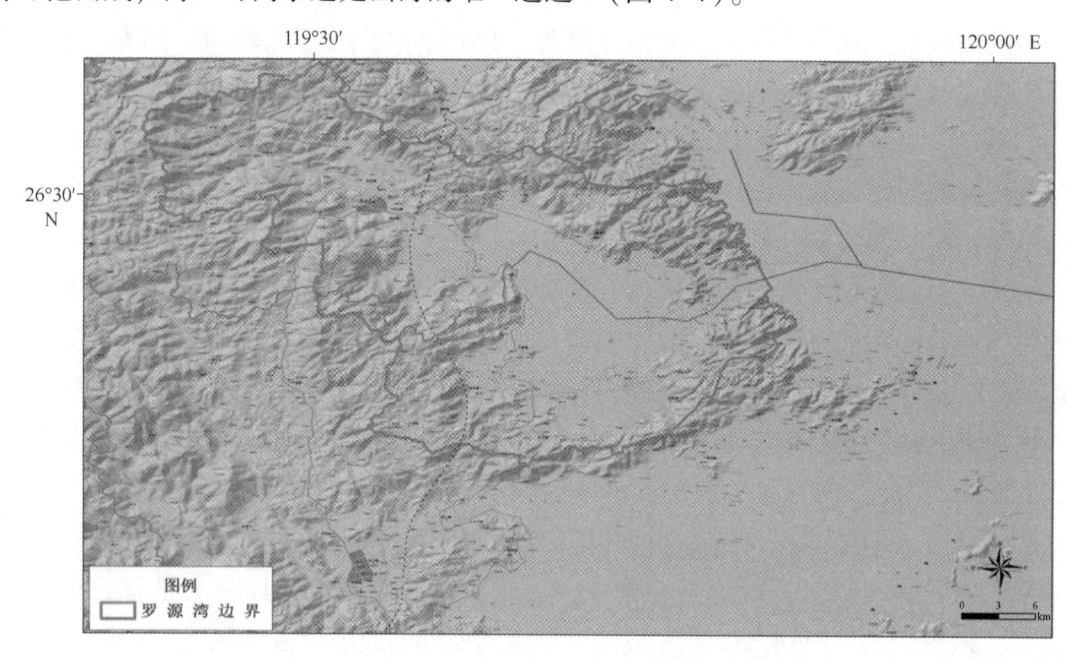

图 4-7 罗源湾海岸带地区研究范围（红线区域内）

罗源湾海岸带区域研究区的划分方法按照 4.1.2 节的技术方法（按照生态系统特征、基于 EBM 原则，海域按海域自然生态系统边界等自然属性划分，陆域按照海域单元的汇水区划分）。研究区范围面积共计 812.73 km^2，其中陆域面积为 654.76 km^2，海域面积为 157.97 km^2，涉及罗源县的碧里乡、起步镇、白塔乡、凤山镇和松山镇 5 个乡镇和连江县的马鼻镇、长龙镇、透堡镇、官坂镇、坑园镇和下宫乡 6 个乡镇。

4.3.2 数据资料及来源

鉴于环境风险与生态风险评价的区别，本研究重点关注环境风险评价。经初步风险识别，罗源湾海岸带区域环境风险评价的对象主要包括自然灾害（以台风风暴潮为主）和环

① 环罗源湾环境保护规划报告．厦门大学环境科学研究中心，福州市环境科学研究所，2007.

境事故风险两个方面。环境风险评价的指标见表4-47，所需的数据均按此表内的指标进行收集和分析。

表4-47　罗源湾海岸带地区主体功能区划环境风险评价涉及的指标

一级指标	二级指标	三级指标
台风风暴潮风险	台风风暴潮袭击的可能性	历史上台风风暴潮发生的次数、频率、主要集中的月份以及主要袭击的区域等
	港口和海岸工程的破坏	如海堤、通信设施、泊位、港口公路的破坏程度等，以及这些破坏所造成的经济损失
环境事故风险	船舶溢油事故	港口和锚地的分布、进出的船舶数和类型；航道分布条件；历史事故数据发生的概率和造成的损失等
	石油化工风险	历史上发生事故的次数、概率统计；单位事故的损失和影响等

罗源湾海岸带区域的数据资料主要来自厦门大学编制的《海湾海岸带主体功能区研究总报告》[①]（即厦门大学承担“海岸带主体功能区划分技术体系框架研究与应用示范”课题的研究报告）的罗源湾专题部分。其中，台风风暴潮的数据主要引用自《中国福建沿海的风暴潮灾》[②]，历史数据年份为1949—2010年；船舶溢油和油码头溢油的数据资料主要引用自《环罗源湾区域环境保护规划》[③]和《福州市各辖区船舶溢油和潜在溢油事故统计》[④]，历史数据年份为1997—2009年；石油化工风险的数据来源于《石油化工企业危险性分析及评价》（宫博，2006），历史数据年份为1986—1997年。

4.3.3　罗源湾海岸带主体功能区划制定前的环境风险评价

4.3.3.1　环境风险的回顾性评价和现状评价

1）台风风暴潮

根据2010年福建省海洋与渔业局的数据资料[⑤]：1949年以来，经过罗源湾的台风共9个；经过罗源湾300 km以内的共153个；150 km以内的共72个。罗源湾海域因周边岛屿掩护的作用，湾内波浪一般情况下都很小。据统计，湾口海区常浪向为NNE向，出现频率

① 海湾海岸带主体功能区划研究总报告．厦门大学环境与生态学院，海洋与海岸带发展研究院，2012.
② 中国福建沿海的风暴潮灾．福建省海洋与渔业局，2010.
③ 环罗源湾区域环境保护规划．厦门大学海洋与海岸带发展研究院，福州环境科学研究所，2007.
④ 福州市各辖区船舶溢油和潜在溢油事故统计．福州海事局，2010.
⑤ 同②。

25%；湾内实测最大波高 1.4 m，年内波高不低于 0.8 m 的仅为 18 d。罗源湾每年 7—9 月为台风季节，平均每年受台风风暴潮影响约 3.4 次，最大风速可达 40 m/s，期间往往伴随大浪和大规模降水，具有一定的破坏力。

台风风暴潮对罗源湾造成的破坏相对厦门湾而言较小，但仍具有一定的破坏力。根据福建省海洋与渔业厅的数据资料表明：近 10 年来，对罗源湾影响最为严重的要属 2001 年的“飞燕”台风及所带来的风暴潮，对罗源湾养殖业造成了数十亿元的经济损失。

从上述资料可以看出，罗源湾历史上所遭受到台风风暴潮重大影响的次数虽然不多，但由于罗源湾目前存在着大量的渔业养殖和临港工业开发，故当面临台风风暴潮袭击时，所造成的损失和风险值仍相当大。

由于台风风暴潮对罗源湾造成重大影响的台风次数很低，加之数据资料缺乏，在计算罗源湾台风风暴潮概率时，据历史资料统计对罗源湾造成影响的台风风暴潮频率为 3.4 次/a，作为计算的基础和依据。类比厦门湾台风风暴潮中的回顾性评价，由于台风风暴潮主要集中在每年的 7—9 月，平均每次持续的时间为 2 d，平均一年 3.4 次，则一年内发生台风风暴潮的天数平均为 6.8 d，故每年台风风暴潮影响罗源湾的概率 $P=6.8/365=0.019$。将 $P=0.019$ 作为未来罗源湾台风风暴潮风险的概率。

2）船舶溢油

罗源湾口小腹大，水深港阔，是全国 34 个、福建省 6 个可建 5~30 万吨级码头的深水良港之一，被福建省政府确定为福州港深水港区。湾内纵深约 28 km，具有不冻不淤、水深、避风等得天独厚的优越建港条件。

由于罗源湾区域内港口和航运刚刚起步，船舶溢油事故的数据记载很少。根据福州海事局提供的数据资料显示[①]，1997—2009 年间，唯一一起船舶溢油事故是发生在 2009 年 12 月罗源湾迹头码头名为“金城荣”的船舶溢油事故，损失达 20 万元。

根据《环罗源湾环境规划研究报告》[②] 中的相关数据显示，罗源湾港区可门口南北岸的古鼎屿和濂澳可作为发展引进大型炼油项目的良好场址。因此，罗源湾港区目前存在着利用油轮运输原油、成品油的可能性。根据《环罗源湾环境规划研究报告》的相关资料显示，随着罗源湾港区的进一步发展，进出罗源湾的船舶数量将持续增长，特别是油轮的数量也将大幅度增长。而繁忙的船舶运输和大型甚至巨型油轮的进出港，是造成船舶溢油事故的主要因素之一。

① 福州各辖区船舶溢油和潜在溢油事故统计．福州海事局，2009.

② 环罗源湾区域环境保护规划．厦门大学海洋与海岸带发展研究院，福州环境科学研究所，2007.

3）石油化工和冶金钢铁的环境风险

（1）石油化工环境风险

石油化工的原料及产品大多数为易燃、易爆和有毒物质，生产过程多处于高温、高压或低温、负压等苛刻条件下，潜在危险性很大。一旦突发化学泄漏事故，往往与爆炸、火灾相互引发，且发展迅猛，致使有毒化学品大量外泄；或多点诱发，从点源发展到面源，逸散到大气中。石化工业一旦出现事故，具有突发性强、危害性大、有毒化学品类型多、行为复杂等特点。

1962—1987 年的 25 年间，在 95 个国家所登记的化学事故中，发生过突发性化学事故的常见化学品及其所占的比例为：液化石油气 2.53%，汽油 18.0%，氨 16.1%，煤油 14.9%，氯 14.4%，原油 11.2%；从这些化学品的物质形态分析：液体 47.8%，液化气 27.6%，气体 18.8%，固体 8.2%；从事故的来源看，运输 34.2%，工艺过程 33.0%，贮存 23.1%，搬运 9.6%；从事故的原因分析：机械故障 34.2%，碰撞事故 26.8%，人为因素 22.8%，外部因素（地震、雷击等）16.2%（宫博，2006）。

工业系统的环境风险评价，用外推法求出单位时间的死亡数表征。目前，较通用的标准之一是以 1 亿（10^8）工作小时内死亡人数表示风险，称为死亡事故频率（Fatal Accident Frequency Rate，FAFR）。通过各行业的统计，定出可接受的风险水平。对于化学工业的 FAFR，许多国家都很接近 3.5（即每人每年死亡概率为 6.75×10^{-5}）（宫博，2006），我国化工行业的 FAFR 在 20 世纪 80 年代为 3.7，接近这个水平。所以 FAFR 3.5 这个数值可作为石化行业确定风险可接受水平的参考标准。

由于罗源湾内尚无石油化工行业发生重大事故的历史统计数据，故本节的回顾性评价和现状评价将参考《石油化工企业危险性分析及评价》（宫博，2006），中国石化总公司 1986—1997 年所发生的重大事故统计数据（表 4-48）及其分析处理结果。中国石化总公司 1986—1997 年所发生重大事故变化趋势见图 4-8。

表 4-48　1986—1997 年中国石化总公司事故情况统计

年份	1986	1987	1988	1989	1990	1991	1992	1993	1994	1995	1996	1997
原油加工能力/千万吨	8.6	9.0	9.3	9.6	10.2	10.8	1.2	14.9	20.4	24.3	27.6	30.8
重大事故次数/人	33	31	39	31	27	30	25	28	27	30	26	31
死亡人数/人	21	22	23	18	14	15	16	22	29	30	28	29
重伤人数/人	52	54	48	46	41	32	23	54	47	39	42	27
直接经济损失/10 万元	22.1	13.1	15.5	11.3	27.0	68.8	36.2	42.2	74.3	41.0	69.2	81.7
单位事故损失/（万元/次）	0.67	0.42	0.40	0.36	1.0	2.3	1.4	1.5	2.7	1.4	1.7	2.6

资料来源：宫博，2006。

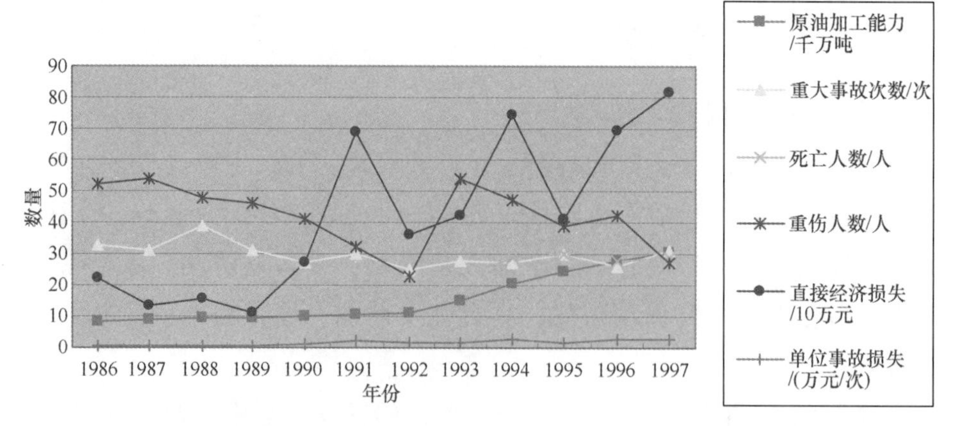

图 4-8 1986—1997 年中国石化总公司事故变化趋势

资料来源：宫博，2006

由表 4-48 中统计数据可计算出年产量千万吨原油发生重大事故的概率，计算结果绘制折线图（图 4-9）。从图 4-9 中可以看出，1986—1997 年间，中国石化总公司所发生的重大事故的年概率总体呈递减的趋势。这些数据将为下一步罗源湾石油化工行业风险的预测提供数据参考。

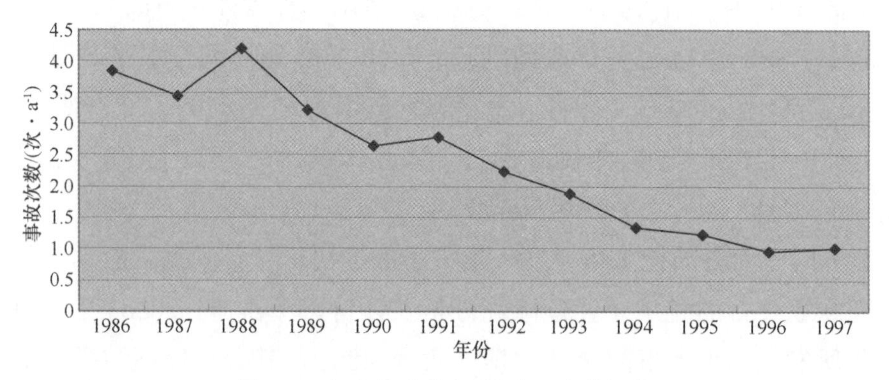

图 4-9 年产量千万吨原油发生事故概率

（2）冶金钢铁行业环境风险

由于未能检索到国内外有关冶金钢铁行业发生事故概率的文献和报道，目前也暂时没有罗源湾冶金钢铁行业发生重大事故的报道，加之欠缺相关统计数据，故罗源湾内冶金钢铁行业发生事故概率在本书中不作评价。但根据项目组现场调查的结果显示，目前罗源湾北岸松山海堤附近存在着一些冶金钢铁企业，发现这些企业将生产废水排入罗源湾湾顶附近，造成水质污染，在未来可能会引发相关的环境风险问题。

4）罗源湾环境风险回顾性评价和现状评价小结

罗源湾海岸带区域当前可能存在的环境风险是：台风风暴潮、船舶溢油风险、石油化工和冶金行业造成的事故污染风险。

（1）罗源湾台风风暴潮发生的概率为 0.019，虽然历史上真正对罗源湾造成重大影响的台风风暴潮次数不多，但随着港口和石油化工行业在罗源湾海岸带地区的不断发展，今后可能造成的风险损失也将不断增大。

（2）虽然目前缺乏罗源湾船舶溢油风险的具体数据（仅一起），但随着罗源湾港口航运的发展，发生船舶溢油的概率也将不断增加。

（3）虽然目前暂无关于罗源湾石油化工行业风险的历史数据，但从中国石化总公司1986—1997 年间发生事故的数据处理分析可知，中国石化在这 10 年内发生的行业风险呈递减的趋势，这将成为预测罗源湾石油化工行业风险的基础和参考依据。

（4）目前罗源湾缺乏冶金钢铁行业事故污染风险的统计数据，本书不作评价。但根据现场调查的结果，今后这一方面的风险将不容忽视。

4.3.3.2　罗源湾海岸带区域环境风险识别和专家评判

由于回顾性评价和现状评价所需要的历史数据欠缺，无法开展详细的罗源湾海岸带区域的回顾性评价和现状环境风险评价。根据 3.4.1.1 节中关于专家评判法优点的论述，在数据资料不足时，专家评判法可以解决环境风险评价中由于数据缺乏而无法开展的定量评价。因此，本案例研究在该海岸带主体功能区划制定前的这一阶段，结合上述仅有的一些历史数据资料，直接采用专家评判法，对罗源湾当前的环境风险进行识别并对其进行打分，为海岸带主体功能功区的预警提供数据参考。

综上分析，罗源湾海岸带地区当前可能面临的主要环境风险来源于以下 3 个方面。

（1）由于罗源湾位于福建省沿海地区，可能面临着台风及其风暴潮袭击的风险，但由于罗源湾特殊的地理位置和环境条件，罗源湾遭受台风袭击的可能性相比厦门湾较小，但台风一旦来袭，也会造成巨大的经济损失。

（2）由于罗源湾的港口发展，繁忙的船舶运输和大型甚至巨型油轮的进出港，导致海域内船舶数量和密度的不断增长，使罗源湾可能面临着不断增加的船舶溢油事故风险。

（3）虽然目前没有详细的事故数据资料，但随着罗源湾海岸带区域石油化工产业和冶金钢铁产业的不断发展，环境污染和事故风险同样不容忽视。

根据上述罗源湾海岸带区域环境风险回顾性评价和现状评价的结果，结合生态风险评价的相关内容，制定罗源湾环境风险专家评分表（表 4-49），专家打分的结果如表 4-50所示。

表 4-49 罗源湾海岸带区域环境风险专家评分

风险类型	具体风险	回顾性评价	专家判断评分	综合评分
自然灾害风险	台风风暴潮	1949 年以来，经过罗源湾的台风共 9 个；经过罗源湾 300 km 以内的共 153 个；150 km 以内的共 72 个。真正对其造成重大影响的台风风暴潮次数不多，影响较大的是 2001 年的“飞燕”台风及所带来的风暴潮，造成罗源湾地区数十亿元的经济损失。台风风暴潮发生概率为 0.019		
环境事故风险	船舶溢油	1997—2009 年，发生一起溢油事故。随着罗源湾港口航运的发展，发生船舶溢油的概率将不断增加		
	石油化工	今后罗源湾石油化工产业千万吨石油发生事故的概率所可能造成的风险概率将逐年降低，但由于石油化工产业的规模在罗源湾将不断发展，所以一旦发生事故，其造成的风险损失将会比较严重		
	冶金钢铁	目前暂无关于罗源湾冶金行业事故污染风险的统计数据，但根据现场调查的结果，罗源湾北岸松山海堤附近存在着一些冶金钢铁的企业，同时生产废水排入罗源湾湾顶附近，造成水质的严重恶化，今后这一方面的风险将不容忽视		

表 4-50 罗源湾海岸带区域环境风险专家评分

专家		1	2	3	4	5	6	7	平均值
自然灾害风险	台风风暴潮	2	2	1	2	1	1	2	2
环境事故风险	船舶溢油	2	2	2	2	2	2	2	2
	石油化工	2	2	2	2	2	2	2	2
	冶金钢铁	1	1	2	2	2	1	2	2
综合评分		2	2	2	2	2	2	2	2

注：低=3，中=2，高=1。

根据上述环境风险识别，当前罗源湾海岸带区域所面临的主要环境生态风险类型为：台风风暴潮和船舶溢油，但冶金钢铁和石油化工产业的风险仍然不容忽视（无具体数据资料）。

从表 4-50 专家评判的结果可以看出，罗源湾海岸带区域当前环境风险的综合水平为中等，台风风暴潮、船舶溢油、石油化工和冶金钢铁行业的风险水平均为中等水平（2 分）。

4.3.3.3 罗源湾海岸带区域环境风险评价对主体功能区划备选方案的偏好

根据回顾性评价和现状评价的结果，罗源湾海岸带区域全湾环境风险水平不高，环境风险主要来源于台风风暴潮、船舶溢油以及石油化工等工业事故性污染的环境风险。从环境风险评价结果考虑，比较支持水产养殖或渔业、旅游等功能，比较不支持发展港口功能。

4.3.4　罗源湾海岸带主体功能区划制定中的环境风险评价

根据3.3节和3.4节中所构建的技术路线和方法体系，结合罗源湾的实际情况，本阶段主要采用基于专家评判的MDDA的技术路线和方法开展罗源湾海岸带地区主体功能区划的环境风险评价，从环境风险的角度支持罗源湾海岸带地区主体功能区划。鉴于罗源湾研究范围较小，故不开展分海区的环境风险评价。

根据研究组通过综合考虑各个维度的现状以及回顾性评价结果，基于资源定位原则，采用专家评判法、SWOT分析法和各个维度的偏好，最终确定罗源湾海岸带区域主体功能的备选方案为[①]：①渔业；②港口。

4.3.4.1　基于多维决策分析法（MDDA）的环境风险评价

1）备选方案环境风险预测识别

本小节根据环境风险回顾性评价和现状评价的结果，结合项目专题中生态风险评价的结果，采用情景分析法，简单识别和预测两种备选方案（渔业和港口）在未来可能给罗源湾海岸带区域带来的环境风险（图4-10）。

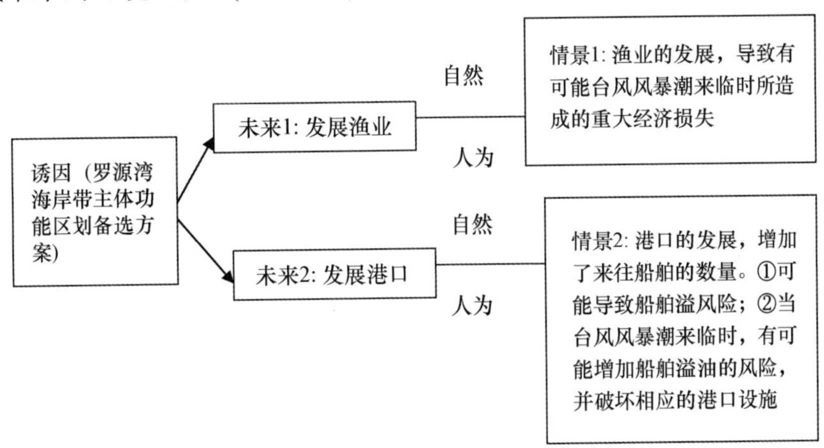

图4-10　罗源湾海岸带主体功能区划备选方案风险的情景分析

从图4-10中可以看出，如果罗源湾未来发展港口可能造成的环境风险是：①港口的发展大大增加罗源湾海岸带区域发生船舶溢油风险的可能；②台风风暴潮造成港口设施破坏的风险；③台风风暴潮来临时将增加船舶溢油的风险。

如果罗源湾未来发展渔业，可能造成的环境风险是：①台风的侵袭而导致重大的渔业损失风险；②罗源湾内船舶（渔船）溢油的风险。

① 海湾海岸带主体功能区划研究总报告．厦门大学环境与生态学院，海洋与海岸带发展研究院，2012.

此外，罗源湾可能发展的石油化工企业污染事故风险在未来发展渔业和港口中造成的环境风险仍不容忽视。

2）多维决策分析

根据3.4.2.3节中的多维决策分析法，基于罗源湾海岸带区域的环境风险回顾性评价和现状评价结果，参考生态风险评价的相关结论，采用专家评判法进行罗源湾海岸带地区环境风险维度下港口发展和渔业产业的评分。评分分为风险对备选方案的影响和备选方案对风险的影响两类（其中备选方案对风险的影响包含了专家对备选方案可能造成的风险进行预测和表征）。分别为影响（*I*）、置信度（*C*）、关系（*R*）3个因子进行打分。将两类评分表中专家的7个维度对决策备选方案 *I*·*C*·*R* 打分的总和与备选方案对7个维度 *I*·*C*·*R* 打分的总和相加，从风险的角度，得到该专家对主体功能的最终评判值（表4-51），以支持备选方案。

表4-51 罗源湾海岸带主体功能区划风险维度专家评分

备选方案	风险→备选方案［*I*，*C*；*R*］					备选方案→风险［*I*，*C*；*R*］				
	专家	*I*	*C*	*R*	*I*·*C*·*R*	专家	*I*	*C*	*R*	*I*·*C*·*R*
渔业	专家1	−2	0.7	2	−2.8	专家1	−1	0.6	1	−0.6
	专家2	−1	0.7	1	−0.7	专家2	−1	0.6	1	−0.6
	专家3	−2	0.7	2	−2.8	专家3	−1	0.6	1	−0.6
	专家4	−2	0.7	2	−2.8	专家4	−1	0.6	1	−0.6
	专家5	−2	0.7	2	−2.8	专家5	−1	0.6	1	−0.6
	专家6	−2	0.9	1	−1.8	专家6	3	0.9	1	2.7
	专家7	−1	0.6	1	−0.6	专家7	−1	0.6	2	−1.2
	I·*C*·*R* 的算术均值				−2.04	*I*·*C*·*R* 的算术均值				−0.21
港口	专家1	1	0.7	1	0.7	专家1	−3	0.7	3	−6.3
	专家2	−1	0.6	1	−0.6	专家2	−1	0.7	2	−1.4
	专家3	−1	0.7	1	−0.7	专家3	−3	0.7	3	−6.3
	专家4	−1	0.7	1	−0.7	专家4	−3	0.7	3	−6.3
	专家5	−1	0.7	1	−0.7	专家5	−3	0.7	3	−6.3
	专家6	0	0.8	1	0	专家6	−1	0.9	3	−2.7
	专家7	−1	0.6	1	−0.6	专家7	−2	0.6	2	−2.4
	I·*C*·*R* 的算术均值				−0.37	*I*·*C*·*R* 的算术均值				−4.52

根据专家评判结果（表4-51）：①罗源湾海岸带区域风险对渔业和港口的支持和影响程度分别为−2.04和−0.37，结果表明，风险对渔业造成的影响明显大于港口；②渔业和港口发展对罗源湾海岸带区域风险的支持和影响程度分别为−0.21和−4.52，结果表明，港口功能对风险的影响（增加风险的可能和破坏）要远远大于渔业功能；③综合考虑风险对备选方案的支持和影响、备选方案对风险的支持和影响可得，渔业功能的风险维度综合分值

为-2.04-0.21=-2.26，而港口功能的风险维度综合分值为-0.37-4.52=-4.89。由此可见，从风险维度考虑，罗源湾海岸带区域的最佳主体功能应为渔业。

3）维度偏好分析

罗源湾海岸带区域的环境风险水平为中等，而台风风暴潮、船舶溢油是该区域主要的环境风险类型，对比罗源湾海岸带区域的两种备选方案（渔业和港口），可以得到以下结论。

（1）若罗源湾海岸带区域以港口为主要功能，台风风暴潮、船舶溢油事故可能对港口的发展造成巨大的负面影响，造成港口设施破坏和港区海水污染的影响；相对而言，若罗源湾海岸带区域以渔业为主要功能，只有台风风暴潮会对未来的渔业养殖带来一定的影响，因此，罗源湾海岸带区域未来发展渔业产生的环境风险类型较港口发展产生的环境风险类型要少。

（2）从罗源湾海岸带主体功能区划的备选方案对未来环境风险产生的作用来看，港口发展会进一步地加大罗源湾海岸带区域发生环境风险的可能性和破坏性，尤其是港口遭受台风破坏的风险和船舶溢油的风险。相对而言，渔业养殖的发展可能会增加台风来临时渔业损失的风险和渔船溢油的风险，但鉴于罗源湾属于半封闭海湾，避风条件好，渔业损失较为有限；渔船数量不多，且属于非油轮船舶，溢油量不大。

综合考虑，从环境风险的角度出发，渔业功能更适宜作为罗源湾海岸带区域的主体功能。

4）公众参与结果分析

对于罗源湾海岸带区域的风险公众调查如图 4-11[①] 所示。根据图 4-11 可以看出，公众的意见："水产养殖"占 50.7 %，"旅游"占 24.4%，"港口航运业"占 12.8%，"港口加工业"占 8.1%；"重工业（火电、石油化工、钢铁等）"为 0%，"其他"占 3.8%，"不知道"占 0.2%。由此可见，居民认为发展水产养殖的风险较低，而重工业风险较大。

大多数参与者支持发展养殖业，其次是旅游业；赞成发展港口航运业、港口加工业和重工业的较少，甚至也有人提出要限制港口业和禁止重工业的发展。

5）风险维度（环境风险和生态风险）决策结果

多维决策法、公众参与结果和维度偏好分析的结果均表明，从风险角度考虑，罗源湾海岸带区域的最佳主体功能应该为渔业。

其他维度的评判结果表明，无论从经济、社会、区位、资源、环境以及生态维度而言，其支持罗源湾海岸带区域最佳主体功能的结果为渔业[②]。

---

① 海湾海岸带主体功能区划研究总报告．厦门大学环境与生态学院，海洋与海岸带发展研究院，2012.

② 同①。

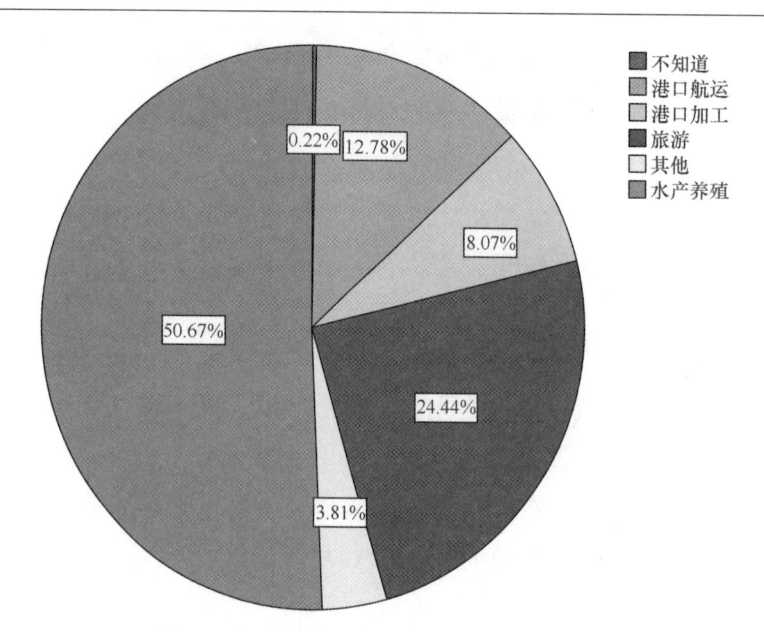

图 4-11　罗源湾风险的公众参与调查与统计

4.3.4.2　基于多准则决策分析法（MCDA）的环境风险评价

依据第 3 章中 MCDA 技术路线的介绍（3.4.1.2 节），MCDA 在本案例研究环境风险评价中应用的具体步骤基本同厦门湾的案例研究。

第一步：识别与罗源湾海岸带主体功能区划目标或问题相关的环境风险。在本次罗源湾海岸带主体功能区划研究中，我们识别了台风风暴潮、船舶溢油以及石油化工企业污染事故风险，并将其作为多准则决策分析中的相关准则。

第二步：收集各准则可获得的所有评价指标（风险概率、风险后果，其中风险后果用直接的经济损失表示）及其数据，采用环境风险预测评价中的类比分析、概率统计分析等传统方法进行评价，得出各准则的评价结论。

第三步：基于所有环境风险准则的评价结论构建决策矩阵，并赋予各准则最初的评价值（如果评价值的量纲不统一，则必须采用相关标准，进行归一化处理，即比较风险评价或相对风险评价）。

第四步：采用层次分析和专家评判法对各准则进行权重分配（如果评价数据无法定量，则还必须通过专家打分对准则赋值），得出各准则权重分配的结果，其中各准则相对重要度的标准参见 4.2.4.2 节中的表 4-8。

第五步：综合专家评判的结果，对决策矩阵的权重分配进行一致性分析，最终的评判结果将进行罗源湾主体功能区划优选方案的确定（环境风险最小者作为优选方案）。

1）罗源湾海岸带主体功能区划备选方案的主要环境风险预测识别

罗源湾海岸主体功能区划的备选方案确定为：①渔业；②港口。由 4.3.3.1 节中罗源湾海岸带地区环境风险回顾性评价和现状评价的内容可知，当前罗源湾海岸带区域主要存在的环境风险有三类：台风风暴潮、船舶溢油和石油化工风险。

罗源湾海岸带区域发展渔业在未来可能导致的环境风险是：①台风风暴潮的袭击所导致的渔业损失风险；②渔船溢油的风险。

罗源湾海岸带区域港口发展在未来可能导致的环境风险是：①船舶数量增加而导致的船舶溢油风险；②台风风暴潮增加船舶溢油风险的可能；③台风破坏港口的风险。此外，罗源湾可能存在石油化工企业事故风险。

2）罗源湾海岸带主体功能区划备选方案的环境风险预测分析

（1）罗源湾未来港口发展的环境风险预测分析

①台风造成的港口破坏的风险

由于台风风暴潮属于自然灾害风险，未来发生的概率难以准确预测，除了气候变化这一影响因素外，其他的因素并不会影响台风风暴潮未来发生的概率。考虑到气候变化产生的影响需要漫长的过程，所以本书为了便于开展相关的评价，将采用 4.3.3.1 节中台风风暴潮回顾性评价和现状评价中的历史概率近似为未来台风风暴潮发生概率的预测值，即罗源湾海岸带区域未来台风风暴潮发生的平均概率为：$P=0.019$。

由于当前缺乏关于罗源湾在台风风暴潮中所遭受的港口损失的相关数据资料，本案例研究将类比厦门湾的数据资料，分析未来罗源湾港口发展在台风条件下可能造成的损失。

根据厦门湾案例中的相关数据显示，厦门湾台风的概率为 0.022，厦门湾未来预计的吞吐量将达到 $22\,500\times10^4$ t，未来台风风暴潮对厦门湾港口所造成的年平均损失为 11 853 万元。根据《环罗源湾环境保护规划》水污染源专题中罗源湾远期船只发展预测结果，罗源湾未来的吞吐量将达到 $22\,000\times10^4$ t[①]，通过类比分析可知，在台风发生频率相近的情况下，未来台风风暴潮对罗源湾港口所造成的年平均损失为 11 597 万元。所以，假设台风风暴潮未来概率不变，罗源湾未来由于台风造成的港口破坏风险 $R_{港口破坏}$ 约为 1.2×10^8 元/a。

②港口发展导致的船舶溢油风险

根据《环罗源湾环境保护规划》水污染源专题中罗源湾远期船只发展预测结果，罗源湾海岸带区域未来每年将有 2 680 艘次的船舶进出[①]，因此在未来 S 年中进出罗源湾船舶的艘次为：$n=2\,680S$。与厦门湾案例中船舶溢油风险评价相似，假设罗源湾海岸带区域不发生重大船舶事故的置信度为 95%，将数据代入式（4-1）解得，$P=1.152\,2\times10^{-5}/S$，即罗源湾海域内未来发生事故概率基础值为 $3.61\times10^{-5}/S$。

设进出海域船舶中油船所占比例为 R，海域单位油轮事故溢油风险概率为油轮碰撞风险概率、油轮搁浅风险概率和油轮溢油风险概率之和，得出经验式（4-2）。

根据《环罗源湾环境保护规划》水污染源专题中罗源湾远期船只发展预测结果[①]，未

① 环罗源湾环境保护规划报告．厦门大学环境科学研究中心，福州市环境科学研究所，2007.

来罗源湾海域的船舶中油轮占 32.3%，将数据代入式（4-2），那么，在未来 S 年中，罗源湾海域单位油轮溢油风险的概率为：P（溢油｜单位油轮）=（18−3×32.3%）/16×3.61×10^{-5}/S×32.3%=1.241×10^{-5}/S。所以，在未来 S 年中罗源湾海岸带地区油轮溢油的风险概率为：P（溢油｜油轮）=2 680S×1.241×10^{-5}/S=0.033≈3/100 起/a。

非油轮事故引起的溢油也一样不容忽视，相关预测模型见式（4-3）。由于罗源湾港口船舶历史数据欠缺，预测所需数据将类比厦门港的相关数据。根据厦门海事局统计资料及表 4-3 可得：P（溢油｜非油轮）=（1−32.3%）×2 680S×3.61×10^{-5}/S×4/（133−7）=0.002≈1/500 起/a。

因此，未来 S 年罗源湾海域船舶溢油的概率为：$P_{预测}$=0.002+0.033=0.035≈1/25 起/a，即大约每 25 年发生 1 起船舶溢油事故。所以，罗源湾未来港口发展导致的船舶溢油风险值：$R_{预测溢油}$=1/25 起/a×730 万元/起=2.9×10^5元/a。

③台风增加的船舶溢油风险

如果罗源湾未来发展港口，在船舶方面主要增加的是油轮，这样就必须综合考虑和预测在台风风暴潮的条件下由于油轮的增加导致的船舶溢油风险。

由于缺乏罗源湾港口建设后油轮的增加率和台风条件下船舶发生事故概率的增加率，故本节将根据《海岸工程自然灾害环境风险评价研究》（林宙峰，2007）中的资料，类比厦门湾的相关数据，罗源湾港口建设（围填海建造港口）完成后，罗源湾油轮所占的比例将上升 1%，即 ΔR=1%。台风风暴潮下船舶事故发生的概率将增加 1%，即 Δp=1%，应用式（4-2）可得：P（油轮溢油｜台风）=（18−3×32.4%）/16×1.01×2 680S×3.61×10^{-5}/S×32.4%=0.034，若发展港口，由台风风暴潮带来的油轮溢油风险增加的概率为 $P_{台风增加溢油}$=0.034−0.033=0.001≈1/1 000 起/a。

所以，罗源湾未来若发展港口，由于台风风暴潮所增加的油轮溢油风险值为：$R_{台风增加的溢油}$=1/1 000 起/a×7.3×10^6元/起=7.3×10^3元/a。

④罗源湾发展石油化工行业的风险

在图 4-9 的数据基础上增加一条指数函数的趋势预测线（图 4-12），以此来预测罗源湾 2020 年，年产量千万吨原油的石油化工企业发生重大事故的概率。其中，趋势预测曲线的指数公式为 $Y=5.357\,4e^{-0.142\,2X}$。以 1986 年为原点，分别取 X=24.5（2010 年）和 X=34.5（2020 年），得：Y_{2010}=0.164 4 ≈0.16，Y_{2020}=0.039 7 ≈0.04。

按此推算，2010 年，罗源湾内年产量千成吨原油的石油化工企业发生重大事故的概率为 0.16，约为每 6 年 1 次；2020 年，罗源湾内年产量千成吨原油的石油化工企业发生重大事故的概率为 0.04，约为每 25 年 1 次。

2020 年，罗源湾内年产量百万吨原油的石油化工企业发生重大事故的概率为 0.004，约为每 250 年 1 次。根据表 3-1 中的数据分析结果表明，单位事故（千万吨）的直接经济损失为：1.2 万元/起。因此，罗源湾未来千万吨石油化工行业发生重大事故的风险值 $R_{石油化工}$=480 元/a。

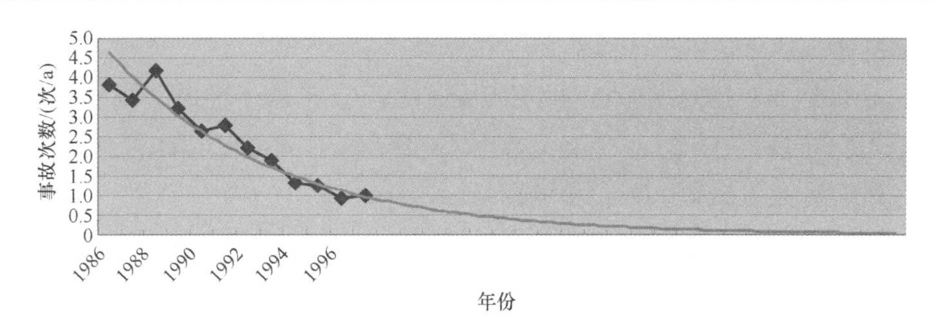

图 4-12　年产量千成吨原油发生事故概率及预测趋势

(2) 罗源湾未来发展渔业的环境风险预测分析

①台风风暴潮造成的渔业损失

据罗源县海洋与渔业局的数据资料显示，2007 年罗源湾水产养殖总面积达 8 530 hm^2，但随着近几年罗源湾港口航运业的大力发展，未来规划中罗源湾的养殖将只保留罗源湾湾口北岸与罗源湾中西部地区，用海渔业养殖面积将达 3 705 hm^2，每年由于台风造成的渔业养殖的损失将达到约 1 亿元[①]，假设台风风暴潮未来概率不变，当台风风暴潮来临时，对罗源湾渔业养殖造成的风险值 $R_{渔业损失}$ 约为 1.0×10^8 元/a。

②渔船的船舶溢油风险

根据罗源县的相关数据资料[①]以及上述非油轮船舶溢油预测模型，未来每年进出罗源湾内海洋机械动力渔船数量将达 150 艘，占进出罗源湾船舶数的 4.5%，未来罗源湾由于发展渔业而致使渔船发生溢油事故的概率是 1.6×10^{-6}。参考厦门湾单位船舶溢油损失的相关数据，罗源湾未来由于发展渔业而只是渔船发生溢油事故的风险值 $R_{渔船溢油}=1.6\times10^{-6}\times730$ 万元/起 = 1 168 元/a。

③石油化工风险

罗源湾未来可能发展的石油化工风险预测结果为：$R_{石油化工}=480$ 元/a。

3) *罗源湾海岸带区域环境风险的多准则决策分析*

根据上述罗源湾海岸带区域发展旅游或港口在未来造成的环境风险预测识别和分析的结果可知，在上述由发展渔业或发展港口所造成的环境风险中，属于台风风暴潮造成的风险有：渔业损失的风险、港口破坏的风险；属于船舶溢油风险的是：渔船数量增加而造成的渔船溢油风险、台风增加的船舶（油轮）溢油风险和港口发展导致的船舶溢油风险。属于工业企业的环境风险是：石油化工风险。

在本次应用 MCDA 从环境风险的角度支持决策的过程中，将环境风险分为台风风暴潮、船舶溢油风险和石油化工风险这 3 个重要的风险因素作为准则，根据上述环境风险预测分析和评价结果对其赋值，并应用专家评判法和 MCDA 中的层次分析法进行两个属性之

① 罗源县海洋与渔业局．《罗源县海洋与渔业局 2012 年工作总结》，2012.

间的权重分配和相关计算。

（1）首先，根据罗源湾海岸带主体功能区划的备选方案环境风险预测识别和评价结果，构建决策矩阵（表4-52）。鉴于各环境风险准则的值都可以具体量化，且量纲相同，故不采用比较风险（相对风险）评价中的向量归一化处理。

表4-52　罗源湾海岸带主体功能区划环境风险预测值　　单位：元/a

准则（属性）值备选方案	台风风暴潮（B_1）	船舶溢油（B_2）	石油化工（B_3）
渔业（A_1）	1.0×10^8	1 168	480
港口（A_2）	1.2×10^8	2.5×10^5	480

（2）然后，结合上述预测分析的结果（包括概率和后果）以及表4-8中的相关数据，通过专家评判法（专家名单见附录2），分别对两个备选方案中（A_1、A_2）的3个准则进行权重的打分，各专家打分的结果汇总见表4-53和表4-54。

表4-53　罗源湾未来发展渔业环境风险权重判断矩阵专家评分汇总（A_1-B）

渔业（A_1）	台风风暴潮（B_1）					船舶溢油（B_2）					油码头溢油（B_3）				
台风风暴潮（B_1）	专家编号					专家编号					专家编号				
	1	2	3	4	5	1	2	3	4	5	1	2	3	4	5
	权重分配					权重分配					权重分配				
	1	1	1	1	1	1/4	3	1/2	3	4	1/5	4	1/2	3	5
船舶溢油（B_2）	专家编号					专家编号					专家编号				
	1	2	3	4	5	1	2	3	4	5					
	权重分配					权重分配					权重分配				
	4	1/3	2	1/3	1/4	1	1	1	1	1	1/2	2	1	2	3
石油化工（B_3）	专家编号					专家编号					专家编号				
	1	2	3	4	5						1	2	3	4	5
	权重分配					权重分配					权重分配				
	5	1/4	2	1/3	1/5	2	1/2	1	1/2	1/3	1	1	1	1	1

（3）接着，应用层次分析法，求得各准则权重的判断矩阵（用方根法归一化处理权重），其中包括了权重向量的归一化处理、最大特征值的计算和权重判断矩阵的一致性检验。权重向量的归一化处理和最大特征值的计算，具体步骤参见4.2.4.2节厦门湾海岸带地区的多准则决策分析，具体的分析结果见附录4中的表1至表10。

表 4-54　罗源湾未来港口发展环境风险权重判断矩阵专家评分汇总（A_2-B）

港口（A_1）	台风风暴潮（B_1）					船舶溢油（B_2）					油码头溢油（B_3）				
台风风暴潮（B_1）	专家编号					专家编号					专家编号				
	1	2	3	4	5	1	2	3	4	5	1	2	3	4	5
	权重分配					权重分配					权重分配				
	1	1	1	1	1	1/2	2	1/3	2	3	1/5	3	1/3	4	5
船舶溢油（B_2）	专家编号					专家编号					专家编号				
	1	2	3	4	5	1	2	3	4	5	1	2	3	4	5
	权重分配					权重分配					权重分配				
	2	1/2	3	1/2	1/3	1	1	1	1	1	1/4	2	1	4	5
石油化工（B_3）	专家编号					专家编号					专家编号				
	1	2	3	4	5	1	2	3	4	5	1	2	3	4	5
	权重分配					权重分配					权重分配				
	5	1/3	3	1/4	1/5	4	1/2	1	1/4	1/5	1	1	1	1	1

通过应用 Excel 对附录 4 中表 1 至表 10 的数据处理和分析可以看出，这 10 个矩阵的阶数均为 3。根据附录 4 中表 1 至表 10 可知，*RI* 均为 0.52，结合其他矩阵的指标可知，除了表 10 矩阵的 *CR* 略大于 0.1 外，其他矩阵的 *CR* 都小于 0.1，这说明专家评判的权重矩阵具有较满意的一致性。

（4）最后，根据上述步骤所求出的结果，取各准则的平均权重，乘以决策矩阵中（表 4-52）相应的数值并加总求和，求得 3 个准则综合评价的决策值的结果（表 4-55 和表 4-56）。

表 4-55　罗源湾未来发展渔业环境风险决策矩阵　　单位：元/a

评价的准则（渔业）	准则的平均权重	准则的风险值	综合决策值（渔业）
台风风暴潮	0.438 0	1.0×10^8	4.4×10^7
船舶溢油（渔船）	0.288 7	1 168	
石油化工	0.272 8	480	

表 4-56　罗源湾未来港口发展环境风险决策矩阵　　单位：元/a

评价的准则（港口）	准则的平均权重	准则的风险值	综合决策值（港口）
台风风暴潮	0.392 1	1.2×10^8	4.8×10^7
船舶溢油	0.313 0	2.5×10^5	
石油化工	0.293 0	480	

表 4-55 和表 4-56 的结果表明：如果罗源湾海岸带区域发展渔业，那么其面临的环境风险综合决策值为 4.4×10^7 元/a（表 4-55）；如果罗源湾海岸带区域未来发展港口，那么面临的环境风险综合决策值为：4.8×10^7 元/a（表 4-56）。

由此结果可以看出，罗源湾海岸带区域发展港口的环境风险比发展渔业的环境风险稍大，但无明显差别，支持决策的效果不显著。所以，从环境风险的角度出发，多准则决策分析的结果也是支持渔业作为罗源湾海岸带区域主体功能，但对罗源湾海岸带主体功能区划的支持度较低，判别也较为困难。

4.3.5 罗源湾海岸带主体功能区划制定后（为管理服务）的环境风险评价（风险管理）

4.3.5.1 罗源湾海岸带主体功能区划优选方案的环境风险预测识别

本阶段将根据 3.4.2 节中所构建的方法体系，参考前两个步骤中（4.3.3.1 节和 4.3.3.2 节）的回顾性评价和现状评价以及多维决策法中风险预测识别的结果（4.3.4.1 节专家评判结果），对罗源湾海岸带主体功能区划的最佳方案确定后，将来可能产生的区域环境风险进行预测性识别。

未来罗源湾海岸带区域的主体功能是渔业，发展渔业在未来所面临的环境风险是：①台风风暴潮所造成的渔业损失的风险；②渔船溢油的风险。

罗源湾海岸带区域的兼顾功能是港口，港口发展在未来所面临的环境风险是：①船舶数量增加导致的船舶溢油风险；②台风风暴潮导致船舶溢油事故增加的风险；③台风风暴潮造成的港口破坏风险。

4.3.5.2 罗源湾海岸带主体功能区划优选方案的环境风险预测分析与表征

本节根据环境风险预测性识别的结果，对优选方案在未来可能产生的环境风险进行预测分析，然后，结合风险矩阵法来表征罗源湾海岸带区域在主体功能优选方案所产生的各种环境风险的大小，为罗源湾海岸带区域未来环境风险的管理提供参考依据。

根据 4.3.4 节预测评价的结果，未来罗源湾海岸带区域以渔业为主体功能，港口为在兼顾功能情况下，各环境风险的风险值大小和排序见表 4-57。

表 4-57　罗源湾海岸带主体功能区划优选方案未来环境风险排序　　单位：元/a

环境风险类别	风险值	风险排序
渔业损失风险	1.0×10^{8}	2
渔船溢油风险	1 168	4
港口破坏风险（台风造成）	1.2×10^{8}	1
未来港口的船舶溢油风险（包含台风增加的溢油）	3.0×10^{5}	3
石油化工风险	480	5

根据表 4-57 中的评价结果，依据 4.2.5.2 节中表 4-30 风险可能性及后果的评判标准，

得出罗源湾海岸带主体功能区划优选方案未来环境风险等级及接受水平划分（表 4-58）。其中，由于罗源湾未来主体功能确定发展渔业，港口发展为限制开发，所以在船舶溢油风险方面，其发生的可能性级别定为“也许”；根据罗源湾的地理位置，虽然平均每年都有 3.4 次的台风袭击并影响罗源湾，但由于罗源湾属于半封闭海湾，避风条件较好，台风风暴潮造成的渔业损失和港口破坏相对较小，因此风险发生可能性级别定为“也许”；由于罗源湾每千万吨石油化工行业未来发生事故的概率很小，所以该风险发生的可能性级别确定为“不太可能”；由于罗源湾渔船较少，且溢油的概率很小，所以渔船溢油风险发生的可能性级别也定为“不太可能”。

表 4-58　罗源湾海岸带主体功能区划优选方案未来环境风险等级及接受水平划分

风险类别	发生可能性	后果	风险等级	是否可以接受
渔业损失的风险（台风造成）	也许	灾难	E	极度风险，不可接受
渔船溢油风险	不太可能	较小	L	低度风险，可接受
港口破坏风险（台风造成）	也许	灾难	E	极度风险，不可接受
未来港口的船舶溢油风险（包含台风增加的溢油）	也许	一般	H	高度风险，不可接受
石油化工风险	不太可能	较小	L	低度风险，可接受

从表 4-58 中可以看出，罗源湾海岸带区域在以渔业为主体功能，港口为兼顾功能的情况下，渔业损失的风险（台风造成）和港口遭受台风破坏的风险属于“极度风险”，不可接受；未来港口船舶溢油的风险属于“高度风险”，不可接受；渔船溢油的风险与石油化工的风险均属“低度风险”，可以接受。

4.3.5.3　环境风险管理措施

根据上述评价的结果以及罗源湾海岸带区域的实际情况，在未来的发展过程中（在主体功能优选方案实施的情况下）应采取的相应风险管理措施：①做好罗源湾海岸带区域台风的预警工作；②在发展罗源湾渔业的同时，做好罗源湾渔业养殖防范台风影响的相关工作；③重视加强罗源湾港口防台风基础设施的建设，尤其是在港口较为集中的可门港区、碧里作业区和牛坑湾作业区，尽量限制这些区域港口的开发程度，从而减少台风对港口设施造成的严重破坏；④在可门港区、碧里作业区和牛坑湾作业区，尤其是牛坑湾作业区（因为该作业区位于湾口的航道附近，容易发生船舶碰撞和溢油）附近严格控制航道周边的围填工程，避免由于水动力的改变，增加船舶溢油风险发生的可能；一旦出现溢油事故立即采取相关的溢油应急预案和应急计划。

4.3.6 研究的结果和讨论

（1）4.3.3.1节中罗源湾海岸带区域回顾性评价和现状评价以及专家评判的结果表明，罗源湾海岸带区域环境风险水平为中等；其中，台风风暴潮、船舶溢油、石油化工与冶金钢铁行业的风险水平均为中等。

（2）根据4.3.4.1节中多维决策分析、维度偏好分析以及公众参与的结果表明，从环境风险的角度而言，罗源湾海岸带区域最佳的主体功能应该是渔业；采用多准则决策分析的结果也表明，从环境风险的角度而言，罗源湾海岸带区域最佳的主体功能应该是渔业。两种决策分析方法的结果一致。

（3）根据4.3.5.2节中为风险管理服务的环境风险评价的结果（表4-57和表4-58）可得：①未来罗源湾要在发展渔业养殖的同时，尽量限制港口的发展；②做好罗源湾的台风预警和防范工作，避免海水养殖遭受台风袭击而造成的重大损失；③做好可门港口作业区、碧里港口作业区、牛坑湾港口作业区的台风风暴潮和船舶溢油的防范工作，限制以上这3个区域的港口发展程度。

（4）由于资料缺乏，无法预测未来冶金钢铁行业的环境风险水平，但根据4.3.3.1节回顾性评价和现状评价、现场调查和专家评判的结果，未来罗源湾内冶金钢铁行业的风险不容忽视，在发展渔业和港口的同时，有关环保部门应重视对冶金钢铁业管理的力度，尽量避免此类污染风险的发生。

4.4 案例的比较研究

本节根据厦门湾和罗源湾案例的研究结果，对案例研究结果进行比较，并对多维决策分析法（MDDA）和多准则决策分析法（MCDA）进行比较研究。①根据数据资料的需求和评价的过程，对两种方法在同一案例区内的应用过程进行比较；②通过公众参与结果、决策支持程度对上述两种方法在不同案例区的评价结果进行比较；③综合上述两个过程的比较结果，评估多维决策分析法和多准则决策分析法在方法上的优劣程度和适用性，从而对两种技术路线与方法进行评估反馈。

4.4.1 案例研究区域的比较

（1）从研究区域的评价范围上来看，厦门湾海岸带区域具有河口、海湾和海峡等多种海岸带地理特征，故评价的过程较为复杂，需要划分成7个不同类型的基本单元开展相关的环境风险评价；相对而言，罗源湾海岸带区域的地理特征比较简单（只有一个海湾），评价的过程相对简单，故只需针对罗源湾整个区域进行评价即可。

（2）从研究区域的评价结果上来看，由于厦门湾海岸带区域划分成7个基本单元进行评价，所以评价结果不仅包含了厦门湾海岸带主体功能区划优选方案的确定，也包含了各基本单元（厦门湾分海区）主导功能优选方案的确定；由于各个分海区自然地理特征的差异，在这7个基本单元的主导功能优选方案中，有一些分海区的主导功能与厦门湾海岸带主体功能区划的优选方案并不相同，例如，九龙江河口区和围头湾海域的主导功能的优选方案均为港口。而罗源湾海岸带区域没有划分海区进行评价，故其主体功能区划优选方案确定的结果比较简单，不存在主导功能与主体功能的差异。

4.4.2 应用过程的比较

该阶段主要包括数据资料需求比较和评价过程的比较。其中数据资料需求比较是对两种方法在评价过程对需求数据资料的类型和数量进行比较；评价过程比较包括对评价指标、数据处理、评价流程和决策比选等方面的比较。

4.4.2.1 数据资料需求的比较

多准则决策分析法对于数据资料的需求包括4.2.2节中表4-1与4.3.2节中表4-47中各类环境风险因素的历史与现状的数据，如果该区域的历史和现状数据缺乏或比较模糊（例如，厦门湾航道资源退化的数据、厦门湾各分海区的数据或是罗源湾冶金钢铁行业的数据、罗源湾石油化工行业的事故损失值等），那么多准则决策分析中各环境风险因素的预测性分析和评价可能就难以开展评价，尤其是在评价准则权重分配的过程中，如果没有相对准确的预测数据资料作为基础，即使应用专家评判，结果往往也显得较为主观。总的说来，多准则决策分析法对数据资料的要求较苛刻，对于数据资料严重缺乏的研究区域或研究对象而言，用多准则决策分析法开展评价不太适用，不能得以很好地开展和应用。

多维决策分析法要求的是尽可能地利用到研究区域范围内所能够获得的环境风险因素的历史和现状的数据，并不一定需要开展相关的预测分析和评价。尽管看似对历史和现状数据的要求较高，但在任意数据状态下（即使无法开展准确的定量预测分析），也都可以通过专家评判法开展预测评价，通过专家的知识和经验进行半定量的预测评价。即多维决策分析法在确保专家组成较为合理的情况下，对数据资料的要求是较随意的。因此，多维决策分析法对数据资料的要求较灵活，在任何条件和任何数据状态下都可以开展环境风险评价以支持海岸带区域规划。因此，多维决策分析法对数据的要求优于多准则决策分析法。

4.4.2.2 评价过程的比较

在具体评价过程中，多准则决策分析法和多维决策分析法的具体差异体现在如下方面。

1）评价参数

多准则决策分析法只是挑选可以获得的环境风险数据资料（见4.3.2.2节）开展预测

性的评价，有可能遗漏对区域规划来说重要的信息或重要的风险因素（如评价指标或准则），从而造成规划失误；而多维决策分析法可以利用所能获得的所有现状和历史数据，应用最经典的回顾性评价和现状评价的方法开展评价，并用专家评判法进行综合评判，可保证在现实条件所能提供的最完整的环境风险因素和评价结果以支持区域规划，最大限度地减少规划失误。例如，在应用多准则决策分析法开展两个海岸带主体功能区划环境风险评价的过程中，由于相关资料的缺乏，故只能根据可以获取的资料来确定评价的指标，如应用风险概率与经济损失后果两者的乘积来代表相应的环境风险值，造成评价的结果比较单一，不能较全面地考虑所有的指标，从而有可能在支持海岸带主体功能区划的上产生一定的失误。较明显的例子出现在罗源湾石油化工企业环境风险预测评价的过程中，风险评价结果与公众参与的结果不一致，若不考虑公众参与结果则将影响其主体功能区划的结果。而多维决策分析法考虑与主体功能区划相关的所有维度以及各个维度中可以获得的所有信息，综合所有信息进行专家评判以支持海岸带主体功能区划，确保决策的科学性、有效性和准确性，可有效避免失误。

多准则决策分析法若存在某个关键信息缺失的情况下就无法开展风险评价；而多维决策分析法却不存在这样的问题，可以通过专家评判法进行预测或评判。

2）数据处理

多准则决策分析法主要基于现状和预测评价结果。例如，在环境风险评价中用概率统计分析等模型进行风险的预测分析，然后根据预测分析的结果选择相应的准则，人为确定准则的评判标准，通过专家给准则分配相应的权重，然后再取平均权重和相关预测分析值的乘积进行最后海岸带主体功能区划备选方案的确定。这样，无疑增加了海岸带主体功能区划过程的复杂性和不确定性，使其结果主观性和误差都较大。

多维决策分析法除了进行环境风险的回顾性评价和现状评价外，还对历史数据进行趋势分析，并直接应用专家评判法进行了预测分析。总体来说，多维决策分析法对基础数据资料的处理更为全面和客观，评价过程相对模糊，减少了准则标准确定以及权重设置等人为因素的干扰，提高了基础数据存在的客观性和有效性，进而提高了海岸带主体功能区划的科学性和准确性。

3）评价流程（技术路线）

多准则决策分析法主要依据人为挑选评价指标，人为制定评判标准（准则），人为设定权重，基于可获得的基础数据资料对特定要素进行预测分析，通过多准则决策分析法得到最后的评价结果，评价流程较复杂，工作量大，而且多数环节为个人所为，主观性较大。

多维决策分析法则基于所有的历史数据资料进行回顾性评价和现状评价，可靠性高；后续的综合评价和决策分析过程主要运用专家评判法，先进行子要素的评价，再进行主要素和维度的综合评价，直接得到总体的环境风险评价结果；优备选方案确定的过程也采用专家评判法，评价过程相对模糊，但综合性强，避免了个人主观意愿的偏差。从目前国际上普遍实践的效果上来看，专家评判法从科学性和可靠性上来说都优于由某个人利用多准则决策分析法中的相关模型预测评价出的结果（USNRC，2008）。

4）决策方案比选

多准则决策分析法只是通过比较不同备选方案下的综合环境风险损失值以确定优选方案，评判的结果偏简单化。案例研究结果显示，两种主要的备选方案的结果差异极小，难以有效支持海岸带主体功能区划（区域规划）。

多维决策分析法则是通过专家对备选方案的综合评判以确定推荐方案，评判包括影响程度/支持程度、置信度和关系的评分乘积。在多方案比选时，多维决策分析法可操作性较强，结果也更为综合、客观。案例研究结果显示，两种主要的决策备选方案的评判结果差异明显，能有效支持海岸带主体功能区划（区域规划）。

4.4.3　评价结果的比较

评价结果的比较包括公众参与结果比较和决策支持程度比较。其中公众参与结果比较是通过对案例研究区的利益相关者进行公众参与调查，得到该区域的公众所反映的环境风险总体状况，给评价结果提供基于社会基础的参考进行比较；决策支持程度比较是通过比较案例研究区评价结果的决策支持效果，分析上述两种方法对决策的支持程度，进而评估两种技术路线与方法在海岸带区域规划层面的适用性。

4.4.3.1　公众参与结果的比较

在厦门湾和罗源湾海岸带主体功能区划项目中，案例研究区均进行了公众参与调查，调查结果与环境风险相关的结果如下。

1）厦门湾

根据《海湾海岸带主体功能区划研究总报告》，厦门湾公众参与于 2011 年 3 月 5 日在厦门湾周边区域包括思明区、湖里区、海沧区、同安区、翔安区和集美区进行，调查对象为厦门湾周边区域常住居民，调查结果如下：在被调查者中，18.98%的人认为厦门应该采取“经济高速发展与较高风险”的发展模式；38.50%的人认为应该采取“经济中速发展与中等风险”的发展模式，40.11% 的人认为应该采取“经济中速发展与较低风险”的发展模式，后两者之和占 78.61%。总体看来，多数公众认为厦门应该采取“经济中速发展与中等风险或较低风险”的发展模式。

2）罗源湾

根据《海湾海岸带主体功能区划研究总报告》，罗源湾公众参与于 2011 年 11 月 26 日在罗源湾北岸罗源县域和南岸连江县域进行，调查对象为罗源湾周边区域常住居民或相关单位工作人员，其调查结果如下（图 4-11）：50.7 %的人认为要进行水产养殖，支持“旅游”的人占 24.4%，支持“港口航运业”的人占 12.8%，支持“港口加工业”的人占 8.1%；支持“重工业（火电、石油化工、钢铁等）”的人为 0%，支持“其他”行业发展的人占 3.8%，“不知道”占 0.2%。由此可见，居民认为发展水产养殖的风险较低，而港口行业、港口加工业与重工业风险较大。

由公众参与结果可以看出，公众认为厦门湾海岸带区域目前环境风险水平较低，罗源湾环境风险水平中等；公众希望未来厦门湾在发展经济的同时，也应适度控制相关的风险，而罗源湾的公众则希望未来罗源湾能大力开展养殖和旅游，这样不会造成较大的风险。根据两个海岸带区域公众现场询问的情况，厦门湾环境风险总体状况较好于罗源湾环境风险的总体状况。在多维决策分析和多准则决策分析的结果中，厦门湾与罗源湾的评价结果与公众参与结果基本一致，即厦门湾支持旅游这种中等或较低风险确能带动厦门经济发展的行业，罗源湾则支持风险较低的渔业养殖。

但值得一提的是，在多准则决策分析的结果中，罗源湾所固有的石油化工企业在未来产生的风险损失值较小，与公众参与结果（没有人支持重工业的发展）偏差较大。因此，在罗源湾案例研究中，虽然多准则决策分析的结果仍然是支持渔业养殖，但石油化工企业风险的预测结果存在一定争议，可能的原因有两个方面：①在所能获得的石油化工行业发生事故损失的数据中，给出的是单位事故的损失值，但并没有具体说明其包含损失的内容，如果石油化工事故造成相应的海洋污染，那么单位事故损失值应该要比 1.2 万元/起大得多；②居民可能对石油化工行业了解不清楚，只是依靠感觉来做出判断（比如，石油化工爆炸会导致污染和伤亡），但他们忽略了石油化工企业发生事故的概率是很低的，只要做好相应的风险管理，基本是不会有相关的风险。因此，从上述的结果可以看出，多准则决策分析法在获取数据方面对数据的准确性要求较高，且无法考虑公众参与这样的社会因素，决策结果容易忽略其他因素（如社会因素或经济因素）；而多维决策分析法综合考虑所有相关维度的各种因素，确保海岸带主体功能区划的科学性，避免其失误。

4.4.3.2 决策支持度的比较

本书运用多维决策分析法和多准则决策分析法，对厦门湾和罗源湾海岸带主体功能区划的备选方案可能造成的环境风险进行综合评价，从环境风险的角度为海岸带主体功能区划项目提供决策支持，决策支持结果对比如表 4-59 所示。

表 4-59　案例研究中决策支持结果对比

方法	厦门湾结果	罗源湾结果
多维决策分析法	支持旅游	支持养殖
多准则决策分析法	倾向旅游	倾向养殖

从案例决策支持程度比较可以看出，在对厦门湾海岸带主体功能区划支持结果上，多维决策分析法的结果差异明显，有明确的支持结果；多准则决策分析法得出的结果，港口的风险比旅游的风险略大，但差异极小，只能说是倾向旅游。

在罗源湾的评价结果上，多维决策分析法同样差异明显，有明确的支持结果；而多准则决策分析法得出的结果，港口的风险比渔业的风险略大，同样差异极小，只能说是倾向渔业。因此，在案例研究中，多准则决策分析法对海岸带主体功能区划的支持较为模糊，支持性差，支持程度劣于多维决策分析法。

4.4.4　评价技术路线和方法的反馈评估

从两种方法应用过程的比较可以看出：

（1）多维决策分析法对数据资料的要求比多准则决策分析法灵活，对基础数据资料的处理更为全面、客观；多准则决策分析法相对于多维决策分析法仍存在指标选择、指标的标准以及权重等问题，人为因素影响大，难以有效解决。

（2）多准则决策分析法相对多维决策分析法具有更明确的评价流程，评价方法较为固定，可塑性小，且多数步骤由研究人员自行实施，人为因素影响较大。而多维决策分析法获取全面的信息用于评价，并采用经典的评价方法，评价结果可靠性高；综合评价和决策支持等关键步骤均由多位专家实施，灵活性大，可操作性较强，可靠性高。

（3）从评价结果的比较可以看出，在公众参与结果的显示中，厦门湾的环境风险状况要略优于罗源湾。多维决策分析法的结果与公众参与的结果基本一致，但多准则决策分析法在案例研究中无法考虑公众意见，可信度低。

此外，通过案例研究中两种方法决策支持结果的比较，多准则决策分析法的评价结果相差不大，对决策支持程度要劣于多维决策分析法。

通过案例比较分析，可以看出两种评价方法的优缺点（表 4-60）。

表 4-60　两种方法优缺点比较

评价方法	优点	缺点
多准则决策分析法	评价流程明确，数据要求较高，在数据资料充分的条件下可以给出一个明确的决策值，利于比较	数据要求较严；评价指标选择、标准设定、权重确定人为性较大；评价过程复杂，主观性强，易产生误差
多维决策分析法	涵盖信息较多，评价过程综合性强，避免主观因素影响，方案比选可操作性强	专家质量和数量需要保证

从表 4-60 中可以看出，多准则决策分析法评价流程明确，数据要求高，但指标体系的选择、相关的评判标准以及权重等问题难以克服，评价过程中的主观因素明显。多维决策分析法涵盖信息较多，可避免主观因素影响，决策方案评价结果区分度较明显，评价结果

在专家数量较多、质量有保障的情况下较为客观、有效。

总体来说，两种方法均可运用于海岸带区域规划备选方案选择中的环境风险评价，但多准则决策分析法的适用程度要略差于多维决策分析法。多准则决策分析法仅能在备选方案较少（这样评价指标的选择相对客观，可变性和不确定性小）、数据资料充分的情况下使用。多维决策分析法则更适合用于不确定性较强的海岸带区域规划中的风险评价，但对评判专家的要求较高，在有多种备选方案的情况下更具有普遍适用性。

第5章　总结与展望

5.1　主要研究成果

本书基于环境风险评价在海岸带区域规划中的重要性，对国内外环境风险评价技术路线和方法进行了总结，重点了解国内外环境风险评价方法在海岸带区域规划中的应用；分析了海岸带区域特性、海岸带区域规划的流程、现有服务于管理或规划环境风险评价存在的问题和海岸带区域规划环境风险评价的目的；通过分析现有环境风险评价方法的优劣及其在海岸带区域规划中的适用性，构建了基于多维决策分析法（MDDA）的海岸带区域规划环境风险评价的技术路线和方法体系，并将其应用到海岸带主体功能区划的案例研究中，检验和验证了基于MDDA的海岸带区域规划环境风险评价的技术路线和方法体系的科学性和实用性。综上所述，本书主要研究成果具体如下。

1）目前环境风险评价在区域规划中的应用状况

对现有国内外环境风险评价技术路线及方法进行了系统的总结和比较；总结了国内外环境风险评价技术路线和方法在规划或管理中应用存在的主要问题为：①目前的环境风险评价主要应用在项目管理层次和一般规划（后期）层次，未见在区域规划中融入、应用环境风险评价；②目前的环境风险评价的技术路线和方法难以支持区域规划；③环境风险评价介入区域规划的时间较晚，评价范围较小；④缺乏考虑综合性和累积性环境风险。

2）构建基于多维决策分析法的海岸带区域规划环境风险评价的技术路线

在对现有国内外环境风险评价技术路线进行系统总结和比较的基础上，根据海岸带区域规划的特点和内涵，构建了基于MDDA的海岸带区域规划环境风险评价的框架体系及其技术路线，包括海岸带区域规划制定前的环境风险评价以支持备选方案的确定；海岸带区域规划制定阶段（备选方案比选阶段）的环境风险评价（基于MDDA）以支持规划方案的确定；以及海岸带区域规划后的环境风险评价，为管理服务。

3）构建了海岸带区域规划环境风险评价的方法体系

基于文献总结和对比分析，以台风风暴潮、船舶溢油、油码头溢油等海岸带地区常见的环境风险类型作为评价要素，根据基于 MDDA 环境风险评价的区域规划 3 个阶段的评价内容和目的，筛选出适合用于各个阶段的环境风险评价的方法，构建了海岸带区域规划环境风险评价的方法体系，其中包括了海岸带区域规划制定前的方法（回顾性评价和现状评价法、专家评判法）、海岸带区域规划备选方案比选阶段的方法（MDDM）和为管理服务的环境风险评价的方法（如概率统计分析法、风险矩阵法等）。

4）案例研究

将基于 MDDA 的海岸带区域规划环境风险评价技术路线和方法应用于海岸带主体功能区划项目的厦门湾和罗源湾案例研究中，以检验和验证基于 MDDA 的海岸带区域规划的环境风险评价的技术路线和方法体系的科学性和实用性。

为了进行比较研究，本书还在案例研究中试用目前国际上较为流行的多准则决策分析法（结合比较风险评价法），对两种方法在应用过程和评价结果进行比较和分析，从而评估两种方法的优劣和适用性。

多维决策分析法（MDDA）在区域规划中的环境风险评价中更具有普遍适用性，涵盖信息较多，对决策的支持明确，评价结果在专家的质量和数量有保障的情况下较为科学、客观，对区域规划支持程度高，对于不确定性较强的海岸带区域而言适用性强。

而目前较为广泛使用多准则决策分析法（MCDA）的分析过程复杂，数据需求相对较高，指标的选择、指标的标准以及权重等问题的人为因素影响大，难以有效解决；对备选方案的分析结果差异不大，对区域规划支持程度较低。

5.2 研究特色

目前，国际上尚未见较为明确的为区域规划服务的环境风险评价的技术路线和方法。对于社会经济最发达、风险性较大、复杂性较强、不确定性高的海岸带区域，未在其区域规划中考虑环境风险问题是极其危险的，它将难以确保海岸带区域生态系统的健康与安全，难以维持海岸带区域社会经济的持续发展。因此，在海岸带区域规划中引入环境风险评价是极其必要的。

本书的主要研究特色如下：

（1）建立了海岸带区域规划环境风险评价的技术路线，将环境风险评价融入整个规划过程，避免海岸带区域规划失误可能产生的重大的环境风险问题，确保海岸带区域社会经济的持续发展；

（2）建立了以多维决策分析法（MDDA）为基础的海岸带区域规划环境风险评价的方法体系，较好地解决了多准则决策分析法、决策树法等支持决策的环境风险评价技术方法中存在的问题，能够较好地支持海岸带区域规划。

5.3　存在的不足与讨论

本书在建立海岸带区域规划环境风险评价的技术路线和方法体系的过程中存在以下不足：

（1）在多准则决策分析法（MCDA）指标的选取上，主要依据回顾性评价和现状评价的结果进行选择，人为性较大，这是多准则决策分析法固有的缺陷，难以克服；

（2）MCDA 在指标的预测分析以及赋值方面只是单纯地采用风险损失值进行表征，评判结果比较简单化，对评价结果和后续专家权重的分配存在一定影响；

（3）本书在基础资料的收集上，由于各方面因素的限制，资料的完善程度有限，存在部分基础资料数据缺失，只能采用类比分析的方法进行预测，希望能通过专家评判法予以弥补，但总难以完善。

5.4　研究展望

多维决策分析法（MDDA）是新开发的一种区域规划方法，尽管尚不完善，但其不失为一种全新的、打破传统观念的新方法，有较大的应用前景。对于任何区域规划过程应该都是适用的。

本书在 MDDA 的基础上建立的海岸带区域规划环境风险评价的技术路线并不局限于海岸带区域规划环境风险评价，对于任意区域的规划也是适用的，只要适当配以各个阶段合适的评价方法，即可应用于任意区域规划的环境风险评价。

此外，本书在 MDDA 的基础上建立的海岸带区域规划环境风险评价的技术路线和方法体系有待于进一步完善，也亟须广大科研工作者们在未来开展更加深入、系统的研究。希望本书的相关研究成果能够为未来如何使风险评价（包括环境风险评价和生态风险评价）更好地介入区域规划中，以避免区域规划的失误，提供科学的建议和参考依据。

参考文献

白健,吴芳,王月明,2011.模糊综合评价与 AHP 法在项目风险管理中的应用[J].四川建筑,12(1):236-239.

白志鹏,王珺,游燕,2008.环境风险评价[M].北京:高等教育出版社,117-120.

曹云者,韩梅,夏凤英,等,2010.采用健康风险评价模型研究场地土壤有机污染物环境标准取值的区域差异及其影响因素[J].农业环境科学学报,29(2):270-275.

陈鸿汉,何江涛,2006.污染场地健康风险评价的理论和方法[J].地学前沿,13(1):216-233.

陈华,平蕊珍,2009.大气环境健康风险评价研究初探[J].安徽农业科学,37(36):39-41.

陈华丽,陈刚,丁国平,2003.基于 GIS 的区域洪水灾害风险评价[J].人民长江,34(6):49-51.

陈辉,刘劲松,曹宇,等,2006.生态风险评价研究进展[J].生态学报,26(5):58-66.

陈能汪,洪华生,张珞平,2006.流域尺度氮流失的环境风险评价[J].厦门大学学报,19(1):1-5.

陈则实,1993.中国海湾志(第八分册)[M].北京:海洋出版社,165-235.

程胜高,鱼红霞,2001.环境风险评价的理论与实践研究[J].环境评价,11(9):23-25.

崔胜辉,洪华生,张路平,等,2004.全球变化下的海岸带生态安全问题与管理原则[J].厦门大学学报(自然科学版)(增刊),43:173-178.

丁厚成,2004.工业事故风险评价模型[J].工业安全与环保,30(11):36-37.

付在毅,许学工,2001.区域生态风险评价[J].地球科学进展,16 (2):261-271.

葛全胜,邹铭,郑景云,2008.中国自然灾害风险综合评估初步研究[M].北京:科学出版社,123-145.

宫博,2006.石油化工企业危险性分析及评价[D].东北大学硕士学位论文.

洪晓煜,2008.船舶溢油风险评价在港湾区域环境规划中的应用[D].厦门:厦门大学.

胡二邦,2000.环境风险评价实用技术和方法[M].北京:中国环境科学出版社,80-82.

胡光荣,2005.决策树在商业银行风险分析中的应用[J].金融信息化论坛,10(8):17-18.

黄崇福,2004.自然灾害风险评价理论与实践[M].北京:科学出版社,23-34.

黄鹄,2005.广西海岸环境脆弱性研究[M].北京:海洋出版社,15-20.

黄圣彪,王子建,乔敏,2007.区域环境风险评价及其关键科学问题[J].环境科学学报,27(5):221-224.

纪灵,王荣纯,刘昌文,2001.海岸带综合管理中的海洋污染监测及其在决策中的应用[J].海洋通报,20(5):54-59.

贾晓霞,杨乃定,姜继娇,2004.高新技术项目区域风险多层次灰色评价[J].数学的实践与认识,34(2):2-9.

姜玲,2005.油库泄漏的环境风险评价方法初探[J].江苏环境科技,18(1):44-46.

蒋维,金磊,1992.中国城市综合减灾对策.北京:中国建筑工业出版社,2(1):74-85.

金海明,戴林伟,2006.宁波港海域船舶突发性溢油风险估算及防治对策[J].浙江交通职业技术学院学报,7(2):33-36.

李安云,2005.层次分析法在工程项目风险管理中的应用[J].重庆科技学院学报,46(3):55-59.

李海凌,宋吉荣,2004.层次分析法在工程项目风险评价中的应用研究[J].四川建筑,5(3):23-26.

李民,方莉,2005.大坝安全检查和失事模式评估[J].大坝和安全,4(7):11-17.

李仙波,左锐,腾彦国,等,2016.基于 RRM 模型的化工企业对下辽河平原区域地下水环境风险评价[J].北京师范大学学报,52(5):580-585.
林逢春,陆雍森,2001.幕景分析法在累积影响评价中的实例应用研究[J].上海环境科学,2(6):288-291.
林玉锁,1993.国外环境风险评价的现状与趋势[J].环境科学动态,1(10):8-10.
林宙峰,2007.海岸工程自然灾害环境风险评价研究[D].厦门:厦门大学.
刘芳,2009.山东省水资源适应性管理及其评价研究[D].济南:山东大学.
刘桂友,徐琳瑜,李巍,2007.环境风险评价研究进展[J].环境科学与管理,32(2):114-118.
刘铁民,2004.低概率重大事故风险与定量风险评价[J].安全与环境学报,4(2):89-91.
陆军,2005.环境风险评价简介[J].污染防治技术,3(3):65-69.
陆雍森,1999.环境评价(第二版)[M].上海:同济大学出版社,12(2):531-558.
毛小苓,刘阳生,2003.国内外环境风险评价研究进展[J].应用基础与工程科学学报,11(3):266-273.
孟萌,2008.环境决策失误研究[D].厦门:厦门大学.
孟宪林,周定,黄君礼,2001.环境风险评价的实践与发展[J].四川环境.
母容,2013.基于多维决策法的海岸带主体功能区划研究[D].厦门:厦门大学.
曲常胜,毕军,黄蕾,2010.我国区域环境风险动态综合评价研究[J].北京大学学报,4(3):477-482.
任剑峰,2005.城市天然气利用工程的环境事故风险评价[J].能源环境保护,19(5):57-59.
任鲁川,1999.区域自然灾害风险分析研究进展[J].地球科学进展,14(3):242-246.
史培军,2006.灾害过程与综合灾害风险防范模式[R].第六届 DPRI-IIASA 综合灾害风险管理论坛,土耳其:伊斯坦布尔.
孙雪景,张硕慧,魏立鸣,2009.渤海海域船舶溢油风险评估[J].水运管理,4(31):32-37.
孙永明,2007.船舶溢油事故风险评估方法研究[J].中国水运,8(5):15-18.
田裘学,2005.健康风险评价的基本内容与方法[J].甘肃环境研究与监测,10(4):32-36.
王君,潘伟然,张国荣,等,2009.厦门湾海上溢油风险的评估与分析[J].台湾海峡,28(4):534-538.
王倩,郭佩芳,2009.海洋主体功能区划与海洋功能区划关系研究[J].海洋湖沼通报,12(4):12-16.
王志霞,2007.区域规划环境风险评价理论、方法和实践[D].上海:同济大学.
魏一鸣,范英,金菊良,2001.洪水灾害风险分析的系统理论[J].管理科学学报,4(1):13-19.
吴侃侃,张珞平,2011.决策环境风险评价研究进展[J].环境科学与管理,36(11):178-182.
吴立志,董法军,2005.城市区域火灾风险评价软件开发及应用[J].安全与环境学报,5(3):5-11.
奚风华,刘家新,2010.油船溢油风险评价体系的构建及应用[J].航海工程,3(9):38-40.
肖景坤,殷佩海,林建国,等,2002.我国海域内船舶溢油发生次数概率的特点[J].海洋环境科学,21(1):21-27.
许芳,2004.海上溢油事故风险评价——以珠江口为例[D].广州:中山大学.
许学工,林辉平,付在毅,等,2001.黄河三角洲湿地区域生态风险评价[J].北京大学学报(自然科学版),37(1):111-120.
徐伟,王静爱,史培军,2004.中国城市地震灾害危险度评价[J].自然灾害学报,7(1):9-16.
徐小红,2010.水利水电施工现场风险评价及事故防御对策[J].甘肃农业,8(5):78-79.
薛峰,柯孟岳,2007.区域环境风险评价的方法研究[J].黑龙江环境通报,9(4):62-64.
薛雄志,张丽玉,方秦华,2008.海岸带综合管理效果评价方法的研究进展[J].海洋开发与管理,20(1):32-50.
薛英,王让会,张慧芝,等,2008.塔里木河干流生态风险评价[J].干旱区研究,25(4):562-567.
严超,马量,2011.内河船舶溢油风险的灰色模糊综合评判[J].舰船科学技术,7(33):113-117.
杨挺,2002.城市局部地震灾害危害性指数及其在上海市的应用[J].国际地震动态,7(2):4-7.
杨文士,张雁,1994.管理学原理[M].北京:中国财政经济出版社,25-30.

杨晓松,谢波,1998.区域环境风险综合评价的程序和方法[J].国外金属矿选矿,1(1):26-28.

杨晓松,谢波,2000.区域环境风险评价方法的探讨[J].矿冶,9(3):107-112.

尹少华,2010.管理学原理[M].北京:中国农业大学出版社,24-30.

尹士武,2001.石油化工项目环境风险评价的探讨[J].监测与评价,2(3):27-28.

殷学林,2005.主观评分法在中海油 JU2000-1 项目风险评估中的应用[J].信息技术,3(1):12-15.

曾光明,卓利,钟政林,1997.水环境健康风险评价模型及其应用[J].环境科学与管理,15(4):28-33.

张加双,杨悦锁,杜新强,等,2010.石油污染场地地下水污染健康风险评估[J].安徽农业科学,38(36):87-90.

张静,田丽娜,2009.决策树分析法在风险决策中的应用[J].数学教学研究,28(10):46-50.

张俊香,李平日,黄光庆,等,2007.基于信息扩散理论的中国沿海特大台风暴潮灾害风险分析[J].热带地理,7(1):11-14.

张丽佳,刘敏,权瑞松,等,2009.中国东南沿海地区热带气旋特点和灾情评估[J].华东师范大学学报,9(2):41-48.

张丽佳,刘敏,陆敏,等,2010.中国东南沿海地区台风危险性评价[J].人民长江,41(6):81-83.

张珞平,陈伟琪,洪华生,2004.预警原则在环境规划和管理中的应用[J].厦门大学学报(自然科学),42(1):221-224.

张珞平,洪华生,陈宗团,等,1998.农药使用对厦门海域的初步风险评价[J].厦门大学学报,38(2):96-103.

张珞平,江毓武,陈伟琪,等,2009.福建省海湾数模与环境研究——厦门湾[M].北京:海洋出版社,80-81.

张珞平,母容,张冉,2014.多维决策法:一种新的战略决策方法[J].战略决策研究,5(1):71-83.

张冉,2011.海湾海岸带主体功能区划分技术对比研究[D].厦门:厦门大学.

张冉,张珞平,方秦华,2011.海洋空间规划及主体功能区划研究进展[J].海洋开发与管理,9(1):16-20.

张维新,熊德琪,陈守煜,1994.工厂环境污染事故风险模糊评价[J].大连理工大学学报,34(1):38-44.

张晓峰,周伟,王洁,等,2005.公路网规划环境影响评价中的不确定性分析[J].交通与安全,15(4):40-43.

张应华,刘志全,李广贺,等,2007.基于不确定性分析的健康环境风险评价[J].环境科学,9(7):24-28.

张永春,林玉锁,孙勤芳,2002.有害废物生态风险评价[M].北京:中国环境科学出版社,23-26.

张永战,王颖,2000.面向 21 世纪的海岸海洋科学[J].南京大学学报(自然科学),36(6):702-711.

张志泉,2004.事故性泄漏的有毒气体的风险评价[J].北方环境,29(4):77-80.

赵德招,刘杰,吴华林,等,2012.近十年来台风诱发长江口航道骤淤的初步分析[J].泥沙研究,46(2):96-101.

赵连河,孙兆强,熊锦林,2004.油库静电火灾爆炸事故树分析[J].江汉石油学院学报,26(3):132-133.

郑帆,1999.决策树图在概率分析和投标风险决策中的应用[J].天然气与石油,17(4):1-7.

郑玉昕,王洪礼,2011.海岸带城市经济发展与环境污染的关系研究[J].天津大学学报,13(4):308-311.

钟政林,曾光明,杨春平,1996.环境风险评价研究进展[J].环境科学进展,4(6):17-21.

周寅康,1995.自然灾害风险评价初步研究[J].自然灾害学报,4(1):6-11.

中华人民共和国环境保护总局,2004. 建设项目环境风险评价技术导则:HJ/T 169-2004[S].

中华人民共和国生态环境部,2018. 建设项目环境风险评价技术导则:HJ 169-2018[S]. 北京:中国环境出版社.

Accorsi R,Apostolakis G E,Zio E,1999.Prioritizing stakeholder concerns in environmental risk management[J].Journal of Risk Research,2(1):11-29.

Anderson C M,Labelle R P,1994.Comparative occurrence rate for offshore oil spill[J].Spill Science Technology Bulletin,11(3):131-141.

Anderson M E,2003.Toxickinetic modeling and its applications in chemical risk assessment[J].Toxicology Letter,13(8):9-27.

Andrews C J,2002.Humble Analysis:The Practice of Joint Fact-Finding,Praeger[R].Westport,CT.

Apel H,Thieken A H,Merz B,2004.Flood risk assessment and associated uncertainty[J].Natural Hazards and Earth System

Science,4(2):295-308.

Apul D S, Gardner K H, Eighmy T T, 2002. Comparision of risks from use of traditional and recycled road construction materials:According for variability in Contaminatant Release estimates[C].Linkov I,Ramadan A,editors.Comparative Risk Assessment and Environmental Decision,Making.London:Kluwer Academics Publishers,57-75.

Barnthouse L,Suter G,Rosen A,et al.1987.Estimating responses of fish populations to toxic contamination[J].Environmental Toxicology and Chemistry,6(1):811-824.

Belezer R,Bruce G,Peterson M,et al.2002.Using comparative exposure analysis to validate low-dose huan health risk assessment:The case of Perchlorate[C].Linkov I,Ramadan A,editors.Comparative Risk Assessment and Environmental Decision, Making.London:Kluwer Academics Publishers,57-75.

Binelli A,2004.Present status of POP contamination in Lake Maggiore in Italy[J].Chemosphere,57 (1):27-34.

Budnitz R J, Apostolakis G E, Boore D M, 1998. Use of technical expert panels: Applications of probability seismic hazard analsis[J].Risk Analysis,18(4):463-469.

Calamari D,Zhang L P,2002.Environmental risk assessment of pesticides on aquatic life in Xiamen,China[J].Toxicology Letters,128(1-3):45-53.

Chen K,Blong R,2003.Towards an integrated approach to natural hazards risk assessment using GIS:with Reference to Bushfires[J].Natural Hazard,7(3):34-46.

Chen Z,Li H,Ren H,et al.,2011.A total environmental risk assessment model for international hub airports[J].International Journal of Project Management,11(4):3-13.

Contini S,Bellezza F,Christou M D,et al.,2000.The use of geographic information systems in major accident risk assessment and management[J].Journal of Hazardous Materials,78 (3):223-245.

Cooke R M, 1991. Expert in uncertainty: Expert opinion and subjective probability in science[M].Oxford: Oxford University Press,12-14.

Covello V T,Merkhorer M,1997.The Determinants of Trust and Credibility in Environmental Risk communication:An Empirical Study[J].Risk Analysis,17(1):43-52.

Criehto M,1999.The risk triangle ingleton in Natural Disaster Management[M].London:Tudor Rose,102-103.

Cyranoski D,2008.Visions of China[J].Nature,4(54):384-387.

Dilley M,Chen R S,Deichmann U,2005.Natural Disaster Hotspots:A global risk analysis[R].World Bank:Hazard Management Unit,Washington D.C.

DOE (Department of Energy),2002.Guidebook to decision-making methods[S].Washington D.C.

Douvere F,2008.The importance of marine spatial planning in advancing ecosystem-based sea use management[J].Marine Policy,32 (1):762-771.

Eduljee G H,2000.Trend in risk assessment and risk management[J].The Science of Total Environment,24(9):13-23.

Erdik M,Aydino N,2003.Earthquake vulnerability of building in Trukey[C].Risk and Governance,Program of World Congress on Risk editors.Belgium:Brussels Press,55-65.

Fang Q H,Zhang R,Zhang L P,et al.,2011.Marinr functional zoning in China:Experience and prospects[J].Coastal Management,39(6):656-667.

Farber J M,Ross W H,Harwig J,1996.Health risk assessment of Listeria monocytogenes in Canada[J].International Journal of Food Microbiology,1(30):145-156.

Finizio A,Villa S,2002.Environmental risk assessment for pesticides:A tool for decision-making[J].Environmental Impact Assessment Review,2(2):235-248.

Fischer,T B,2003.Strategic environmental assessment in post-modern times[J].Environmental Impact Assessment Review,23(2),155-170.

Fischer,T B,Onyango V,2012.Strategic environmental assessment-related research projects and journal articles:An overview of the past 20 years[J].Impact Assessment and Project Appraisal,30(4),253-263.

Ganoulis J,2004.Evaluating alternative strategies for wastewater recycling and reuse in the Mediterranean area[J].Water Technology and Water Supply,3(4):9-11.

Gaudet C L,Power E A,Milne D A,et al.,1994.A framework for ecological risk assessment at contaminated sites in Canada:Review and recommendation[J].Human and Ecological Risk Assessment,1(2):43-115.

Gouveia N,Fletcher T,2000.Time series analysis of air pollution and mortality:Effects by cause age and socioeconomic status[J].Journal of Epidemiology and Community Health,54(10):50-755.

Grech A,Coles R,Marsh H,2011.A broad-scale assessment of the risk to coastal seagrasses from cumulative threats[J].Marine Policy,3(5):560-567.

Hamalanien R,2003.Reversing the Perspective on the applications of decision analysis[J].Decision Analysis,18(3):13-24.

Hartman D H,Goltz M N,2002.Application of the analytic hierarchy process to select characterization and risk-based decision-making and management methods for hazardous waste sites[J].Environmental Engineerging and Policy,11(2):1-7.

Hayes E,Landis W,2004.Regional ecological risk assessment of a near shore marine environment:Cherry Point,WA[J].Human and Ecological Risk Assessment,10(2):299-325.

Health Council of the Netherlands,1989.Risk is more than just a number[R].Committee on risk measures and risk assessment,The Hague.

Helm P,1996.Integrated risk management for natural and technological disasters[J].Tephra,15(1):4-13.

Hope B K,2006.An examination of ecological risk assessment and management practice[J].Environmental International,32(8):955-983.

IMO (International Maritime Organization),2002.Guidelines for formal safety assessment[S].London:Cambridge University Press,55-60.

IPCC (Intergovernment Panel on Climate Changge),2001.Climate Change:The Scientific Basis[M].London:Cambridge University Press,22-32.

ITC (International Institute for Geo-Information Science and Earth Observation),2009.Multi-Hazard Risk Assessment[M].Bangkok:Bangkok University Press,253-265.

Johnkman S N,2007.Loss of life estimation in flood risk assessment theory and application[D].Doctoral thesis,Institute for Environmental Technology,Delft University.

Jonks K,1997.A retrospective on ten years of comparative risk[D].Doctoral thesis,Institute for Environmental Democracy,Vermont University.

Kaplan S,Garrik J B,1993.Die quantitative Bestimmungvon Risiko[J].Risiko und Gesellschaft,8(3):91-124.

Keane S E,Cho J,2000.Comparative risk assessment in developing countries[R].The World Bank:Pollution management Forum.

Keisler J M,Sundell R C,1997.Combining multi-attribute utility and geographic information for boundary decisions:An application to park planning[J].Journal of Geographic Information and Decision Analysis,1(2):101-118.

Khadam I M,Kaluarachichi J J,2003.Multi-criteria decision analysis with probabilitic risk assessment for the management of contaminated ground water[J].Environmental Impact Assessment Review,2(3):683-721.

Klauer B, Drechsler M, Messner F, 2009. Multi-criteria analysis more under uncertainty with IANUS-method and empirical results[R].UFZ discussion GmbH,Germany.

Konisky D,1999.Comparative risk projects:Methodology for Cross-Project Analysis of Human Health Risk Rankings[M].Washington D.C.:RFF Press,1-23.

Lei S,Chun S,2007.Progress in vulnerability assessment of natural disasters in coastal cities[J].Journal of Catastrophology,22(1):102-105.

Levy J K,Hipel K W,Kilgour D M,2000.Using environmental indicators to quantify the robustness of policy alternatives to uncertainty[J].Ecological Modeling,130(1):79-86.

Linkov I,Ramadan A B,2002.Comparative Risk Assessment and Environmental Decision[M].Netherland:Kluwer Acdemic Publishers,2-10.

Linkov I,Kiker G,Satterstrom F K,et al.,2006.From comparative risk assessment to multi-criteria decision analysis and adaptive management:Recent developments and applications[J].Environmental International,32(10):72-93.

Linkov I,Kiker G,2009.Environmental Security in Habors and Costal Areas:Management Using Comparative Risk assessment and Multi-Criteria Decision Analysis[M].Berlin:Springer press,23-32.

Lowels G,1998.Integrated assessment models-tool for developing emission abatement strategy for black triangle region[J].Journal of Hazard Material,6(12):2-9.

Malherbe L,2002.Designing a contaminated soil sampling strategy for human health risk assessment[J].Journal for Quality,Comparability and Reliability in Chemical Measurement,7(5):189-194.

Mark R,Oistein J,Per J B,et al.1999.Oil spill model towards the close of the 20th century[J].Spill Science and Technology Bulletin,5(1):3-16.

Markus J,2001.A review of the contamination of soil with spatial distribution and risk assessment of soil lead[J].Environmental International,27(5):399-411.

McDaniels T,1995.Using judgment in Resource Management:a multiple objective analysis of a fisheries management decision[J].Operation Research,43(3):415-426.

Merrick J R,Van Dorp J R,Blackford J P,2003.Traffic density analysis of proposed ferry service expansion in San Francisco Bay using a maritime simulation model[J].Reliability Engineering and System Safety,81(2):119-132.

Merrick J R,Van Dorp J R,2006.Speaking the truth in maritime risk assessment[J].Risk Analysis,26(1):223-236.

Mileti D,1999.Disasters by Design:A Reassessment of Natural Hazards in the United States[M].Washington D.C.:Joseph Henry Press,234-245.

Novack S D,Siu N O,Hill S G,1997.The use of event trees in oil spill prevention applications[R].International Oil Spill Conference.

NRC (National Regulatory Commission),1975.A guide to the performance of probabilistic risk assessment for nuclear power plant[R].NRC,Washington D.C.

ODPM (Office of Deputy Prime minister,UK),2005.Multi-criteria decision-making manual[OL].http://www.odpm.gov.uk/stellent/groups/odpre.

O'Laughilin,2005.Rodentcide act policy for risk assessment in federal land and resource management decision[J].Forest and ecology management,2(11):15-17.

O'Neill R V,Gardner R H,Barnthouse L W,1982.Ecosystem risk analysis:A new methodology of environmental toxico and chemitry[J].Risk Analysis,2(1):67-77.

Paolo F R,2006.Practical Analysis of Decision Analysis for Risk Management[C].Brian J,Jack T,editors.Environmental and Health risk assessment and management.Berlin:Springer press,415-445.

Paustenbach D,1989.A survey of health risk assessment[C].Paustenbach D,editor.The Risk Assessment of Environmental and Human Health Hazard:A text Book of Case Studies.New York:John Wiley & Sons,283-301.

PCCRARM (Presidential/Congressional Commision on Risk Assessment and Risk management), 1997. Risk assessment and risk management in regulatory decision-making,Final Report[R].PCCRARM,Washington D.C.

Pereira R,2004.Plan for an integrated human and environmental risk assessment in the Domingos mine area (Portugal) [J]. Human and Ecological Risk Assessment,10(3):543-578.

Power M,McCarty L S,2002.Trends in the development of ecological risk assessment and management frameworks[J].Human and Ecological Risk Assessment,8(1):7-18.

Prato T,2003.Multiple-attribute evaluation of ecosystem management for the Missiouri River system[J]. Ecological Economics, 4(5):297-309.

Preston B L,Shackelford J,2002.Multiple stressor effects on benthic biodiversity of Cheaspeake Bay:Implications for ecological risk assessment[J].Ecotoxicology,11(2):85-99.

Ralston B E,Jackson,J A,Kloeber J M,1996.Development of a decision support system for the department of energy s selection of waste remediation technologies[R].Center for modeling,simulation and analysis,Washington D.C.

Ramanathan R,2001.A note on the use of the analytical hierarchy process for environmental impact assessment[J].Journal of Environmental Management,6(1):27-35.

Rauscher H M,Lloyd F T,Loftis D L,et al.,2000.A practical decision-analysis process for forest ecosystem management[J]. Computers and Electronics in Agriculture,27(1):195-226.

Re-Ti,Ai-Jun,2010.Human health risk assessment on contaminants in recycled plastic bags packaged foods[J].Environmental Science & Technology,33(11):181-185.

Retier M A,Matlock G C,Gentile J H,et al.2013.An integreted framework for informing coastal and marine ecosystem management decisions[J].Journal of environmental assessment policy and management,15(1):220-243.

Robert H,Sehulze D,1983.Probability of an oil spill on the St.marys river[R].Oil spill conference,Washington D.C.

Rodriguez R,Grant R,2005.Toxicity evaluation and human health risk assessment of surface and ground water contaminated by recycled hazardous waste materials[J].Water Pollution,11(2):133-189.

Satty T L,1996.Decision-Making With Dependence and Feedback:The Analytic Network Process[M].Pittsburgh:RWS Publication,35-65.

Schmoldt D L,Peterson D L,Silsbee D G,1994.Developing inventory and monitoring programs based on multiple objectives[J]. Environmental Management,18(5):707-727.

Siddiqui M,Everett J,Vieux B,1996.Landfill sitting using geographic information system:A demonstration[J].Journal of Environmental Engineering,11(2):32-43.

Sinka D,Skanata D,2009.Risk assessment in Kelodiea[C].Linkov I,Kiker G,Wenning R J,editors.Environmental Security in Habor and Costal Areas: Management Using Comparative Risk Assessment and Multi-Criteria Decision Analysis. Berlin: Springer press,135-137.

Siu N O,Kelly D L,1998.Bayesian parameter estimation in probabilistic risk assessment[J].Reliability Engineering and System Safty,62(1):89-116.

Smith K,1996.Environmental Hazards[M].London:Routledge,389.

Sorvari J,Seppälä J,2010.A decision support tool to prioritize risk management options for contaminated site[J].Science of the Total Environment,408(8):1786-1799.

Standards Australia/Standards New Zealand,2004.Risk management guidelines: companion to AS/NZS 4360-2004[S].New

South Wales, Wellington.

Suter G W, Barnthouse L W, Baes C F, 1984. Environmental risk analysis for direct coal liquefaction[S]. ORNL/TM-9074, Oak Ridge National Laboratory, Oak Ridge, USA.

Suter G W, Vermeire T, Munns W R, et al., 2003. Framework for the integration of health and ecological risk assessment[J]. Human and Ecological Risk Assessment, 9(1): 281-301.

Tal A, 2002. Towards a more coherent regional environmental agenda in the middle east: exploring the role of comparative risk assessment[C]. Linkov I, Ramadan A, editors. Comparative Risk Assessment and Environmental Decision Making. London: Kluwer Academics Publishers, 125-133.

Therivel R, Wilson E, Thomason S, 1992. Strategic environmental assessment[M]. London: Earthscan Publication, 131-136.

Topuz E, Talinali I, Aydin E, 2011. Integration of environmental and human health risk assessment for industries using hazardous materials: A quantitative multi criteria approach for environmental decision makers[J]. Environment International, 37(2): 393-403.

Tsai P J, Shieh H Y, Lee W J, et al., 2001. Health-risk assessment for workers exposed to polycyclic aromatic hydrocarbons (PAHs) in a carbon black manufacturing industry[J]. Science of the Total Environmental, 278(1): 137-150.

UKDOE (U.K. Department of the Environment), 1995. A guide to risk assssment and risk management for environmental protection[S]. Her Majestry's Stationery Office, London, UK.

USACE (U.S. Army Crop of Engineers), 2010. Risk assessment handbook[R]. USACE, Washington D.C.

USEPA (U.S. Environmental Protection Agency), 1984. Risk assessment and management: Framework for decision-making[R]. USEPA, Washington D.C.

USEPA (U.S. Environmental Protection Agency), 1992. Guidelines for exposure assessment[S]. USEPA, Washington D.C.

USEPA (U.S. Environmental Protection Agency), 1996. Guidelines for ecological risk assessment[S]. USEPA, Washington D.C.

USEPA (U.S. Environmental Protection Agency), 1998. Guidelines for carcinogen risk assessment[S]. USEPA, Washington D.C.

USEPA (U.S. Environmental Protection Agency), 2003. Framework for cumulative risk assessment[R]. National center for environmental assessment, Risk assessment forum, Washington D.C.

USNRC (U.S. National Research Council), 1983. Risk assessment in the federal government: Managing the process[R]. USNRC, Washington D.C.

USNRC (U.S. National Research Council), 1994. Science and Judgment in Risk Assessment[M]. Washington D.C.: National Academy Press.

USNRC (U.S. National Research Council), 2007. Toxicity Testing in the 21st Century: A Vision and A Strategy[M]. Washington D.C.: National Academy Press, 102-103.

USNRC (U.S. National Research Council), 2008. Risk of vessel accidents and spills in the Aleutian Islands: Designing a comprehensive risk assessment[R]. USNRC, Washington D.C.

USNRC (U.S. National Research Council), 2009. Science and decision: Advancing risk assessment[R]. USNRC, Washington D.C.

Van Drop J R, Merrick J R W, Harrald J, et al., 2001. A risk management procedure for the Washington State Ferries[J]. Risk Analysis, 21(1): 127-142.

Varghese A, 2002. A comparative risk approach to assessing point of use water treatment system in developing countries[M]. Linkov I, Ramadan A editors. Comparative Risk Assessment and Environmental Decision Making. London: Kluwer Academics Publishers, 99-113.

Walker R, Brown P, 2002. Developing a regional ecological risk assessment: A case study of a Tasmanian agricultural catchment. Human and Ecological Risk Assessment, 7(2): 417-439.

WBGU (German Advisory Council on Global Change), 2000. World in Transition: Strategies for Managing Global Environmental Risk[M]. Berlin: Springer, 17-21.

Wessberg N, Molarius R, Seppala J, et al., 2008. Environmental risk analysis for accidental emission[J]. Chem Health Safety, 1(5): 24-31.

Winter C L, Daniel M, 2008. A reduced complexity model for probabilistic risk assessment of groundwater contamination[J]. Water resource research, 44(3): 231-245.

WHO (World Health Organization), 2004. IPCS risk assessment terminology[R]. WHO, Geneva.

Wu K K, Zhang L P, 2014. Progress in the development of environmental risk assessment as a tool for the decision-making process[J]. Journal of service science and management, 7(2): 133-141.

Wu K K, Zhang L P, Fang Q H, 2014. An approach and methodology of environmental risk assessment for strategic decision-making[J]. Journal of environmental assessment policy and management, 16(3): 1-23.

Wu K K, Zhang L P, 2016. Application of environmental risk assessment for strategic decision-making in coastal areas: case studies in China[J]. Journal of environmental planning and management, 59(5): 1-17.

Ye J Y, Lin G F, Zhang M F, 2011. GIS-Based Study of Natural Disaster Vulnerability for Xiamen City[J]. Journal of natural disaster, 3(2): 12-32.

Zhang K, Kluck C, Achari G, 2009. A comparative approach for ranking contaminated sites based on the risk assessment paradigm using fuzzy PROMETHEE. Environmental Management[J], 44(9): 52-67.

附　录

附录1　厦门湾与罗源湾海湾海岸带主体功能区划多维决策分析专家组成员

专　家	专家个人信息
专家一	陈彬:研究员,自然资源部第三海洋研究所,研究方向为海洋生态保护与环境影响评价
专家二	黄凌风:教授,厦门大学海洋与地球学院,研究方向为海洋生态系统生态学、海洋微食物环研究、恢复生态学、赤潮科学
专家三	彭本荣:副教授,厦门大学环境与生态学院,研究方向为环境与自然资源经济学、海岸带生态系统服务价值评估、基于生态系统的区域海洋管理
专家四	杨圣云:教授,厦门大学海洋与地球学院,研究方向为海洋鱼类生物学、海洋生态学和海洋综合管理等
专家五	张珞平:教授,厦门大学环境与生态学院,研究方向为海洋有机污染物生物地球化学行为研究、环境影响评价、环境规划与管理
专家六	方秦华:副教授,厦门大学环境与生态学院,研究方向为区域环境规划、战略环境评价、资源环境政策
专家七	陈伟琪:教授,厦门大学环境与生态学院,研究方向为海岸带环境与资源经济学,环境经济学在环境规划、评价与环境管理中的应用,环境化学

附录 2　厦门湾与罗源湾海湾海岸带主体功能区划多准则决策分析专家组成员

专　家	专家个人信息
专家一	张珞平:教授,厦门大学环境与生态学院,研究方向为海洋有机污染物生物地球化学行为研究、环境影响评价、环境规划与管理
专家二	陈彬:研究员,自然资源部第三海洋研究所,研究方向为海洋生态保护与环境影响评价
专家三	方秦华:副教授,厦门大学环境与生态学院,研究方向为区域环境规划、战略环境评价、资源环境政策
专家四	杨圣云:教授,厦门大学海洋与地球学院,研究方向为海洋鱼类生物学、海洋生态学和海洋综合管理等
专家五	彭本荣:副教授,厦门大学环境与生态学院,研究方向为环境与自然资源经济学、海岸带生态系统服务价值评估、基于生态系统的区域海洋管理
专家六	俞炜炜:博士研究生,厦门大学环境与生态学院,研究方向为海岸带区域战略决策环境风险
专家七	母容:博士研究生,厦门大学环境与生态学院

附录 3 厦门湾海岸带主体功能区划环境风险权重判断矩阵评分表

附表 3.1 厦门湾未来发展旅游环境风险权重判断矩阵评分（专家 1）

发展旅游	台风风暴潮	船舶溢油	油码头溢油	W	矩阵指标
台风风暴潮	1	1/3	3	0.258 3	$\lambda_{max}=3.038\ 5$ $CI=0.019\ 3$ $RI=0.52$ $CR=0.037<0.1$
船舶溢油	3	1	5	0.637 0	
油码头溢油	1/3	1/5	1	0.104 7	

附表 3.2 厦门湾未来港口发展环境风险权重判断矩阵评分（专家 1）

发展港口	台风风暴潮	船舶溢油	油码头溢油	W	矩阵指标
台风风暴潮	1	1/2	3	0.316 9	$\lambda_{max}=3.013\ 8$ $CI=0.009\ 1$ $RI=0.520\ 0$ $CR=0.017\ 6<0.1$
船舶溢油	2	1	4	0.558 4	
油码头溢油	1/3	1/4	1	0.122 0	

附表 3.3 厦门湾未来发展旅游环境风险权重判断矩阵评分（专家 2）

发展旅游	台风风暴潮	船舶溢油	油码头溢油	W	矩阵指标
台风风暴潮	1	2	1/3	0.273 8	$\lambda_{max}=3.023\ 8$ $CI=0.011\ 9$ $RI=0.520\ 0$ $CR=0.022\ 7<0.1$
船舶溢油	1/2	1	1/4	0.156 7	
油码头溢油	3	4	1	0.569 5	

附表 3.4　厦门湾未来港口发展环境风险权重判断矩阵评分(专家 2)

发展港口	台风风暴潮	船舶溢油	油码头溢油	W	矩阵指标
台风风暴潮	1	1	1/3	0. 223 8	λ_{max}=3. 021 5 CI=0. 020 8 RI=0. 520 0 CR=0. 020 8<0. 1
船舶溢油	1	1	2	0. 406 7	
油码头溢油	3	1/2	1	0. 369 5	

附表 3.5　厦门湾未来发展旅游环境风险权重判断矩阵评分(专家 3)

发展旅游	台风风暴潮	船舶溢油	油码头溢油	W	矩阵指标
台风风暴潮	1	1/2	1/2	0. 200 0	λ_{max}=3. 000 0 CI=0 RI=0. 520 0 CR=0<0. 1
船舶溢油	2	1	1	0. 400 0	
油码头溢油	2	1	1	0. 400 0	

附表 3.6　厦门湾未来港口发展环境风险权重判断矩阵评分(专家 3)

发展港口	台风风暴潮	船舶溢油	油码头溢油	W	矩阵指标
台风风暴潮	1	1/3	1/3	0. 142 9	λ_{max}=3. 000 0 CI=0 RI=0. 520 0 CR=0<0. 1
船舶溢油	3	1	1	0. 428 6	
油码头溢油	3	1	1	0. 428 6	

附表 3.7　厦门湾未来发展旅游环境风险权重判断矩阵评分(专家 4)

发展旅游	台风风暴潮	船舶溢油	油码头溢油	W	矩阵指标
台风风暴潮	1	5	3	0. 637 0	λ_{max}=3. 038 5 CI=0. 019 3 RI=0. 520 0 CR=0. 037 0<0. 1
船舶溢油	1/5	1	1/3	0. 104 7	
油码头溢油	1/3	3	1	0. 258 3	

附表 3.8 厦门湾未来港口发展环境风险权重判断矩阵评分(专家 4)

发展港口	台风风暴潮	船舶溢油	油码头溢油	W	矩阵指标
台风风暴潮	1	1/2	1/4	0.142 9	$\lambda_{max}=3.0000$
船舶溢油	2	1	1/2	0.285 7	$CI=0$ $RI=0.5200$
油码头溢油	4	2	1/	0.571 4	$CR=0<0.1$

附表 3.9 厦门湾未来发展旅游环境风险权重判断矩阵评分(专家 5)

发展旅游	台风风暴潮	船舶溢油	油码头溢油	W	矩阵指标
台风风暴潮	1	5	1/3	0.308 5	$\lambda_{max}=3.1973$
船舶溢油	1/5	1	1/4	0.095 9	$CI=0.0986$ $RI=0.5200$
油码头溢油	3	4	1	0.595 7	$CR=0.1897$(在 0.1 左右)

附表 3.10 厦门湾未来港口发展环境风险权重判断矩阵评分(专家 5)

发展港口	台风风暴潮	船舶溢油	油码头溢油	W	矩阵指标
台风风暴潮	1	3	1/4	0.235 1	$\lambda_{max}=3.1356$
船舶溢油	1/3	1	1/4	0.113 0	$CI=0.0678$ $RI=0.5200$
油码头溢油	4	4	1	0.651 9	$CR=0.1304$(在 0.1 左右)

附录4　罗源湾海岸带主体功能区划环境风险权重判断矩阵评分表

附表4.1　罗源湾未来发展渔业环境风险权重判断矩阵评分(专家1)

发展渔业	台风风暴潮	船舶溢油	石油化工	W	矩阵指标
台风风暴潮	1	1/4	1/5	0.097 4	$\lambda_{max}=3.0246$
船舶溢油	4	1	1/2	0.333 1	$CI=0.0123$ $RI=0.5200$
石油化工	5	2	1	0.569 5	$CR=0.0236<0.1$

附表4.2　罗源湾未来港口发展环境风险权重判断矩阵评分(专家1)

发展港口	台风风暴潮	船舶溢油	石油化工	W	矩阵指标
台风风暴潮	1	1/2	1/5	0.116 8	$\lambda_{max}=3.0246$
船舶溢油	2	1	1/4	0.199 8	$CI=0.0123$ $RI=0.5200$
石油化工	5	4	1	0.683 3	$CR=0.0236<0.1$

附表4.3　罗源湾未来发展渔业环境风险权重判断矩阵评分(专家2)

发展渔业	台风风暴潮	船舶溢油	石油化工	W	矩阵指标
台风风暴潮	1	3	4	0.625 0	$\lambda_{max}=3.0183$
船舶溢油	1/3	1	2	0.238 5	$CI=0.0091$ $RI=0.5200$
石油化工	1/4	1/2	1	0.136 5	$CR=0.0176<0.1$

附表 4. 4 罗源湾未来港口发展环境风险权重判断矩阵评分(专家 2)

发展港口	台风风暴潮	船舶溢油	石油化工	*W*	矩阵指标
台风风暴潮	1	2	3	0. 539 6	λ_{max}=3. 009 2
船舶溢油	1/2	1	2	0. 297 0	*CI*=0. 004 6 *RI*=0. 520 0
石油化工	1/3	1/2	1	0. 163 4	*CR*=0. 008 8<0. 1

附表 4. 5 罗源湾未来发展渔业环境风险权重判断矩阵评分(专家 3)

发展渔业	台风风暴潮	船舶溢油	石油化工	*W*	矩阵指标
台风风暴潮	1	1/2	1/2	0. 200 0	λ_{max}=3. 000 0
船舶溢油	2	1	1	0. 400 0	*CI*=0 *RI*=0. 520 0
石油化工	2	1	1	0. 400 0	*CR*=0<0. 1

附表 4. 6 罗源湾未来港口发展环境风险权重判断矩阵评分(专家 3)

发展港口	台风风暴潮	船舶溢油	石油化工	*W*	矩阵指标
台风风暴潮	1	1/3	1/3	0. 142 9	λ_{max}=3. 000 0
船舶溢油	3	1	1	0. 426 8	*CI*=0 *RI*=0. 520 0
石油化工	3	1	1	0. 426 8	*CR*=0<0. 1

附表 4. 7 罗源湾未来发展渔业环境风险权重判断矩阵评分(专家 4)

发展渔业	台风风暴潮	船舶溢油	石油化工	*W*	矩阵指标
台风风暴潮	1	3	3	0. 593 6	λ_{max}=3. 053 6
船舶溢油	1/3	1	2	0. 249 3	*CI*=0. 026 8 *RI*=0. 520 0
石油化工	1/3	1/2	1	0. 157 1	*CR*=0. 051 6<0. 1

附表 4.8　罗源湾未来港口发展环境风险权重判断矩阵评分(专家 4)

发展港口	台风风暴潮	船舶溢油	石油化工	W	矩阵指标
台风风暴潮	1	2	4	0.546 9	λ_{max}=3.053 6 CI=0.026 8 RI=0.520 0 CR=0.051 6<0.1
船舶溢油	1/2	1	4	0.344 5	
石油化工	1/4	1/4	1	0.108 5	

附表 4.9　罗源湾未来发展渔业环境风险权重判断矩阵评分(专家 5)

发展渔业	台风风暴潮	船舶溢油	石油化工	W	矩阵指标
台风风暴潮	1	4	5	0.673 8	λ_{max}=3.085 8 CI=0.042 9 RI=0.520 0 CR=0.082 5<0.1
船舶溢油	1/4	1	3	0.222 5	
石油化工	1/5	1/3	1	0.100 7	

附表 4.10　罗源湾未来港口发展环境风险权重判断矩阵评分(专家 5)

港口	台风风暴潮	船舶溢油	石油化工	W	矩阵指标
台风风暴潮	1	3	5	0.617 5	λ_{max}=3.135 6 CI=0.067 8 RI=0.520 0 CR=0.130 4(在 0.1 左右)
船舶溢油	1/3	1	5	0.296 9	
石油化工	1/5	1/5	1	0.085 6